生命科学系列丛书

中国鹰嘴豆根瘤菌研究

张俊杰　冯　新　著

黑龍江大學出版社
HEILONGJIANG UNIVERSITY PRESS
哈尔滨

图书在版编目（CIP）数据

中国鹰嘴豆根瘤菌研究 / 张俊杰，冯新著. -- 哈尔滨：黑龙江大学出版社，2022.7
ISBN 978-7-5686-0676-9

Ⅰ. ①中… Ⅱ. ①张… ②冯… Ⅲ. ①鹰嘴豆－根瘤菌－研究－中国 Ⅳ. ①S529.061

中国版本图书馆 CIP 数据核字（2021）第 154554 号

中国鹰嘴豆根瘤菌研究
ZHONGGUO YINGZUIDOU GENLIUJUN YANJIU
张俊杰　冯　新　著

责任编辑　于　丹　张君恒
出版发行　黑龙江大学出版社
地　　址　哈尔滨市南岗区学府三道街 36 号
印　　刷　三河市佳星印装有限公司
开　　本　720 毫米 ×1000 毫米　1/16
印　　张　14.25
字　　数　226 千
版　　次　2022 年 7 月第 1 版
印　　次　2022 年 7 月第 1 次印刷
书　　号　ISBN 978-7-5686-0676-9
定　　价　58.00 元

本书如有印装错误请与本社联系更换，联系电话：0451-86608666。

前　言

鹰嘴豆是药膳兼用的豆科植物，具有非常好的结瘤固氮能力，但未见针对分布在中国境内能与鹰嘴豆共生固氮的根瘤菌的相关研究。鉴于此，本书首次针对分布在我国鹰嘴豆主产区——新疆维吾尔自治区木垒县和奇台县的鹰嘴豆根瘤菌的生物学特征进行系统的研究，以填补此方面研究的空白，并且为菌剂的开发与应用奠定基础，有力地保障鹰嘴豆产业的绿色高质量发展。

本书先对我国新疆地区的鹰嘴豆根瘤菌进行遗传多样性分析。从鹰嘴豆主产区木垒和奇台两个县采集根瘤，经过分离纯化，采用 IGS PCR - RFLP、16S rRNA 基因、3 个持家基因（*atpD*、*recA* 和 *glnⅡ*）和 2 个共生基因（*nodC* 和 *nifH*）进行系统发育和分子进化分析，结果表明：(1)供试根瘤菌全部属于中慢生根瘤菌属，但不同于该属的已知种，为潜在的新基因种；(2)供试根瘤菌的共生基因与国外已报道的鹰嘴豆根瘤菌 *Mesorhizobium mediterraneum* 和 *M. ciceri* 的相似度高达98.6%（*nodC*）和97.9%（*nifH*），交叉结瘤试验也证明其与宿主植物间严格的专一性和对应性；(3)采集地的土壤 pH 值呈碱性(8.24 ~ 8.5)，这与中慢生根瘤菌在生长时产酸以中和并适应土壤碱性的特征相关；(4)新疆鹰嘴豆根瘤菌种群与 *M. mediterraneum*、*M. ciceri* 和 *M. temperatum* 之间的分化系数（G_{st}）分别为0.442 27、0.483 64 和0.313 83，基因交流系数（N_m）分别为 0.03、0.02 和 0.04，而 *M. mediterraneum*、*M. ciceri*和 *M. temperatum* 之间的分化系数均为 1.000 0，基因交流系数均为0.00。说明新疆鹰嘴豆根瘤菌种群与 3 个已知种之间遗传分化较多，基因交流较少，表明新疆鹰嘴豆根瘤菌种群既与国外已知的 2 个鹰嘴豆根瘤菌种群不同，也与遗传距离较近的 *M. temperatum* 不同。由此推测，新疆特殊鹰嘴豆根瘤菌种群可能是在长期地理隔离及鹰嘴豆对根瘤菌共生基因选择的共同作用下形成的。

在以上研究基础上,对新疆鹰嘴豆根瘤菌的潜在新基因种进行多相分类鉴定。经过多序列基因比对、系统发育分析、全细胞蛋白电泳分析、脂肪酸种类和含量分析、极性脂种类分析、DNA 同源性分析、数值分类和交叉结瘤试验等综合分析,结果表明:新疆鹰嘴豆根瘤菌种群属于中慢生根瘤菌属的一个新种,命名为木垒中慢生根瘤菌(*M. muleiense* sp. nov.)。

为研究鹰嘴豆根瘤菌在自然条件下的进化规律和生态适应性,在最初采样研究的 4 年后,重新采集原采样点的鹰嘴豆根瘤和土壤样品,开展了鹰嘴豆根瘤菌的持家基因 *recA* 分析、生态适应性和竞争结瘤试验等工作。研究发现,田间重新采集根瘤菌的持家基因 *recA* 较好地保持了木垒中慢生根瘤菌种群 *recA* 基因型的多样性和稳定性,与之前的结果一致;而温室条件下通过捕捉的方法从土壤中得到的鹰嘴豆根瘤菌的 *recA* 序列与之前相比缺少了以 CCBAU 83939 为代表的 *recA* 基因型。但是,两种条件下得到的鹰嘴豆根瘤菌都归属于唯一的种群 *M. muleiense*,说明种群 *M. muleiense* 在新疆土壤中保持着相对的遗传稳定性。

使用 4 年前分离的种群 *M. muleiense* 与外来种群 *M. mediterraneum* 和 *M. ciceri* 进行土壤适应性和竞争结瘤的分析,结果表明,在灭菌的蛭石和土壤内,*M. ciceri* 的占瘤率最高,*M. mediterraneum* 次之;而在未灭菌土壤内,*M. muleiense* 的占瘤率最高,表现出土著菌 *M. muleiense* 的生态适应性和高竞争性。

通过以上结论可以推测新疆鹰嘴豆根瘤菌种群可能的进化模型,有两种可能的进化途径:(1)某一种土著的根瘤菌通过基因的横向转移等途径获取了引入鹰嘴豆根瘤菌的共生基因(*nodC* 和 *nifH*),从而获得了与鹰嘴豆共生结瘤的能力,随着其种群的稳定遗传和进化,最终成为最优势的新疆土著鹰嘴豆根瘤菌种群——木垒中慢生根瘤菌;(2)引入的鹰嘴豆根瘤菌通过遗传变异、代谢调控等自身调控手段改变自身生存状态,逐渐适应新疆当地的土壤环境,然后通过种群的扩大,最终成为最优势的新疆土著鹰嘴豆根瘤菌种群——木垒中慢生根瘤菌。

另外在过去对甘肃会宁地区鹰嘴豆根瘤菌的多样性分析中发现3株根瘤菌是一个疑似的新种群，通过16S rRNA基因和持家基因的系统发育分析、DNA同源性分析、细胞脂肪酸组成成分及含量的分析和数值分类等方法对甘肃会宁地区疑似鹰嘴豆根瘤菌新种群代表菌株做进一步鉴定，最终确定它们的分类学地位，命名为文新中慢生根瘤菌（*M. wenxiniae*）。然后，通过对 *M. wenxiniae*、*M. muleiense*、*M. ciceri* 和 *M. mediterraneum* 4个种群的鹰嘴豆根瘤菌进行大田试验，发现 *M. ciceri* USDA 3378表现出了较强的竞争性和适应性，适合用于菌剂开发，并对此进行了发酵工艺条件的优化。

鹰嘴豆根瘤菌菌剂不仅可以有效地提高鹰嘴豆的产量与品质，而且可以改良土壤的肥力，对农业生产具有积极的意义，引起了人们的广泛关注，并成为促进鹰嘴豆增产的主要研究方向。

2021年8月，农业农村部等六部委联合发布的《"十四五"全国农业绿色发展规划》通知中强调，"减少化肥用量，增加优质绿色产品供给"，"推进有机肥替代化肥"，而高效根瘤菌菌肥正是鹰嘴豆产业绿色高质量发展和化肥替代急需的绿色农业投入品。

本书分为八章，郑州轻工业大学张俊杰博士编写第一章至第七章，新疆天山奇豆生物科技有限责任公司冯新编写第八章。

本书的出版得到国家自然科学基金面上项目"鹰嘴豆根瘤菌种间区域竞争和适应差异的分子生态机制研究"（31970006）的支持。

由于编写时间紧迫且作者才疏学浅，书中仍存在着不少错误和不当之处，恳请广大读者批评指正，以便再版时修正。

张俊杰　冯新

2022年1月

目　　录

第一章　绪论

氮在自然界中有多种存在形式，其中氮气(N_2)是最主要的存在方式，总量约为 3.9×10^{18} kg。同时氮元素又是构成蛋白质、多肽、氨基酸等生命物质最重要的元素之一，是生物体必需的元素。但是，除了少数原核微生物，其他所有的生物都不能直接利用氮气。所以土壤中高等植物生长所需的氮素营养大多需要依靠施入化学氮肥或者通过微生物固氮的方式获得。

土壤中氮素的一种来源形式是施入化学氮肥，化学氮肥通过工业固氮的方法获得。20 世纪初，随着人口数量的不断增长，粮食供应紧张，对粮食产量的需求越来越大，此时工业固氮的方法出现了。之后的几十年里，尿素产量逐年攀升，向大田中施入尿素的量也逐年增加。尽管这很大程度上增加了粮食的产量，但是工业氮肥的不合理施用存在着严重的负面影响。我国的氮肥利用率仅为 30%~35%，未被利用的氮肥通过地表径流汇入河流，或者通过渗透作用进入地下水中，造成地表水和地下水的污染和富营养化，引起赤潮等自然灾害。同时土壤中过多未被作物利用的氮肥不断累积，导致土壤板结和肥力下降，破坏了土壤中的生物多样性。工业固氮的过程需要高温高压的条件，消耗了大量的能量并导致二氧化碳等有害气体超量排放，严重违背我国节能减排的要求。这些都不利于农业的可持续发展，且造成极大的能源浪费以及环境污染。

土壤中氮素的另一种来源形式是生物固氮。生物固氮是指固氮微生物通过自身固氮酶的催化作用将大气中的气态氮分子转化为氨的过程。整个过程在自然条件下进行，与工业固氮相比既不需要高温高压的条件，也不需要消耗能源，更不会造成大量温室气体的排放，属于天然绿色的固氮方式。根据固氮微生物与宿主的关系，可将生物固氮分为自生固氮、联合固氮和共生固氮3种形式。根瘤菌－豆科植物共生固氮体系的固氮能力最为强大，同时也是效率最高的，每年共生固氮的量约占生物固氮总量的60%。谈起根瘤菌与豆科植物共生固氮，大约公元前1世纪的西汉末年，古代著名农学家氾胜之所著的《氾胜之书》（世界上最早的一部农书）中就已经体现其对根瘤有了原始的认识，知道根瘤对豆科植物的生长有利。书中记载："大豆小豆不可尽治也。古所以不尽治者，豆生布叶，豆有膏，尽治之则伤膏，伤则不成。而民尽治，故其收耗折也。故曰，豆不可尽治。"就是说无论种植大豆、小豆均不可以在田间管理时一直锄地，因为当豆子长出真叶的时候，根瘤就已经开始形成，这时候锄地，就会破坏根瘤，进而导致豆田减产。充分利用生物固氮，尤其是根瘤菌－豆科植物共生固氮体系，不仅可以有效减少工业固氮过程带来的资源浪费、环境污染和对土壤结构的破坏等，而且对农业的可持续发展、土壤营养状况的改善等都有重要的作用。因此，对生物固氮作用的研究具有非常重要的经济和生态学意义。

第一节 根瘤菌－豆科植物高效共生固氮体系的建立

一、根瘤菌在豆科植物根际的富集

多数根瘤菌在土壤中是营腐生的，但是当土壤中有豆科植物生长时，植物根系产生的多种分泌物（如类黄酮、氨基酸、有机酸等）会不同程度地对根瘤菌产生化学诱导作用，吸引根瘤菌在根系表面富集，如图1－1（A）和（B）所示。根瘤菌也可以通过代谢和运输根系分泌物中的某些化学物质，增强其在根际的竞争优势，最终促进其在根系的定殖。

二、起始信号交换

因为土壤中蕴含着数量巨大的微生物种群，所以豆科植物的根部表皮需要形成一个强大的保护屏障以阻止有害微生物的入侵。根瘤菌之所以能突破这道屏障并侵入豆科植物的根部，是因为微生物和植物之间存在着专一性信号的传导和交换，从而允许根瘤菌通过根毛细胞进入根的内部组织中。

类黄酮复合物(2 - phenyl - 1,4 - benzopyrone derivatives)是豆科植物重要的根系分泌物之一,也是豆科植物与根瘤菌共生过程中交换的第一个信号分子。它首先结合并激活根瘤菌的 NodD 蛋白(LysR 转录调控蛋白家族的成员),然后激活根瘤菌其他基因的转录。被激活的 NodD 蛋白又诱导多个 *nod* 基因的表达,合成结瘤因子 - 脂壳寡聚多糖,诱导植物产生一系列的反应。结瘤因子以一个 β - 1,4 - N - 乙酰 - D - 葡聚糖胺残基为骨架,不同种的根瘤菌中该残基的数量不同,有时在同一种根瘤菌内残基的数量也有差异。*nodABC* 操纵子编码结瘤因子结构的核心部位,其他 *nod* 基因的编码产物则起到修饰作用,如甲基、乙酰基等。结瘤因子在植物根部最早引起的反应是根毛细胞钙离子的聚集,然后发生强烈的钙离子波动和根毛细胞骨架的变化,其中最重要的是根毛的卷曲,因为它可以把根瘤菌卷入并形成定殖卷曲根毛(Colonized Curling Root Hair, CCRH),如图1 - 1(C)所示。同时,结瘤因子还诱导根表皮细胞重启有丝分裂过程,形成根瘤原基来接收侵入的根瘤菌。

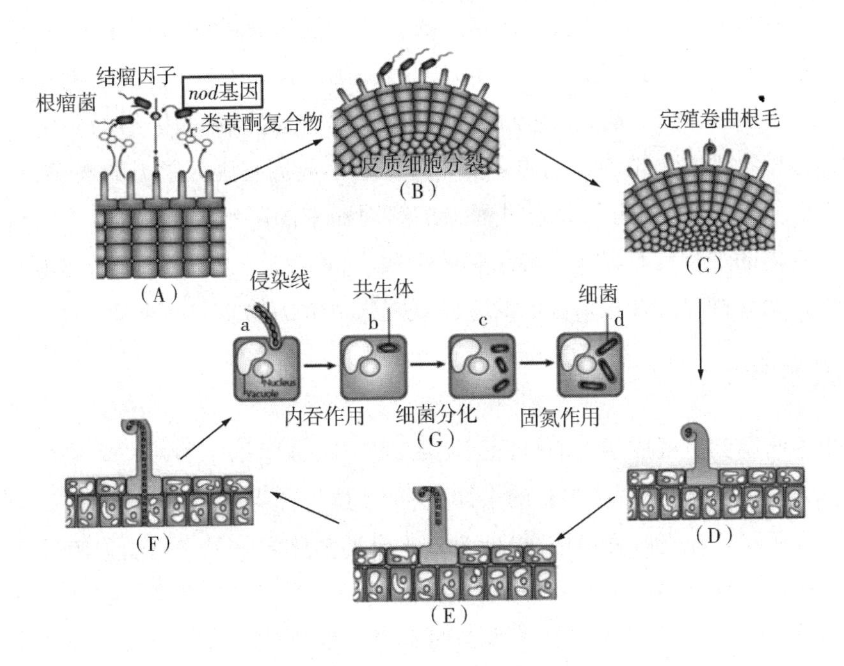

图 1 - 1　根瘤菌侵染豆科植物根部形成类菌体的过程

三、侵染线的发育

当根毛顶端捕捉到根瘤菌并形成定殖卷曲根毛后，被卷入的根瘤菌就开始合成结瘤因子和胞外多糖等物质，诱导根毛的细胞膜不断地向内凹陷，如图 1－1(D)所示。根瘤菌主要通过侵染线侵入到植物深层组织内部，侵染线的顶端由不断合成的新膜组成，并且在通过显微镜分析侵染线内荧光标记的根瘤菌生长状况时发现，只有位于侵染线最前端的根瘤菌在不断分裂，并且根瘤菌的增殖与侵染线膜的合成伴随着整个根瘤菌的侵染过程，如图 1－1(E)所示。

四、锚定侵染线

当侵染线到达并穿过根毛细胞的基部后，植物的细胞分裂素和根瘤菌的结瘤因子可以重启细胞的分裂周期，诱导侵染线穿过细胞侵入植物的根皮层。当豆科植物形成无限根瘤时，侵染线穿过发育的根瘤不断延长，并穿过根瘤原基中处于分裂状态的细胞，最终邻近根瘤原基的细胞形成根瘤分生组织，控制分裂细胞的数量，由根向外凸起并开始形成根瘤。在发育的无限根瘤内，侵染线不断延伸，通过根瘤分生组织到达相应的植物细胞层，形成被侵染植物的感受态细胞，如图 1－1(F)所示。它们越过有丝分裂过程，经过基因组的多倍化形成多倍体植物细胞。植物细胞的多倍化有助于形成拥有固氮能力的根瘤，它依赖于 E3 泛素连接酶对有丝分裂过程中细胞周期素的降解，且多倍体的细胞相比于二倍体的细胞具有更高的转录和代谢效率，可以使被侵染的植物细胞为根瘤的生长发育过程以及根瘤菌的共生固氮提供足够的物质和能量。

五、根瘤菌的内吞作用

当根瘤菌到达根皮层内的目标区域后，每个根瘤菌细胞均被一个植物细胞内吞，形成单个由侵染线膜包裹的个体，这个个体被称为共生体，如图 1－1(G)中 a 和 b 所示。在无限根瘤中，根瘤菌分化成类菌体之前是和它的包膜同步分裂的。研究发现，植物富含亮氨酸的受体激酶 DMI2 定位在侵染线和共生体膜上，该酶参与根瘤菌从侵染线中的释放过程以及共生体的发育过程。根瘤菌内血红素的合成对于根瘤菌从侵染线中的正确释放有重要的作用。目前，人们通过蛋白组和免疫定位试验试图寻找共生体膜的生化标记。根据从共生体膜中分离出来的蛋白类型，Catalano 等推测蛋白被加入到共生体膜上可能存在多个不同的机制，例如可以通过高尔基体加入到共生体膜上等。

六、类菌体分化和存活

根瘤菌一旦被内吞入植物的膜内，就必须能够在共生体内存活并分化为可以固氮的类菌体，如图 1-1(G)中 c 和 d 所示。根瘤菌和植物的一些因子共同参与这个重要的过程。

根瘤菌方面主要有两个因素，其中一个因素是脂多糖。革兰氏阴性细菌抵抗胞外环境不利因素的一个重要机制就是它外膜的主要成分是脂多糖，脂多糖由类脂 A、O-抗原和多聚糖的核心组成。根瘤菌的 *bacA* 基因对形成正确的类脂 A 结构和根瘤菌在宿主细胞内的生存而言至关重要。*bacA* 基因突变将导致根瘤菌在被植物细胞内吞之后很快就被裂解掉，并且形态上没有任何向类菌体转化的迹象，例如细胞的延长等。BacA 蛋白在类脂 A 上加入一个较长的脂肪酸链的修饰过程是必需的，这个脂肪酸链的缺失可能导致根瘤菌的 *bacA* 基因突变体不能共生。根瘤菌方面的另一个因素是非脂多糖。根瘤菌的 *sitA* 基因突变体会导致根瘤菌侵染豆科宿主的效率降低，形成的类菌体会衰老且不能有效地固氮。*sitA* 基因编码位于一个锰转运子复合体上，它的突变将导致根瘤菌在不加入锰的情况下不能在基本培养基上生长。同时，尽管这个突变体对 ROS 很敏感，但这不是导致共生缺陷的原因，这表明需要锰离子参与的酶与细胞内锰离子的动态平衡对于根瘤菌的共生非常重要。另外，*relA* 基因的突变将导致根瘤形成多个阶段的缺陷，如细菌在饥饿条件下转录调控的应急反应缺失等。

宿主植物则可以较好地控制和协助根瘤菌类菌体的分化。豆科宿主植物要控制根瘤菌在共生体内的存活，不仅要向根瘤菌提供营养物质以及固氮作用所需要的微氧环境，而且要为其中一些根瘤菌的分化提供一个特异性的机制。在无限根瘤中，被内吞的根瘤菌和共生体膜在类菌体分化之前同步地分裂，但是在有限根瘤中根瘤菌在膜内则会分裂形成一个很小的细胞团。同时，在无限根瘤中，宿主植物会诱导入侵根瘤菌的染色体多倍化，这样可以增加类菌体 DNA 的含量和细胞的大小，从而提高其代谢效率以促进生物固氮的过程。

七、根瘤的形成和营养的交换

根瘤菌被包裹在功能性共生体膜内，既获得了低氧的环境，又完成了类菌体的分化过程，之后表达固氮酶复合体，启动固氮作用。在根瘤菌内，有一个对氧气很敏感的调控基因簇，它不仅控制固氮酶复合体的表达，还控制向固氮酶提供能量和还原剂所必需的微氧呼吸酶的表达。该基因簇在类菌体的低氧环境下被诱导表达。根瘤菌的调控因子包括氧敏感的双组分调控系统 FixL 和 FixJ、NifA、FixK 等，这些调控因子在类菌体分化过程中调控着许多基因和蛋白质的表达。简而言之，类菌体内转录调控的变化，与许多代谢过程的下调、固氮和呼吸过程所需基因产物的表达增加等都是一致的。呼吸过程为固氮酶提供 16 个 ATP 和 8 个电子，可以将 1 分子的 N_2 还原为 2 分子的 NH_4^+。固氮酶合成的 NH_4^+ 可以通过类菌体分泌出来，被植物同化到其代谢途径中。研究发现，在植物细胞和类菌体之间有一个复杂的氨基酸循环系统，它既能阻止类菌体同化合成的 NH_4^+，又允许 NH_4^+ 分泌以及被植物吸收利用。在类菌体的分化和固氮过程中，需要持续的碳源供给。PHB 颗粒在根瘤菌入侵的过程中合成，在类菌体分化过程中被降解并被作为优先的碳源利用。另外，有一些植物蛋白质，除了谷氨酸合成酶之外，对根瘤菌的固氮作用来说也是必需的。豆血清蛋白是豆科植物合成的一种氧气结合蛋白，它能使功能性的根瘤呈红色，并且根据推断，它可以适应根瘤内都的微氧环境。

第二节　根瘤菌分类的研究方法及新种的描述标准

一、根瘤菌名称的由来

公元前 1 世纪左右的西汉末年，我国古代著名的农学家氾胜之所著的《氾胜之书》中关于大豆和小豆都生有根瘤的记载是世界上最早关于根瘤及其作用的记载。1675 年，德国的学者 Malpighi 在菜豆（*Phaseolus vulgaris*）和蚕豆（*Vicia faba*）上发现了根瘤的存在。德国的另两名学者 Hellrigel 和 Wilfarth 于 1888 年用试验证明豆科植物根瘤具有固氮作用。同年，荷兰学者 Beijerinck 用自配的培养基首次分离得到豌豆根瘤菌，并将其命名为 *Bacillus radicicola*。1889 年，Prazmowski 首次用根瘤菌纯培养物接种豆科植物，并发现结瘤现象，根瘤菌因此被命名为 *Rhizobium radicicola*。同年，该名称被建议作为豆科植物结瘤细菌的属名，并被国际细菌命名委员会采纳，沿用至今。

二、根瘤菌的分类方法

根瘤菌的分类方法包括以植物的互接种族为基础的传统分类方法和以系统发育与多相分类为基础的现代分类方法。

把彼此能利用各自的共生根瘤菌相互结瘤共生的豆科植物归入一族,称为植物的互接种族,比如把分离自苜蓿和草木樨的根瘤菌归为一个互接种族,并且确定为同一个种。这种传统分类方法沿用了近百年。

以系统发育和多相分类为基础的现代分类方法则是在以互接种族为基础的传统分类方法被提出和应用的几十年后,随着结瘤豆科植物被不断地发现,族间可以互相结瘤的现象也被不断地发现,传统分类方法受到挑战的情况下被提出的。在1964年和1968年Graham、Moffett和Colwell根据数值分类结果建议将根瘤菌分为两个属。在1974年的《伯杰氏细菌鉴定手册》中,Jordan和Allen根据互接种族的概念、菌体生长速度及鞭毛类型等,把根瘤菌分为两个不同的类群,归入根瘤菌科。20世纪60年代之后,随着许多不同的方法被用来对根瘤菌进行大量的分析研究,1984年的《伯杰氏细菌系统学手册》中把原根瘤菌属(*Rhizobium*)分为根瘤菌属(*Rhizobium*)和慢生根瘤菌属(*Bradyrhizobium*)。因为该分类系统同时以根瘤菌的遗传和表型特征为基础进行属种划分,而不是只考虑根瘤菌与宿主的共生关系,所以能较为客观、真实而合理地反映根瘤菌之间的亲缘关系。自20世纪70年代以来,随着分子生物学方法的飞速发展,Woese提出了微生物系统发育学的理论与方法,从此,根瘤菌分类学进入了现代分类时代。如今以互接种族为基础的传统分类方法与以系统发育等为基础的现代分类方法共同服务于根瘤菌等细菌的分类。

三、根瘤菌新种的确定及描述标准

根瘤菌新属及新种的确定标准最早由Graham提出,具体需要测定以下几方面的指标:(1)根瘤菌菌体的形态特征,包括菌体在YMA培养基上的生长速度,菌体可否利用葡萄糖、蔗糖等作为唯一碳源在基本培养基上生长,对根瘤菌形态特征的测定,最后将所有特征以数值分类的形式进行记录并聚类分析;(2)与豆科植物共生的特征,包括回接结瘤试验及交叉结瘤试验,回接结瘤的对象为原宿主,交叉结瘤试验的备选植物有豌豆、菜豆、紫云英、紫花苜蓿、百脉根等，最后报道结瘤情况；（3）多位点酶切电泳等；（4）根瘤菌染色体基因组 DNA 的同源性分析，当基因组 DNA 同源性≥70%，而 $\Delta T_m \leq 5$ ℃时，该菌群可以归入同一个种，并且根瘤菌各个属中 G + C 含量范围也有所不同，分别为：59%~64%（根瘤菌属）、61%~65%（慢生根瘤菌属）和 66%~68%（固氮根瘤菌属）；（5）DNA - DNA 杂交以及 16S rRNA 等保守基因序列的系统发育学分析。之后，根瘤菌染色体基因的数据也被越来越多地用到分类中，其中除了保守基因 16S rRNA 外，具有蛋白编码功能的持家基因如 *recA*、*glnII*、*atpD*、*ropB* 等也被越来越多地应用到根瘤菌新种的鉴定中，共生基因（*nodC*、*nifH* 等）的系统发育及供试根瘤交叉结瘤的宿主范围也被越来越多地应用到根瘤菌新种群的描述中。

第三节　根瘤菌多样性及系统学的研究方法

一、表型特征的分析

根瘤菌多样性的研究主要基于表型特征（phenotype）的分析。用于根瘤菌表型特征的研究技术主要包括对外源物质的利用，对抗生素的抗性，对不同温度、pH 值和盐度的耐受性等特征的数值分类，然后在约 80% 的相似水平上对根瘤菌聚群分析；全细胞可溶性蛋白的聚丙烯酰胺凝胶电泳（SDS - PAGE）可以用来分析不同菌株蛋白图谱的多样性；多位点酶切电泳分析则可以评估根瘤菌基因的多样性；而全细胞脂肪酸分析则可以区分不同属种的菌株在相同培养条件下脂肪酸组成和含量的差异。另外，近些年对根瘤菌的极性脂分析、醌种类的鉴定等也越来越多地应用到根瘤菌的分类鉴定中。

二、数值分类

数值分类最早由法国的植物分类学家 Adanson 提出，他认为要等同地把所有能够观察到的植物生物性状进行收集、比较和分析，把拥有更多共同点的植物归入同一个分类单元中，然后依次地归入相似度比较低的大群中去，最终得到植物群体的分类系谱。1957 年，英国的 Sneath 最早把数值分类应用于细菌分类学研究中，并在 1984 年提出以 80% 的相似度划分细菌种群的黄金标准。1964 年，Graham 首次将数值分类运用在根瘤菌的分类学研究中，之后的几十年中,数值分类逐渐地被广泛用于根瘤菌表型分群和多样性研究中。通过培养生长,获得的试验数据为两态或者多态性状,在输入计算机时,阳性记为“1”,阴性记为“0”,结果缺失记为“N”,然后采用中科院微生物所编制的 MINTS 软件对编码完成的表型分析结果进行聚类分析:首先将编码完成的数据输入计算机并计算出相似度系数,然后采用平均连锁法等方法进行聚类分析。Sneath 和 Sokal 认为细菌菌株群在数值分类中应以是否达到 80% 的相似度作为区分一个种群的标准。得到聚类树状图后,首先根据参比模式菌株的聚群情况确定一个相似度的阈值,按照该值把根瘤菌分为不同的表观群并选择代表菌株,基本方法是采用最大平均数法通过一一计算群内每个菌株和其他供试菌株的相似度系数得到平均值,把平均值最大的菌株确定为该表现群的中心菌株。

三、全细胞可溶性蛋白的聚丙烯酰胺凝胶电泳分析

全细胞可溶性蛋白的聚丙烯酰胺凝胶电泳分析是研究蛋白质表达组成差异最常用的分析方法,用于分析关系比较密切的细菌菌株。当菌株在某个生长时期时,细胞内可溶性蛋白质的种类呈现较高的相似度。同一条件下培养的细菌细胞,通过 SDS - PAGE 分析其可溶性蛋白图谱,可以较好地反映这些菌株染色体基因组成与表达的差异,进而研究菌株间蛋白图谱的多样性。该法被广泛地应用于根瘤菌初步分群中,用以区分根瘤菌种和种以下水平的不同菌株。蛋白的电泳分析多采用 SDS - PAGE 方法,采用该方法分析蛋白时,上样前要将 SDS(十二烷基磺酸钠)加入蛋白样品并加热变性,破坏蛋白的高级结构,经过解聚的蛋白与 SDS 分子形成蛋白 - SDS 棒状复合物,复合物上带有的负电荷量要远远大于蛋白本身所带电荷量,因棒轴大小基本类似,且蛋白的分子量与棒轴长度成正比,所以复合物在电泳中的迁移率主要取决于蛋白分子量。

四、全细胞脂肪酸分析

全细胞脂肪酸分析是指提取同等条件下培养的供试菌株的全部脂肪酸成分,然后利用相关色谱设备对其成分分离和鉴定的技术。脂肪酸分析是细菌快速分类和鉴定的方法之一,该法具有操作简单、检测结果比较稳定并且可以同时检测大量菌株等优点。脂肪酸主要分为 3 类:直链类、分支类和混杂类。不同细菌菌株所含的脂肪酸在碳链长度、双键位置等方面均有差异,这些差异具

有一定的分类学价值。1952 年,James 和 Martin 最先提出用脂肪酸分析鉴定细菌的想法,但是直到 1963 年,Abel 等才最先证明脂肪酸气相色谱分析可以准确地鉴定未知的细菌。近些年来,用于脂肪酸分析的技术已趋于成熟,如气相色谱 Sherlock 微生物鉴定系统(MIS)就具有快捷准确的优点。脂肪酸分析时,首先要将脂肪酸处理成它的甲酯状态,然后做气相色谱分析。Gu 等近些年发表的新种较好地运用了全细胞脂肪酸分析的方法。

五、细胞极性脂组成成分的分析

极性脂又称为磷酸类脂(phospholipid),包含磷脂、氨基脂和糖脂等,是细菌细胞膜的重要成分。磷脂包括磷脂酰胆碱(PC)、磷脂酰乙醇胺(PE)、磷脂酰甘油(PG)和磷脂酰肌醇(PI)等;氨基脂一般指含有氨基或者葡糖胺的磷脂,包括磷脂酰单甲基乙醇胺(PME)和磷脂酰乙醇胺(PE)等;糖脂指含有糖基的磷脂,包括磷酸糖脂(PGL)等。极性脂的分析近几年逐渐开始应用于根瘤菌等革兰氏阴性细菌的分类当中,方法为先采用双相薄层层析分离菌株的极性脂提取物,然后分别用钼蓝试剂、茴香醛试剂和茚三酮试剂对磷脂、氨基脂和糖脂进行显色和分析,得到供试菌株所含有的极性脂的种类。对极性脂组分进行分析时,通常要用几种显色方法共同验证,并参照极性脂标准品的显色结果和已知模式菌株极性脂的分析结果,最终判定供试菌株中极性脂的种类。

六、基因型的分析

研究细菌基因型的技术主要包括研究其 DNA 和 RNA 分子的技术,在根瘤菌研究中主要包括对基因组水平指纹图谱的分析、特殊基因的限制性酶切片段长度多态性分析、基因组 DNA 的同源性分析和对保守基因的序列分析等。在细菌的系统发育研究中常通过基因序列分析方法分析细菌种群的进化历史,确定细菌种群的进化地位。在根瘤菌多样性研究中,以下方法被用来对大量菌株进行快速鉴定:16S rRNA 和基因间隔区(IGS)等保守基因的限制性酶切片段长度多态性分析(RFLP)和基因组水平指纹图谱分析的组合,可以对大量菌株进行快速分群;通过对各群代表菌株 16S rRNA 基因的序列分析,可以快速对所研究的根瘤菌菌群定属;用 DNA 杂交方法分析各群代表菌株与群内其他菌株及所在属已知种的模式菌株之间的亲缘关系,可以初步对待测菌株定种;用多位点序列分析(MLSA)方法分析一些重要的持家基因的序列,可以进一步确定代表菌株的属种。同时,也要研究相关的共生基因,如通过进行结瘤基因 *nodC* 和固氮基因 *nifH* 的系统发育分析,可以很好地找到所研究菌株与宿主植物的对应情况,最后结合表型特征分析结果,对未知根瘤菌菌群全面地进行分类研究。

(一)基因组水平指纹图谱分析

结合 PCR 和电泳技术,对整个细菌染色体基因组进行多态性分析的技术即为基因组水平指纹图谱分析。常用方法有:重复序列 PCR(rep - PCR)、扩增片段长度多态性(AFLP)、DNA 随机扩增多态性(RAPD)和基因组寡位点酶限制性片段的脉冲场电泳(PFGE)等。试验中选用哪种方法要根据不同的试验目的确定。

重复序列 PCR 指纹图谱分析是最常用的方法。常见的重复序列在细菌染色体基因组上广泛分布,一般在 200 bp 以下,如反向重复序列 BOX、基因外重复回文序列(REP)和肠杆菌科基因间重复共有序列(ERIC)等。研究者首先根据细菌基因组中保守的短重复序列设计引物,并且扩增重复序列之间大小不同的基因片段,然后通过电泳得到指纹图谱,根据图谱的分析结果可以很好地揭示菌株间基因组的遗传差异。1992 年,de Bruijn 发现苜蓿根瘤菌不同菌株之间的 rep - PCR 指纹图谱存在一定的差异并且具有菌株的特异性。rep - PCR 方法的优点在于无论是基因组总 DNA,还是经超声处理菌体或根瘤得到的 DNA 提取物均可以作为 PCR 的 DNA 模板。由于通过 BOX 等 rep - PCR 方法得到的指纹图谱具有菌株特异性,所以 rep - PCR 方法被广泛用于研究根瘤菌遗传多样性以及鉴定未知菌株。

脉冲场电泳指纹图谱分析的原理是用寡位点限制性内切核酸酶酶切消化细菌总染色体 DNA,然后采用分辨率较高的脉冲场电泳分离酶切结果,从而得到 DNA 指纹图谱。该法得到的 DNA 指纹图谱的变化还可以体现相近菌株间的基因重组现象,所以该法在细菌基因重组及基因组大小预测等方面得到广泛的应用。

扩增片段长度多态性指纹图谱分析的原理是将细菌的染色体基因组总 DNA 进行限制性双酶切,并把消化完全的片段连接至双接头上,然后用与双接头对应的引物选择性地进行扩增,最后将 PCR 产物经 PAGE 和染色后,得到反映所扩增片段长度多态性的指纹图谱。该技术最早是由荷兰科学家 Zabeau 等在1992年提出的。之后,Willems等先后用AFLP等技术,对慢生根瘤菌进行了聚群分析,发现AFLP技术与DNA同源性分析结果一致,可以较好地体现慢生根瘤菌的多样性。2002年,Mougel等人发现AFLP方法具有划分种的统一标准。

DNA随机扩增多态性分析是由Williams等创立的,其基本原理如下:首先要设计随机扩增PCR引物,然后利用随机引物在细菌染色体上数目和位置的不同,经PCR反应扩增,便可得到随机扩增基因片段的多态性指纹图谱。RAPD技术不仅可以被用来研究根瘤菌的多样性,而且可以作为一种分子标记用来对根瘤菌的竞争结瘤情况进行分析。尽管该技术操作简单,但并非所有引物都可以产生足够的多态性。所以,要设计高退火温度的引物,并且要对引物的长度和G+C含量进行优化。

(二)特殊基因的限制性片段长度多态性分析

特殊基因的限制性片段长度多态性分析是指首先把特殊的基因片段通过PCR扩增出来,然后进行限制性酶切,产物选用高浓度的琼脂糖凝胶进行电泳分离,就可以获得各个DNA样品的酶切指纹图谱,最后通过分析和比较酶切指纹图谱的多样性揭示细菌的多态性。16S rDNA、23S rDNA和两者之间的IGS序列等被广泛用于细菌分类的RFLP方法,并且以3个基因进行的限制性片段多态性分析统称为核糖体DNA扩增片段限制性内切酶分析(ARDRA),但是它们在细菌分类中有不同的作用。因RELP方法简便快捷,该方法被普遍应用于根瘤菌的遗传多样性研究中,其中16S rDNA RFLP和16S-23S IGS RFLP具有较好的一致性,且后者结果的灵敏度更好一些。

(三)DNA同源性分析以及DNA G+C含量的测定

细菌分类鉴定中常用的基本方法是DNA同源性分析以及DNA G+C含量的测定,这已经成为描述细菌分类单元的一个标准。DNA同源性≥70%且$\Delta T_m \leqslant 5$ ℃为细菌种的界限。DNA-DNA杂交技术常被用于DNA同源性分析,分为固相分子杂交和液相分子杂交两种类型。在根瘤菌的分类中液相复性速率法是常用的方法,原理是细菌等原核生物的变性DNA在含适当浓度盐的体系如0.1×SSC中,能够自动复性成双链。同源DNA比异源DNA的复性速率大,同源程度高则复性速率大,杂交率就高;相反,同源程度低则复性速率小,杂交率就比较低。此外，实验室主要用热变性法测定 DNA G + C 含量，该法是在热变性过程中通过测定 DNA 在 OD_{260} 条件下光密度的增加值来确定 T_m 值，然后通过公式计算测定 DNA G + C 含量。

（四）16S rDNA 基因、持家基因及共生基因的系统发育分析

16S rDNA 基因序列的测定与分析在细菌分类中作用巨大，因为多数研究都测定了该基因序列，并提交至公共数据库如 GenBank 等，所以该基因被广泛用来鉴定细菌新菌株。需要测定 16S rDNA 序列的菌株主要来自 RFLP 方法初步分群的结果，从各群内挑选代表菌株 PCR 扩增并测定该序列，然后通过 BLAST 比对分析，并在 GenBank 数据库下载与序列相似度高的已知种菌株的 16S rDNA 序列，然后用 MEGA 软件进行系统发育分析，构建系统发育树并计算遗传距离。该方法与 RFLP 方法所得结果相互印证，将研究的供试菌株归入某一个细菌的属。

因为 16S rDNA 基因序列在根瘤菌研究中具有属水平的保守性，所以不可以通过该基因的系统发育分析或者 RFLP 方法区分根瘤菌不同的种。另外，不同菌株之间还存在该基因的横向转移或重组现象，造成这些菌株鉴定的混乱。所以，在研究根瘤菌的多样性时，就需要选用其他的基因进行分析作为补充，例如对根瘤菌持家基因和共生基因的分析等。

根瘤菌研究常用的持家基因有 ATP 合成酶基因（*atpA*、*atpD*）、DNA 重组与修复酶基因（*recA*）、分子伴侣蛋白 DnaK 编码基因（*dnaK*）等，以及共生基因中的结瘤基因（*nodC*）和固氮基因（*nifH*）。近些年，由于基因测序技术飞速发展，对多个基因进行测序和综合分析已经成为一个发展的趋势。Martens 等对 *Sinorhizobium* 属内不同种的十个持家基因进行了测序分析，这些持家基因有 *atpD*、*recA*、*glnA* 等。该分析方法可以被称为多位点序列分析，持家基因的 MLSA 分析结果要比 16S rRNA 基因序列分析结果具有更高的分辨率，持家基因序列分析在确定 *Sinorhizobium* 不同种间的相关性时比 DNA 同源性分析更好。

根瘤菌在与豆科植物共生的过程中包括结瘤和固氮两个过程，其中需要大量基因的参与，这些基因统称为共生基因。根瘤菌内与豆科植物结瘤相关的基因被称为结瘤基因，包括 *nod*、*nol*、*noe* 等一系列基因，可以合成结瘤因子——脂质几丁寡聚多糖（LCO）。多数根瘤菌中都普遍含有以下结瘤基因：*nodA*、*nodB*、*nodC*、*nodD*、*nodI* 和 *nodJ* 基因。一些特殊的结瘤基因如 *nodX* 基因只在特定种

群 *R. leguminosarum* bv. *viciae* 中发现。其中研究较多的结瘤基因是 *nodC* 基因,其编码的产物是 NodC,是一个糖基转移酶,该酶位于根瘤细菌的内膜上,作用是将 UDP-乙酰葡萄糖胺加入到几丁质骨架中,从而使该骨架延伸。所有的根瘤菌都可以合成含有 2~6 个 N-GlcNAc 单体的 LCO 混合物,同时 LCO 的组成主要取决于 NodC,NodC 可以决定让多少个 GlcNAc 单体加入到几丁质骨架中去,也决定了最终合成的结瘤因子的长度。不同长度的结瘤因子对植物根部的作用也有所不同,例如含有 4 个 GlcNAc 单体的 *Sinorhizobium fredii* 和 *S. meliloti* 的结瘤因子与含有 5 个 GlcNAc 单体的 LCO 的结瘤因子相比可以诱导植物发生更多的根毛变形、细胞膜的去极化以及皮质细胞的分裂。Kamst 等提出了一个几丁质骨架合成的模型:当 NodC 结合在 UDP-GlcNAc 起始分子上之后,水解产生游离的 UDP 和 GlcNAc,然后游离的 GlcNAc 便被转移到 NodC 的一个邻近结合位点上,这样就可以允许一个新的 UDP-GlcNAc 分子结合在酶的第一个结合位点上。水解 UDP-GlcNAc 的过程伴随着在已经合成的不断延伸的骨架非还原端 β-1-4 糖苷键的形成以及分子的转移,这样 NodC 上的第一个结合位点又可以结合新的分子。通常情况下根瘤菌的结瘤基因在染色体上形成一个保守的基因簇,如 *nodA*、*nodB*、*nodC* 基因在 *R. leguminosarum* 中是在同一个操纵子上依次相邻排列的。在固氮基因中,*nifH* 基因编码固氮酶还原酶,*nifD* 基因编码固氮酶的 α 亚单位,*nifK* 基因编码固氮酶的 β 亚单位,*nifX* 基因参与固氮酶的 FeMo 辅因子的合成,*nifV* 基因参与高柠檬酸的合成。另外,*nifT*、*nifY*、*nifS* 等基因也参与固氮的过程。在固氮酶催化的过程中,NifH 负责将电子传递给钼铁蛋白至固氮酶活性中心,同时推断 NifH 也可能参与了固氮酶辅因子的合成,包括电子的转移、给 Fe/S 提供供体等。结瘤基因和固氮基因可以位于质粒上,这样的质粒被称为共生质粒,也可以位于染色体上。但无论位于哪里,这些基因都集中位于一个特定的可以转移的基因区域,叫作共生岛。研究最多的是结瘤基因 *nodC* 和固氮基因 *nifH*,研究这些基因,对于了解共生基因与持家基因的共进化有非常重要的意义。

(五)基因遗传重组与基因交流和突变分析

微生物种群的分子序列分析被普遍用来对关系很近但又不同且共存的种群的序列进行聚群分析,这些群在它们之间表现出生态学差异时被定义为一个种群。当没有地理隔离障碍的时候,种依赖于基因交流来维持一个系谱的独立,同时又依赖于选择的压力维持种群之间的差异。对于无性繁殖的微生物来说,有两个首选的理论模型可以解释种群的形成。

第一个模型强调了选择的压力驱使生态种群形成的重要性。该模型推测共存的序列群可能是由种在适应不同环境的过程中发生突变造成的。公认的生态型被认为是在持续的遗传漂移或定期选择下,通过对特殊环境的适应或者对抗特殊环境的不良适应,最终保持不同生态型的差异。生态的分化与重组的减少是相关的,相关性可以通过多位点序列分析得到,最近已经有研究通过基因组分析的方法分析不同环境中大肠杆菌菌株的进化情况。

第二个模型则依赖于没有选择压力情况下重组引起的序列分群。该模型证明当重组较突变低时,种群分支开始形成。而当重组较突变高时,重组会起到一个综合的作用,阻止序列独立分支的产生,除非此时存在一个很强的生理屏障阻止种群内个体之间的基因交流。Cohan 推测微生物中有许多这样的屏障,例如微生物分类中最广泛的一个假想概念是错配修复记忆,它可以减少不同序列间同源重组的频率。这种类型的屏障允许同一个有遗传差异的群体内重组的发生,从而导致群内多样性的形成和不同序列分支的产生。

究竟是选择压力还是重组在驱使序列群体多样化中发挥主导作用,它们之间的平衡是否是维持微生物中种群独立的原因,至今仍然是争论的话题。许多的细菌和古菌表现出高频率的同源重组和其他形式的横向基因交流。而已知的横向转移机制(转化、传导和接合)都只转移了染色体上很小的一个片段。在共存的菌株中,这个水平的基因重组是否可以超过生态化以及定期的选择,重组和选择的平衡是如何影响微生物染色体拓扑群的,这些问题都随着全基因组测序的发明而开始出现。

第三种模型则适用于分析种群不依赖于生理的屏障引起基因交流,而是靠生态的分化维持的情形。该研究运用高通量的基因组测序来鉴定嗜热嗜酸的古菌,分析了来自俄罗斯同一个温泉的 12 株古菌全基因组中的同源基因交流,发现共存的不同群中,同一个群内的基因交流水平要高于群间的基因交流水平,并且两个种群之间的基因交流频率随着时间的推移越来越少。

第四节　鹰嘴豆及其根瘤菌多样性研究进展

一、鹰嘴豆属植物简介

鹰嘴豆(*Cicer arietinum* L.)别名桃豆、鸡碗豆、鸡头豆,新疆俗称诺胡提,又称羊角状鹰嘴豆,因其面形奇特,尖如鹰嘴,故被称为鹰嘴豆,属于豆科、蝶形花亚科、鹰嘴豆属,起源于土耳其的东南部。鹰嘴豆在不同的国家名字也不同,在西班牙叫作 garbanzo,在法国叫作 pois chiche,在英国叫作 gram 或者 bengal gram,在土耳其、罗马尼亚、保加利亚、阿富汗以及俄罗斯的边界地区叫作nakhut 或者 nohut。鹰嘴豆有两个主要的品种:一个是种子比较小的 *desi*(迪西),主要在中东和东南亚种植和消费;另一个是 *kabuli*(卡布里),是在全球范围内普遍种植的品种。

图 1-2　鹰嘴豆植株和荚果(张俊杰 2009 年摄于新疆木垒)

鹰嘴豆植株呈灌木状,高度大约 60 cm,羽状的复叶,小叶近圆形,叶缘齿裂。花小,呈白色或者淡红色。荚果比较短,含 1~2 粒种子,呈黄棕色,可食用,营养丰富。根据《中国农业百科全书》记载,公元前 2 000 多年以前的尼罗河流域就已经有鹰嘴豆栽培。目前新疆博物馆仍完好保存着距今一千多年前的胡提酥食品。

据 FAO 的数据,到 2019 年已经有 50 多个国家种植鹰嘴豆,最大的鹰嘴豆种植国为印度(占世界产量的69%),其他的国家有巴基斯坦(6.8%)、土耳其(3.7%)、伊朗(3.3%)、缅甸(2.7%)、澳大利亚(1.9%)和墨西哥(0.6%),在我国只有小面积的种植,并且主要分布在新疆、青海和甘肃等西北部省或自治区。其中新疆的木垒县是我国鹰嘴豆的主产区。

鹰嘴豆具有很高的营养价值,因为其富含多种植物蛋白和氨基酸、维生素、粗纤维以及铁、镁、钙等成分。其蛋白含量高达28%以上,包含了人体所必需的8种氨基酸,且含量较燕麦还高出两倍以上。籽粒作为主食,可以炒熟食用,也可以制作罐头等风味小吃。鹰嘴豆还具有很高的药用价值,在维吾尔的医学中已经沿用了2 500多年。

总之,鹰嘴豆是一种具有巨大应用潜力和开发价值的食药用豆科植物,在边疆干旱地区的广泛种植必将产生更大的经济价值和生态效益。

二、鹰嘴豆基因组的测定

鹰嘴豆仅次于大豆,是世界上种植的第二大类豆科作物,因为其可以与根瘤菌进行共生固氮,所以无论对于人类每天氮营养的摄取,还是对于世界上广大发展中国家的粮食安全都起到十分重要的作用。世界上大多数种植鹰嘴豆的地区为半干旱和土壤低营养的环境,尽管鹰嘴豆具有耐旱和抗病的特点,但其产量只有不到1吨/公顷,目前迫切需要通过传统或者分子手段去改进鹰嘴豆,增加其产量,但现有的有限基因组信息已经明显限制了这一需求。

为了更好地理解鹰嘴豆的遗传历史,Varshney等对来自世界范围内的迪西(*desi*)和卡布里(*kabuli*)两个鹰嘴豆基因型的29个不同种类进行了重测序,全基因组鸟枪法测定的鹰嘴豆卡布里种含有约738 Mb容量的基因组,包含约28 269个基因;同时,为了获得鹰嘴豆全基因组范围的遗传结构信息,又对来自10个国家的61个鹰嘴豆基因型进行了测序,与之前的测序信息整合,一共得到了90个鹰嘴豆基因型的基因组信息,其中主要包括60个经过改造的鹰嘴豆区系,25个地方品种等。在庞大的鹰嘴豆基因家族中,富亮氨酸核苷酸结合位点重复序列给予鹰嘴豆抗击植物害虫和病原菌的抗性。鹰嘴豆基因组含有187个抗性同源基因,数量上没有其他豆科植物那么多,如大豆含有506个抗性基因,紫花苜蓿含有764个抗性基因等,基因组中约一半基因都含有可转移元素和未分类的重复序列。着丝粒区域由通过重复序列组成的微卫星组成,其中含量最高的为163 bp、100 bp和74 bp的重复单元。分析发现，鹰嘴豆分化发生在约5 800万年前，而之前报道的大豆分化发生在约5 400万年前；与*Meliloti truncatula*和*Lotus japonicus*进行更高分类水平的比较发现，鹰嘴豆与它们任何一个都含有16 098个同源基因群，与鸽豆和大豆有15 503个同源基因群，与拟南芥(*Arabidopsis thaliana*)和葡萄有10 667个同源基因群，这些同源关系信息为鹰嘴豆的比较生物学和相关功能的分析奠定了基础。另外，通过比较25个当地品种和31个培育品种发现，有大约122个基因是现代育种的候选基因，而育种过程会导致其遗传多样性丢失，因为育种者仅仅依赖于鹰嘴豆基因组中很小一部分优势基因进行表型的优化，以期获得更高的产量。

关于鹰嘴豆基因组的报道，没有提到与结瘤固氮基因相关的信息。

三、鹰嘴豆根瘤菌多样性研究进展

自从1936年Raju等人做了关于细菌－植物互作研究后，与鹰嘴豆结瘤的根瘤菌一直都被认为具有高度的专一性，并且1979年，Gaur和Sen建议鹰嘴豆和与鹰嘴豆结瘤的根瘤菌应该被归入一个新的互接种族中去。根瘤菌依据其生长速度分为快生和慢生两个群体，但是，在这之后没有更多的试验数据可以说明鹰嘴豆根瘤菌的分类地位，直到后来Jordan将鹰嘴豆根瘤菌归属到*Rhizobium*和*Bradyrhizobium*两个属中。

1986年，Cadahia等人对来自不同地理起源的27株根瘤菌进行固氮基因的定位和生长特征的研究，以区分快生和慢生根瘤菌群体。通过裂解电泳发现其中19株根瘤菌有1～3个质粒，而其他的8株根瘤菌没有质粒。在26株根瘤菌中都没有检测到与*Rhizobium meliloti nifHD*同源的固氮酶结构基因，并且通过杂交发现这26株根瘤菌的*nifHD*基因在鹰嘴豆根瘤菌中高度保守。还发现，鹰嘴豆根瘤菌的生长速度有很大的差异，在YMA培养基上代时为4～14.5 h不等。但是，最终所得到的试验结果不足以支撑将鹰嘴豆根瘤菌分为快生和慢生两个生长类型的理论。

1993年，Kuykendall等人对来自USDA菌库、Nif－TAL和IARI的15株鹰嘴豆根瘤菌进行了遗传多样性研究。采用的方法是限制性片段长度多态性分析，结果发现15株根瘤菌具有很大的异源性，这与之前Ruiz－Arguesco等人假定的鹰嘴豆根瘤菌的同源性恰恰相反，至少可以分为3个RFLP群，表明鹰嘴豆根瘤菌有很大的遗传多样性。

图 1－3　新疆鹰嘴豆的结瘤和根瘤照片

Nour 等人在 1994 年对来自鹰嘴豆的 16 株根瘤菌进行多样性的研究，采用多位点酶切电泳分析、16S rRNA－IGS PCR－RFLP、16S rRNA 测序分析、DNA 同源性分析、G＋C 含量测定和 147 种碳源利用的表型性状的分析方法，最终发现了这群根瘤菌为一个新种群，并将其命名为 *Rhizobium ciceri*。1995 年，通过研究 30 株鹰嘴豆根瘤菌，发现这些菌株分离自没有根瘤菌接种历史区域的鹰嘴豆根瘤。通过 DNA 杂交分析、16S rRNA－IGS PCR－RFLP 和 16S rRNA 测序分析等方法，发现与鹰嘴豆结瘤的另一个中慢生根瘤菌属的新种群 *Rhizobium mediterraneum*。后来在 1997 年，*Rhizobium ciceri* 和 *Rhizobium mediterraneum* 等被移入中慢生根瘤菌属，即 *Mesorhizobium ciceri* 和 *Mesorhizobium mediterraneum*。这两个种是最早被发现并命名的与鹰嘴豆特异性结瘤的种群。

2001 年，Laranjo 等人对来自葡萄牙南部 3 个不同地区的鹰嘴豆根瘤菌进行共生效率和遗传多样性的研究。通过质粒电泳发现，多数菌株都含有 1～2 个比较大的质粒，尽管部分菌株没有检测到质粒，但是这与 Cadahia 对鹰嘴豆根瘤菌质粒分析的结果是一致的。另外，发现每株菌株都含有 1～6 个质粒，大小在 15 kb 到 500 kb 不等，同一地区分离得到的菌株的质粒图谱很相似，从不同土壤中得到的鹰嘴豆根瘤菌在遗传上有差异，它可能与土壤的 pH 值有一定的关系，因为之前 Harrison 等推断过 *Rhizobium* 种群的分布与土壤的 pH 值有关。作者又采用 Student's t－test 对鹰嘴豆根瘤菌的共生效率进行了研究，发现带有 1 个质粒的菌株比带有多个质粒的菌株具有异常高的共生效率，这与 Thurman 等发现的带多个质粒的根瘤菌在白三叶上的固氮效率低的结果很相似。额外的质粒可能会增加菌株的生存竞争力，以便具有更快的生长速度和更大的优势，却不能增加其固氮效率，这还可能是由于具有更高共生效率的菌株获得了更大的不可检测的质粒。研究的鹰嘴豆根瘤菌被分为 a 和 b 两个种群，其中 b 种群中的菌株带有 2 个或者更多个质粒，而 a 种群则来自不同的地理区域，表明 *nifH* 基因在进化中高度保守，或者在近期的进化中它在不同的菌株间发生了交换。第二年，对来自葡萄牙 4 个不同区域的 50 余株鹰嘴豆根瘤菌进行了共生效率、DAPD（Direct Amplified Polymorphic DNA）和质粒电泳图谱分析等，发现部分地区的鹰嘴豆根瘤菌具有很高的遗传多样性，共生效率与鹰嘴豆根瘤菌的起源地没有直接关系。根瘤菌本身庞大的种群可以有效地促进鹰嘴豆产量的增加，而不是单个菌株的共生优势。

2002 年，Maâtallah 等对摩洛哥不同代表区域的鹰嘴豆根瘤菌进行了生物多样性研究。采用表型分析方法比较分析供试菌株与参比菌株。数值分类结果将 48 株供试菌株分为 3 个不同的群，采用 16S rRNA PCR－RFLP 方法将该群菌分为 4 个不同的类型，结果表明，来自摩洛哥土壤中的鹰嘴豆根瘤菌具有表型和遗传上的多样性，多数菌株隶属于中慢生根瘤菌属，且与 *M. mediterraneum*、*M. ciceri* 和 *M. loti* 在进化上很接近，但是也有一些菌株的 16S rRNA 基因与中华根瘤菌属的 *Sinorhizobium meliloti* 很相近，并且这也是首次发现来自 *Sinorhizobium* 的菌株可以与鹰嘴豆共生结瘤。

2004 年，Laranjo 等对 41 株来自葡萄牙农田小区域的鹰嘴豆根瘤菌进行了多样性研究。采用了 16S rRNA 测序分析方法，发现所有的菌株都归属于中慢生根瘤菌属，除了有跟之前报道的鹰嘴豆共生种 *M. mediterraneum* 和 *M. ciceri* 之外，还发现一些菌株与 *M. loti* 和 *M. tianshanense* 分别聚群，可能代表新的种群，另有一个菌群与 *M. amorphae* 等聚群，也可能代表一个新种群。采用 DAPD 和全细胞蛋白图谱分析的方法对该菌群进行了研究，其结果与 16S rRNA 测序分析结果相吻合，该小区域中，鹰嘴豆根瘤菌具有很强的多样性。2006 年，Alexandre等对这些鹰嘴豆根瘤菌菌株进行了分析，采用抗生素抗性谱以及 16S rDNA RFLP、DAPD 和蛋白图谱分析等方法，得到的结果与 2004 年 Laranjo 等通过 16S rRNA 测序分析方法得到的结果一致，表明抗生素抗性谱和 DAPD 指纹图谱分析可以用来快速检测和区分分离得到的根瘤菌菌株。同年，Rivas 等对 2004 年 Laranjo 研究的两个可能的新种群进行进一步研究，16S－23S ITS 和 16S rRNA 分析结果较一致，两群菌株分别属于 *M. amorphae* 和 *M. tianshanense*，而其 *nodC* 和 *nifH* 的系统发育地位则与 *M. mediterraneum* 和 *M. ciceri* 有很高的相似度，即具有与鹰嘴豆结瘤特有的共生基因，最终定为鹰嘴豆根瘤菌的两个新的生物型，分别是 *M. amorphae* bv. *ciceri* 和 *M. tianshanense* bv. *ciceri*。

2007 年，Ltaief 等对来自突尼斯不同区域的鹰嘴豆根瘤菌进行生物多样性研究。采用了共生特征分析、对 21 种生化底物的利用、对盐和 pH 值的耐受性等数值分类分析，还采用了 16S rRNA PCR－RFLP 方法与参比菌株进行比较分析，结论是所有的菌株都属于 *Mesorhizobium*，其中 40 株菌株与 *M. ciceri* 遗传距离较近，另外 8 株菌株则与 *M. mediterraneum* 遗传距离较近，并且这些菌株具有表型和遗传的多样性。

2008 年 Laranjo 等报道了快速检测鹰嘴豆根瘤菌的方法，即通过测定其共生基因 *nifH* 和 *nodC* 序列进行分析。对 21 株鹰嘴豆根瘤菌的共生基因 *nodC* 和 *nifH* 以及 16S rRNA 进行测序和系统发育分析后发现，尽管鹰嘴豆可以与来自中慢生根瘤菌属的不同的种共生结瘤，却具有相同的共生基因，这表明鹰嘴豆仅仅通过识别一些特殊的结瘤因子就与这些根瘤菌共生结瘤。作者推断，可能是不同基因组背景的菌株在土壤中通过菌株间基因的横向转移，获取了相同的共生基因，从而具有与鹰嘴豆特异性结瘤的能力。之前报道的中慢生根瘤菌属中基因横向转移的现象还有与 *Lotus corniculatus*、*Phaseolus vulgaris*、*Astragalus sinicus*、*Biserrula* 和 *Anagyris latifolia* 共生的根瘤菌。并且不仅仅是该研究中得到的共生基因，GenBank 数据库中所有鹰嘴豆根瘤菌，无论来自地中海地区，还是来自西班牙和摩洛哥，或者中东地区的伊朗，其共生基因也都同样保守。

同年，土耳其的研究者对分离自大田鹰嘴豆根瘤的 28 株根瘤菌进行了初步的研究，通过对其菌落形态、表型特征、盐和 pH 值的耐受性、温度的耐受性、唯一碳源和氮源的利用、对抗生素的抗性和对重金属的抗性等进行试验分析，初步确定该群菌属于 *Rhizobium*。多数菌株都可以产生大量的胞外多糖，并且有 53% 的菌株可以耐受 0.5 mol/L 的 NaCl，75% 的菌株可以耐受 40 摄氏度的高温，多数菌株都对多种抗生素具有抗性。

2009 年，Nandwani 和 Dudeja 等对分离自印度 Haryana 省的 50 株鹰嘴豆根

瘤菌进行了系统发育研究。采用 PCR – ERIC 图谱分析和 16S rRNA PCR – RFLP 指纹图谱分析发现,这些菌株具有较好的多样性,在 70% 的相似度下被分为 6 个群。同年,Alexandre 等对来自葡萄牙的鹰嘴豆根瘤菌的多样性和生物地理学分布进行研究。对 16S rRNA 进行测序分析发现,所有的鹰嘴豆根瘤菌都属于中慢生根瘤菌属,但是,最大的群中多数菌株与 *M. huakuii* 相似度最高,为 99.7%,另有一群与 *M. tianshanense* 相似度最高,为 99.8%~99.9%。也就是说,在葡萄牙占主导地位的鹰嘴豆根瘤菌不同于之前认为的 *M. mediterraneum* 或 *M. ciceri* 两个种,这个研究表明占主导地位的菌株属于其他的中慢生的种群。并且该研究是第一次系统地研究葡萄牙的鹰嘴豆共生根瘤菌,并对鹰嘴豆根瘤菌的生物地理学分布进行了分析,展示了整个鹰嘴豆根瘤菌在葡萄牙的分布状况。

2012 年,Rai 等采用 16 rRNA PCR RFLP 及 16 rRNA 基因的系统发育分析等方法,对来自印度的 28 株土著鹰嘴豆根瘤菌进行了多样性分析,结果 54% 的菌株被鉴定为属于已知种 *M. mediterraneum* 和 *M. ciceri*,而剩余的菌株则与 *M. loti* 聚为一群。同年,Laranjo 等采用 MLSA 方法展示了一个能够高效分析中慢生根瘤菌系统发育关系的方法,证明了一个新的鹰嘴豆基因型种群的存在。一共对以下 7 个基因进行了 PCR 扩增和测序分析:16S rRNA、ITS 区域和 5 个核心基因 *atpD*、*dnaJ*、*glnA*、*gyrB* 和 *recA*。通过对以上基因进行系统发育分析,并且与 *nodC* 基因进行比较,共同证实一个新的鹰嘴豆中慢生根瘤菌基因型种群的存在,即 *Mesorhizobium oportunistum* bv. *ciceri*。并且该研究还表明,鹰嘴豆的生物型分布在中慢生根瘤菌属的六个种以上。该研究是目前最完整的中慢生根瘤菌属的多位点系统发育分析,更加有利于我们对一个生物型在多个种分布的理解。

第五节 鹰嘴豆及其根瘤菌的抗逆性研究进展

一、盐对鹰嘴豆发芽等的影响

鹰嘴豆是一种对盐十分敏感的植物,在水培条件下,比较敏感的基因类型在 25 mmol/L NaCl 的盐浓度下就不能生存,而对盐有一定抗性的基因型在

100 mmol/L NaCl 的盐浓度下也不能存活。在全世界范围内，有近 8 000 万公顷面积的土地都受到高盐胁迫的影响，而且这个面积还在不断地扩大。土壤高盐胁迫的影响带来的鹰嘴豆产量的下降未见具体的数据报道，但是有报道说鹰嘴豆在其生长末期，土壤中水分的蒸发导致土壤中盐浓度不断提高，据此可以预测每年因盐的影响导致全球范围内鹰嘴豆产量下降 8%~10%，这对鹰嘴豆产业是一个很不利的影响。

高盐胁迫不仅会降低鹰嘴豆种子的发芽率，还会影响种子芽体的生长。例如同样是在 120 mmol/L NaCl 的盐浓度条件下，鹰嘴豆生物型ILC－482 的种子可以在 8 天内达到 70% 的发芽率，而 Barkla 10 天仅达到 40% 的发芽率。而有一些鹰嘴豆的生物型在约 320 mmol/L NaCl 的盐浓度下（电导率 = 32 dS/m）仍可以发芽，其他生物型在该盐离子浓度一半的情况下，只有 15% 的发芽率。试验证明，盐浓度对 *kabuli* 和 *desi* 两个基因型种子发芽的影响没有区别，但是依然不知道受盐浓度影响的规律是否与鹰嘴豆的品种有关。总之，鹰嘴豆对盐浓度的耐受性有很大的波动范围。由于缓慢的、低的发芽率会直接导致鹰嘴豆产量下降，所以种植鹰嘴豆一定要考虑所种鹰嘴豆品种对不同盐浓度的反应，最好是在实验室内用当地的土壤直接测定发芽率，该法要明显优于在培养皿内溶液中测定。盐对鹰嘴豆植物营养期的影响则有很多相关报道，包括研究盐浓度对鹰嘴豆早期生长的影响（发芽）、对鹰嘴豆生长前 30 天的影响，四分之一的研究测定了盐胁迫对鹰嘴豆产量的影响，约 40% 的研究都是在高盐的沙介质上或者溶液中进行的，只有个别的研究在大田中进行。当鹰嘴豆种植在 80 mmol/L NaCl 的盐浓度条件下，鹰嘴豆发芽后生长 40 天，其生物量要比对照少 60%，可见高盐浓度会减缓鹰嘴豆的生长。当鹰嘴豆被种植在含盐的培养基上时，鹰嘴豆茎中的 Cl^- 含量要高于 Na^+ 含量。研究表明盐可减少鹰嘴豆从土壤中吸收水分的量，从而使植物适应特殊的渗透压环境。

二、高盐胁迫对鹰嘴豆根瘤菌及其与鹰嘴豆结瘤固氮的影响

高盐胁迫对鹰嘴豆生长的影响较大，但是从鹰嘴豆根瘤中分离得到的鹰嘴豆根瘤菌在体外条件下具有更强的耐盐性，据报道有一些根瘤菌能在高达 500 mmol/L NaCl 浓度下生长。根瘤菌对盐的耐受性是不同的，有些鹰嘴豆根

瘤菌在 100 mmol/L NaCl 浓度下就不能生长了。从不同环境下分离得到的鹰嘴豆根瘤菌大多表现出相对较高的对盐的耐受性，除了 N7 菌株外，所有的根瘤菌都呈现出在各种 NaCl 浓度下自由生长的特征，这已经明显超出了鹰嘴豆对盐的耐受范围。但是，高盐胁迫对鹰嘴豆的结瘤固氮要比对鹰嘴豆的整个生长有更多不利的影响。

研究表明，在高盐胁迫条件下，鹰嘴豆的结瘤能力会下降。在电导率为 1 dS/m的条件下，结瘤数量下降到了对照的 85%；还有研究显示，在 8 dS/m 的条件下，两个盐浓度敏感的鹰嘴豆基因型结瘤数量下降大约 75%，两个抗盐基因型的结瘤数量则未下降。在高盐胁迫条件下，不同的根瘤菌－宿主植物的组合表现出不同的结瘤能力。植物的基因型和根瘤菌共同决定结瘤的成败与质量。当鹰嘴豆生长在高盐胁迫条件下，所结根瘤的不正常生长会导致根瘤变小、瘤数下降等，可以引起根瘤总生物量的减少。鹰嘴豆根瘤的平均生物量（瘤总生物量/瘤数）反映出在盐胁迫条件下根瘤会变小，且如果瘤数不下降，根瘤就会变得更小。如果该比值大幅下降，那么表明根瘤对盐胁迫的反应要比根的反应更加敏感。盐胁迫不仅影响结瘤过程和根瘤的生长，同时，NaCl 也会通过降低鹰嘴豆根瘤中豆血红蛋白的浓度引起根瘤的衰老，导致根瘤数量的下降和有功能根瘤的生物量的减小，并引起固氮量的下降。

同时，由于盐胁迫的压力，鹰嘴豆结瘤数量会下降，固氮的能力降低，与无盐的对照相比，根瘤减小会导致单位根瘤生物量的固氮量下降。许多的试验都用乙炔还原法测定鹰嘴豆根瘤固氮的能力。测定在 2.5 dS/m 的土壤中（不施入 N 营养）生长的鹰嘴豆根瘤的乙炔还原能力时发现，盐胁迫导致根瘤的乙炔还原能力较无盐胁迫对照下降 64%。对此，有研究表明，盐的诱导导致根瘤的生理状态发生变化，如固氮酶活性的降低。在50 mmol/L NaCl 浓度胁迫下，根瘤中的豆血红蛋白的浓度较对照下降 41%，而在 100 mmol/L NaCl 浓度胁迫下则下降到了对照的 7%。这是由于在高盐胁迫的环境下，许多鹰嘴豆植株都不能正常生长，盐胁迫导致根瘤的衰老，还有研究表明高盐胁迫导致了根瘤的凋亡。

当根瘤的气体渗透能力降低的时候，固氮的效率就会随之降低。根瘤中氧气的电导率可以通过氧气融合隔离的生理调控或者通过结构的改变来调节。当鹰嘴豆在高盐胁迫条件下生长的时候，鹰嘴豆根瘤的结构会发生变化，导致氧气的电导率下降，抑制根瘤的固氮能力，根瘤中乙醇脱氢酶活性的提高暗示氧气供应的改变。

总之，从不同环境下分离得到的鹰嘴豆根瘤菌都具有很高的耐盐性（达到 500 mmol/L NaCl），而鹰嘴豆本身只能耐受到 100 mmol/L NaCl。尽管如此，高盐胁迫会降低根瘤菌在鹰嘴豆根部的结瘤、根瘤的大小和固氮能力的强弱，甚至会引起根瘤的凋亡。因此，不同鹰嘴豆与其共生体组合在盐胁迫条件下的结瘤数量和固氮功能有较大的差异。所以，在繁育对盐有一定耐受性的鹰嘴豆基因型的同时也要筛选盐胁迫条件下鹰嘴豆最佳匹配的根瘤菌菌株。

三、温度对鹰嘴豆根瘤菌生长及共生的影响

除了盐胁迫外，温度的变化，尤其高温条件，不但会通过影响宿主植物 - 根瘤菌早期的信号分子的交换来影响共生，而且当根瘤已经形成时，依然会影响共生固氮。对于大多数根瘤菌，优化的生长温度是 25 ~ 35 ℃，温度的上限是 47 ℃。温度的范围在不同的种和菌株水平间均有差异，例如：一种与普通的豆子结瘤的根瘤菌能够在 44 ℃条件下生长，而鹰嘴豆的共生体 *M. mediterraneum* 和 *M. ciceri* 可以在 40 ℃条件下生长。有很多研究是关于热激后细胞的反应。近几年在对 *Sinorhizobium meliloti* 的微阵列研究中发现，在热激之后，有 169 个基因的表达上调，其中 DnaK - DnaJ 和 GroEL - GroES 等分子伴侣系统是被熟知的热激反应的主要成分，当然这些分子伴侣也会被其他条件诱导表达，甚至是组成型表达的系统。不仅这些分子伴侣能够记忆靶蛋白的疏水结构域，而且这些疏水结构域在正常的蛋白中是隐藏在蛋白构象内部的，还可以协助变性的蛋白恢复到原始的结构。*Bradirhizobium japonicum* 被发现有 5 个 *groESL* 操纵子，它们有不同的调控系统，并且在不同的条件下被诱导表达。*Rhizobium leguminosarum* 中尽管含有 3 个 *groE* 同源基因，但是其中只有 1 个对根瘤菌的正常生长来说是不可或缺的，这个基因的表达水平是最高的。根瘤菌和大多数细菌一样，*dnaK* 基因通常是单拷贝的，具有一种很重要的功能。*groESL* 和 *dnaJ* 在一些根瘤菌与豆科植物的共生中也发挥了一定作用。过去有研究表明，鹰嘴豆根瘤菌在热激之后会过量表达一个 60 kDa 的蛋白质，这可能跟 GroEL 有关。在对葡萄牙鹰嘴豆根瘤菌的热刺激研究中发现，这些菌株抵抗温度胁迫的能力有很大的不同，高温胁迫后，*dnaK* 和 *groESL* 基因转录水平有一定程度的增加，还

发现分子伴侣基因在耐高温的菌株中要比在不耐高温的菌株中得到更高水平的诱导表达。

四、酸碱度对鹰嘴豆根瘤菌的生长及共生的影响

除了上述两个因素外,pH 值的变化也会影响到根瘤菌菌株的生长和结瘤固氮。酸性的 pH 值可以降低根瘤菌在土壤中的耐受性,通过影响根瘤菌与宿主植物的分子信号的交换降低其结瘤能力。豆科植物及共生的根瘤菌对酸性环境的反应是不同的。如鹰嘴豆能在碱性土壤中生长,与其共生的根瘤菌却更适宜酸性的环境。早在 1984 年 Jordan 就曾报道根瘤菌科(*Rhizobiaceae*)菌株的耐受 pH 值范围为 4.5～9.5,而 Somasegaran 等在 1994 年报道,优化的根瘤菌生长的 pH 值范围是 6～7,2005 年陈文新等报道,中慢生根瘤菌的生长 pH 值范围是 4～10,但是也有例外,如 *M. loti* 对酸有很高的耐受性(pH = 4)。不同的根瘤菌菌株对低 pH 值的反应是不同的,例如,鹰嘴豆根瘤菌 *M. ciceri* 可以耐受的 pH 值范围是 5.0～10.0,*M. mediterraneum* 对酸却比较敏感,耐受的 pH 值范围是 7～9.5。后来在对葡萄牙的 47 株鹰嘴豆根瘤菌的耐酸碱的研究中发现,有 26 株菌株在 pH = 5 时生长得要比在 pH = 7 时好,对其中 6 株可以在酸性条件下生长的鹰嘴豆根瘤菌进行研究,发现菌株 PT－35 和 64b 可以在 pH 值 3～5 的范围内生长,研究发现鹰嘴豆根瘤菌在酸性条件下的共生效率与根瘤菌菌株对酸的耐受性是正相关的。在葡萄牙鹰嘴豆根瘤菌耐酸碱的另一个研究中发现,中慢生根瘤菌对酸性条件的耐受性与其原始生长的土壤的 pH 值是相关的。并且发现,多数耐酸的鹰嘴豆根瘤菌的 *dnaK* 和 *groESL* 基因在酸胁迫条件下都被诱导表达,而酸敏感的菌株这两个基因的表达反而受到抑制,表明中慢生根瘤菌内,主要的伴侣分子表达基因的诱导与菌株对酸的耐受性之间有一定的关系。

第六节　鹰嘴豆根瘤菌的竞争结瘤试验研究进展

早在 1986 年,法国的 Arsac 等就已经开始利用免疫荧光和 ELISA 技术研究不同的根瘤菌在鹰嘴豆上的竞争结瘤能力。由于鹰嘴豆根瘤菌表现出广谱的抗血清生物学多样性,因此可以用免疫荧光和 ELISA 技术来研究接种用的根瘤

菌菌株与土著菌的竞争结瘤能力。首先选用3个接种菌株,然后用它们分别制作抗体用于免疫荧光试验,发现没有土著菌且不接种鹰嘴豆根瘤菌时,鹰嘴豆不结瘤,有的处理中接种菌竞争不过土著菌,影响接种菌竞争能力的因素包括宿主的基因型、土壤的理化性质和接种根瘤菌的浓度等。4年后,Rupela等发现日晒可以大大减小土著的鹰嘴豆根瘤菌的数量,经过该处理后的土壤接种外援的根瘤菌后,接种菌就可以替代原土著菌成为土壤中鹰嘴豆根瘤菌的优势种群。研究发现,土壤经过日晒处理后,在接种后的第20天和第51天,接种根瘤菌的鹰嘴豆不仅结瘤数量有所增加,而且鹰嘴豆的干重、种子产量和蛋白含量也有了很大提高。同年,Somasegaran等研究土壤中的可利用氮对单株菌接种与多株菌混合接种鹰嘴豆等豆科植物时菌株的接种效果和竞争结瘤能力的影响,结果发现多菌株接种剂的固氮效果取决于两个因素,即组合中各个菌株的固氮效率和每株菌的占瘤率,土壤中可利用氮的含量对接种根瘤菌的固氮能力产生较大的影响,接种鹰嘴豆的菌株中,*R. loti* TAL1148固氮效果最好,但是其竞争结瘤能力不如接种用的其他两株菌。后来,Thies等研究了环境效应对接种菌和土著菌竞争结瘤能力和占瘤率的影响,结果发现尽管温度和土壤肥力在一些处理中表现出与接种菌占瘤率的相关性,但是影响占瘤率最主要的因素是环境中的生物因素,即土著根瘤菌的数量群体规模,并且认为真正的竞争能力高的菌株是能够适应各种环境的。1998年Hadi等在从未种植过鹰嘴豆的土壤中比较了根瘤菌接种与化学氮肥对鹰嘴豆产量和蛋白含量的影响,试验选用了6个不同的鹰嘴豆生物型,结果发现接种根瘤菌*Rhizobium* spp. TAL 1148与施用化学氮肥都可以显著增加根瘤菌数、百粒重、鹰嘴豆的产量及种子的蛋白含量,并且对产量的增加程度等同于每公顷施入50 kg氮。2007年,突尼斯的Romdhane等研究了引入根瘤菌种群*M. ciceri*和当地土著鹰嘴豆根瘤菌种群之间的竞争结瘤情况。他们首先选用模式菌株*M. ciceri* UPM－Ca7^{T}在摩洛哥当地的大田中进行了接种鹰嘴豆试验,结果发现土著菌要比接种菌有更高的竞争结瘤能力,并且认为要增加突尼斯的鹰嘴豆产量,必须选择高效且竞争能力高的土著菌进行接种。进一步研究发现当地的土著菌多数属于*M. mediterraneum*,少数属于*M. ciceri*,但是最终选择菌株*M. ciceri* CMG6作为接种用高效菌株,因为它在实验室条件下效果是最好的。在之后的大田试验中发现,接种*M. ciceri* CMG6的鹰嘴豆,结瘤数量显著增加。特别是当土壤中的土著菌数量相对较大时，结瘤数量的显著增加伴随着地上部干重的显著增加。

第七节 研究的目的和意义

国外对鹰嘴豆根瘤菌研究得很多，但国内还未见对鹰嘴豆根瘤菌的研究。本书主要基于中国的鹰嘴豆根瘤菌种属分类地位、生物学特征、与国外已报道菌种的差异、根瘤菌在自然环境下是否会不断进化以及其适应性等开展了相关的研究。

一、本项研究的目的

首先，对我国新疆鹰嘴豆根瘤菌的遗传多样性进行调查研究，确定新疆地区与鹰嘴豆共生的根瘤菌的分类地位，填补此方面研究的空白；

其次，分析研究新疆鹰嘴豆根瘤菌的生理生化特性，如抗旱、抗盐等；

再次，为我国鹰嘴豆的接种、选种准备优质的菌种资源；

最后，探索鹰嘴豆根瘤菌的起源与进化。

二、研究的意义

鹰嘴豆在新疆地区已经有 2 500 多年的种植历史，许多古文献中均记载有鹰嘴豆。新疆木垒县地少人多、土地贫瘠、降水稀少。种植传统的农作物，如小麦、玉米等，产量低，经济效益较差。当地政府经科学论证，在全县大面积推广种植鹰嘴豆。目前木垒县已经形成 10 万亩的鹰嘴豆种植面积，占我国鹰嘴豆种植面积的 83%。2008 年 3 月，国家质量监督检验检疫总局批准对新疆木垒鹰嘴豆实施“地理标志产品”保护。

鹰嘴豆在蛋白质功效比值、氨基酸含量和消化率等指标上远高于其他各种豆类，被誉为“黄金豆”“珍珠果仁”。鹰嘴豆属于低糖食物，对高血压、高血脂和糖尿病人群很有益处。作为一种营养食品，鹰嘴豆已经成为健康食品家族的生力军。正由于其卓越的营养价值、药用价值和潜在的经济价值，2004 年鹰嘴豆被新疆卫生厅批准为“特殊营养食品”，鹰嘴豆产业也成为新疆“星火计划”项目和国家发改委重点“固边富民”项目。

鹰嘴豆除了具有如此高的营养和药用价值外，还能与土壤中的根瘤菌结合形成根瘤，进行生物固氮。据报道，鹰嘴豆通过生物固氮方式每年每公顷固定约 140 kg 氮，另外鹰嘴豆又是一种低投入的植物，生长所需氮营养的 70% 是靠自身生物固氮满足的，同时还为下茬的禾本科作物提供氮营养，少施肥或不施肥就能改良土壤。在新疆，当地人把鹰嘴豆作为倒茬作物，一般种一年小麦，然后种一年鹰嘴豆，这种轮作方式对新疆的旱作农业非常有益。所以，鹰嘴豆在西部干旱、土壤贫瘠地区都有很好的推广价值，可以改良土壤，节约化肥，同时促进倒茬作物的增产。然而，由于对鹰嘴豆根瘤菌的遗传多样性研究在国内仍然是个空白，导致缺乏此方面的根瘤菌资源及相关的信息，不能通过选取优势的根瘤菌株对鹰嘴豆接种，影响鹰嘴豆的产量，因此，对鹰嘴豆根瘤菌资源的收集及其遗传多样性的研究会为选种、接种打下坚实的理论基础，并为鹰嘴豆的增产及贫瘠干旱土壤的改善起到非常大的促进作用，从而充分发挥出鹰嘴豆－根瘤菌固氮体系的生态、营养和环境效益。

在国际上，已经报道的鹰嘴豆共生的根瘤菌有 *M. mediterraneum* 和 *M. ciceri* 两个种，以及几个中慢生根瘤菌属的鹰嘴豆生物型，并且这些菌的普遍特点是具有很专一的共生基因（*nodC* 和 *nifH*）。自从鹰嘴豆传到中国后，在我国新疆维吾尔自治区已经有 2 500 多年的种植历史，在新疆特殊的气候和土壤条件下，经过长期的地理隔离，与鹰嘴豆共生的根瘤菌在我国是一个什么样的状况呢？我国的鹰嘴豆根瘤菌跟国际上已经报道的根瘤菌之间有什么差异或者相似性呢？我国与鹰嘴豆共生的根瘤菌种群跟国际上研究较多的两个种群相比，哪个种群在我国新疆特殊的生态环境下具有更强的竞争力呢？这些问题的解决对于我们更好地认识我国鹰嘴豆根瘤菌的分布状况，以及鹰嘴豆－根瘤菌的共进化等都会起到巨大的推动作用。

第二章　中国新疆鹰嘴豆根瘤菌多样性研究

第一节　试验材料

一、新疆鹰嘴豆根瘤菌

2009 年 6 月底到 7 月初，从我国鹰嘴豆主产区新疆昌吉回族自治州的木垒哈萨克自治县和奇台县，分 8 个点采集鹰嘴豆根瘤样品。采样地点的 GPS 信息为：木垒哈萨克自治县的英格堡乡和西吉尔镇，奇台县的老奇台镇洪水坝村和老奇台镇双大门村。鹰嘴豆植株从土壤中挖出，用自来水冲洗掉根表的泥土，然后用解剖刀将健康完整的根瘤从鹰嘴豆根部剥离，为保证根瘤完整且不破损，剥离根瘤时要带上少许的根表皮，将采集的根瘤样品暂时在含有变色硅胶粒及滤纸片的 1.5 mL 离心管中常温保存。采样过程中，如果发现硅胶由蓝色变为红色，则应将根瘤换到新的管中。同时采集了根部 0~20 cm 深度的土壤样品（约 50 g），盛放在准备好的棉布袋子内，扎好口，并做好标记。之后，做好采集样品信息的收集和记录，用全球定位仪（GPS）测定并记录采样点的经纬度信息，同时记录采样点的地形、种植模式、周围环境地貌、种植的鹰嘴豆品种、施肥情况和往季种植作物类型等信息。

二、培养基

YMA(Yeast - Mannitol Agar)培养基:称取 10 g 甘露醇,3 g 酵母粉,0.25 g KH_2PO_4,0.25 g K_2HPO_4,0.1 g 无水 $MgSO_4$,0.1 g NaCl,18 g 琼脂粉并溶于 1 000 mL 去离子水中(pH = 6.8 ~ 7.2),然后 15 磅(约 103.4 kPa)灭菌 30 min。

M - YMA(Modified YMA)培养基:称取 10 g 甘露醇,0.5 g 谷氨酸钠,0.5 g K_2HPO_4,0.1 g 无水 $MgSO_4$,0.05 g NaCl,0.04 g $CaCl_2$,0.04 g $FeCl_3$,1 g 酵母粉,18 g 琼脂粉并溶于 1 000 mL 去离子水中(pH = 6.8 ~ 7.2),然后 15 磅灭菌 30 min。

TY(Tryptone - Yeast)培养基:称取 3 g 酵母粉,0.7 g $CaCl_2 \cdot 2H_2O$,5 g 胰蛋白胨并溶于 1 000 mL 去离子水中(pH = 6.8 ~ 7.2),然后 15 磅灭菌 30 min。

三、试验试剂

生理盐水(0.8%):称取 0.8 g NaCl 并溶于 100 mL 去离子水中,然后 15 磅灭菌 30 min。

升汞溶液(0.2%):称取 0.2 g $HgCl_2$并溶于 100 mL 去离子水中。

提取 DNA 用的 GUTC 提取溶液:4 mmol/L Guanidine thiocyanate(异硫氰酸胍),40 mmol/L Tris - HCl(pH = 7.5),5 mmol/L CDTA(反式 - 1,2 - 环已二胺四乙酸,trans - 1,2 - cyclohexanediaminetetraacetic acid)。

GUTC 洗涤缓冲液:60% 乙醇,20 mmol/L Tris - HCl(pH = 7.5),1 mmol/L EDTA,400 mmol/L NaCl。

TE 缓冲液:10 mmol/L Tris - HCl(pH = 7.6),1 mmol/L EDTA(pH = 8.0)。

硅藻土悬液:向硅藻土中加入 TE 缓冲液洗涤,之后去除缓冲液再重复洗涤两次,最终硅藻土与 TE 缓冲液以 1∶1 混合备用。

5 × TBE:称取 54.0 g Tris,27.5 g 硼酸,20 mL 0.5 mol/L EDTA(pH = 7.9)并加入去离子水中定容至 1 L。

微量元素储备液:称取 0.22 g $ZnSO_4$,1.81 g $MnSO_4$,2.86 g H_3BO_3,0.8 g $CuSO_4 \cdot 5H_2O$,0.02 g H_2MoO_4并加入去离子水中定容至 1 L,然后 15 磅灭菌 30 min。

植物低氮营养液:称取 0.03 g $Ca(NO_3)_2$,0.46 g $CaSO_4$,0.075 g KCl,

0.06 g $MgSO_4 \cdot 7H_2O$,0.136 g K_2HPO_4,0.075 g 柠檬酸铁,1 mL 微量元素并加入去离子水中定容至 1 L,然后 15 磅灭菌 30 min。

1×TES 缓冲液:5 mmol/L EDTA - Na_2,50 mmol/L NaCl,50 mmol/L Tris - HCl(pH = 8.0 ~ 8.2)。

3 mol/L NaAc - 1 mmol/L EDTA - Na_2(pH = 7.0)。

5 mol/L $NaClO_4$。

20% SDS。

10×SSC 缓冲溶液:0.15 mol/L 柠檬酸钠,1.5 mol/L NaCl(pH = 7.0)。

溶菌酶:配制 50 mg/mL 溶菌酶溶液,过滤除菌后小量分装并贮存在 -20 ℃冰箱内备用。

蛋白酶 K:将蛋白酶 K 溶于 0.1 mol/L EDTA(pH = 8.0),0.05 mol/L NaCl 溶液内,得到 20 mg/mL 的溶液,贮存在 -20 ℃冰箱内备用。

苯酚∶氯仿∶异戊醇(P∶C∶I) = 25∶24∶1。

氯仿∶异戊醇(C∶I) = 24∶1。

RNase:将 RNase 溶解于含 15 mmol/L NaCl,10 mmol/L Tris - HCl(pH = 7.5)的溶液中,然后在 100 ℃保温 15 min,并缓慢冷却至室温后小量分装,贮存于 -20 ℃冰箱中备用。

第二节　试验方法

一、根瘤菌分离纯化与保存

取出保存的失水鹰嘴豆根瘤,用无菌水洗干净,然后在 4 ℃条件下将其浸泡在生理盐水中,直至完全膨胀。将膨胀后的根瘤转移到含 95% 乙醇的小烧杯内浸泡 30 s,然后移除乙醇并加入 0.2% 升汞溶液确保覆盖所有的根瘤,消毒 5 min 之后移除升汞溶液,并用无菌水洗涤消过毒的根瘤 7 次,保留最后一次的洗涤水用于 YMA 培养基平板涂布检测根瘤消毒彻底与否。用无菌的镊子将单个经过消毒洗涤的根瘤转移到一个无菌的离心管内,并用无菌枪头捣碎根瘤,直接用该枪头在 YMA 培养基平板上采用三线法划线,并在平板上做好根瘤来源的标记及分离菌的编号。最后,将 YMA 培养基平板在 28 ℃恒温培养箱内倒置培养,每日观察,直至长出单菌落,在此时挑取单菌落并在一块新的 YMA 培养基平板上划线纯化,继续在恒温培养箱中倒置培养,待平板上再次长出单菌落时,挑取一个单菌落并进行革兰氏染色和显微镜检查,对于镜检合格的菌株分成两份保存:一份与 20% 甘油混合并长期保存于 -80 ℃冰箱中;另一份则保存于 YMA 培养基试管斜面上,用于 4 ℃短期保存和日常接种使用。

二、根瘤菌回接结瘤试验

(一)鹰嘴豆种子的消毒及萌发

选取新疆鹰嘴豆的主要种植品种之一迪西(*desi*)作为回接试验的宿主,挑取大小一致、籽粒饱满且无破损的种子统一进行消毒和萌发处理。首先,用无菌水洗净鹰嘴豆种子,然后用 95% 乙醇浸泡 30 s,移除乙醇并加入 0.2% 升汞溶液消毒 5 min,移除升汞溶液并用无菌水洗涤鹰嘴豆种子 7 次。用无菌的镊子将消毒后的鹰嘴豆种子摆放到含灭菌纱布的培养皿内,加入适量无菌水,然后置于 28 ℃恒温培养箱内,并在黑暗条件下萌发。

(二)回接试验菌株的培养

根据优化的条件,在适当的时间进行回接试验菌株的培养。将 4 ℃条件下斜面保存的菌株在 YMA 培养基平板上活化,然后接种于 5 mL TY 液体培养基中,并在 28 ℃恒温摇床上以 180 r/min 的转速振荡培养至 OD_{600} =0.8~1.0。

(三)灭菌蛭石-玻璃回接管准备

用 1×植物低氮营养液拌匀蛭石,以攥在手中有液滴渗出但不往下滴水,松手后蛭石缓慢散开为最佳标准。然后将拌好的蛭石填装于玻璃回接管中,装入蛭石的量以顶端离管口 10~15 cm 为宜,用封口膜封闭管口。最后,15 磅灭菌 2 h,并间歇灭菌两次以达到蛭石彻底灭菌的目的。

(四)鹰嘴豆发芽种子的移种、根瘤菌的接种以及结果的观察

待黑暗条件下的鹰嘴豆种子长出大约 1 cm 长的根部,并且回接用根瘤菌菌株培养至 OD_{600} =0.8~1.0 时,用无菌的长镊子将一粒萌发的种子移种到灭菌的蛭石回接管中,根部朝下,然后,将培养好的根瘤菌用移液器接种到鹰嘴豆种子的根部(每个种子接种 1×10^6 个根瘤菌),用蛭石覆盖种子,并用封口膜封闭管口。完成所有菌株的回接后,将回接管移到光照培养箱内,设定参数为

25 ℃光照 16 h 和 20 ℃黑暗 8 h。待鹰嘴豆种子出芽后，剪开封口膜，根据蛭石的含水状态定时给蛭石浇灌无菌水。待鹰嘴豆生长约 45 天后，取出并观察结果。主要考察指标为植株的叶子颜色、根瘤形状及根瘤剖面的颜色，并以此判断不同根瘤菌菌株回接鹰嘴豆宿主的有效性。

三、根瘤菌基因组 DNA 的提取

（一）根瘤菌的培养

将根瘤菌菌株接种于 5 mL TY 液体培养基中，并在 28 ℃恒温摇床上以 130 r/min的转速振荡培养至对数生长期。

（二）菌体的收集

以 12 000 r/min 的转速离心收集菌体，并用灭菌的生理盐水洗涤并收集新鲜的菌体，一共洗涤 3 次。

（三）破碎细胞壁

在菌体中加入 800 μL GUTC 提取溶液，然后加入 100 μL 硅藻土悬液（悬浮于等体积的 TE 缓冲液中），充分振荡混匀后，在室温下放置过夜。

（四）离心洗涤

取出过夜破壁的菌体，振荡混匀，然后以 13 000 r/min 的转速离心 4 min，并弃去上清，然后加入 600 μL GUTC 洗涤缓冲液，振荡悬浮后以 13 000 r/min 的转速离心 4 min，共洗涤两次并弃去上清，然后加入 600 μL 75% 乙醇离心洗涤两次并弃去上清。

（五）真空干燥

在 55 ℃真空干燥机内旋转至硅藻土变为白色。

（六）DNA 的获得

加入 100 μL 的灭菌双蒸水到干燥的硅藻土上，振荡悬浮，并在 55 ~ 65 ℃的恒温水浴内保温 20 min，以促进 DNA 的溶解，然后以 12 000 ~ 15 000 r/min 的转速离心 3 min，最后用无菌枪头吸取上清液到无菌的 1.5 mL 离心管中，即得到了根瘤菌的基因组 DNA。

（七）DNA 的检测

用 0.8% 的琼脂糖凝胶电泳检测总 DNA 的大小与纯度，取 1 μL DNA 样品与等体积的溴酚兰混合点样，以 100 V 电压电泳 20 min，之后在 EB 溶液内染色 20 min，通过扫胶仪观察结果。

（八）DNA 的保存

将检测合格的 DNA 样品保存于 -20 ℃冰箱中。

四、16S rRNA PCR - RFLP

（一）16S rRNA 的 PCR 引物

正向引物 P1：5’ - AGA GTT TGA TCC TGG CTC AGA ACG AAC GCT - 3’，对应于 *E. coli* 第 8 ~ 37 碱基位置。

反向引物 P6：5’ - TAC GGC TAC CTT GTT ACG ACT TCA CCC C - 3’，对应于 *E. coli* 第 1 479 ~ 1 506 碱基位置。

（二）PCR 反应体系

10 × PCR Buffer	5.0 μL
dNTP（10 mmol/L）	1.0 μL
P1（10 μmol/L）	1.0 μL
P6（10 μmol/L）	1.0 μL
Taq DNA 聚合酶（5 U/μL）	0.5 μL
模板 DNA（20 ~ 50 ng）	1.0 μL
ddH_2O	40.5 μL
	50 μL

（三）PCR 反应程序

95 ℃	5 min	
94 ℃	30 s	30 个循环
58 ℃	1 min	30 个循环
72 ℃	1.5 min	30 个循环
72 ℃	6 min	

（四）PCR 产物的检测与保存

取 2 ~ 3 μL PCR 产物与 1 μL DNA 上样缓冲液混合均匀，点在含

0.5 μg/mL 溴化乙锭(EB)的 0.8% 琼脂糖凝胶的上样孔内,以 100 V 电压电泳 30 min。电泳结束后,在紫外扫胶仪上对凝胶进行检测并获取照片,分析 PCR 片段的大小与丰度。将 PCR 产物保存于 -20 ℃冰箱中。

(五)16S rRNA PCR 产物的 RFLP 分析

对 16S rRNA PCR 产物分别用 4 种限制性内切酶进行酶切反应,即 *Hinf* I、*Hae*Ⅲ、*Msp* I 和 *Alu* I。

1. 酶切体系

限制性内切酶(5 U/μL)	1 μL
16S rRNA PCR 产物	5 μL
对应的缓冲液(10×)	1 μL
ddH_2O	3 μL
	10 μL

酶切反应在 37 ℃恒温水浴锅或者恒温培养箱中进行 6 h。

2. 酶切结果的检测

每个酶切体系内加入 2 μL 10×上样缓冲液,混合均匀并点加在含 0.5 μg/mL 溴化乙锭(EB)的 2.5% 琼脂糖凝胶的上样孔内,以 70 V 电压电泳 20 min,然后调整电压到 100 V 继续电泳 3~4 h,直至上样缓冲液指示剂跑出凝胶为止。在紫外扫胶仪上对凝胶进行检测并获取图片,保存为 TIFF 格式,同时在胶上加入文本框,并键入条带对应的原 PCR 产物的编号。

3. 酶切条带的聚类分析

采用 GelCompar Ⅱ(version 3.5)图像分析软件对酶切条带数据进行分析,仅标注和分析大于 100 bp 的酶切条带,采用 Dice 相关性系数进行聚类,并采用非加权组平均法(UPGMA)构建 RFLP 系统发育树。

五、16S-23S rRNA 基因间区段 PCR-RFLP

(一)IGS PCR 引物

正向引物 FGPS1490:5'-TGC GGC TGG ATC ACC TCC TT-3'。

反向引物 FGPL132':5'-CCG GGT TTC CCC ATT CGG-3'。

（二）IGS PCR 反应体系

10 × PCR Buffer	5.0 μL
dNTP(10 mmol/L)	1.0 μL
FGPS1490(10 μmol/L)	1.0 μL
FGPL132'(10 μmol/L)	1.0 μL
Taq DNA 聚合酶(5 U/μL)	0.5 μL
模板 DNA(20 ~ 50 ng)	1.0 μL
ddH_2O	40.5 μL
	50 μL

（三）PCR 反应程序

95 ℃	5 min	
94 ℃	30 s	30 个循环
56 ℃	1 min	30 个循环
72 ℃	1 min	30 个循环
72 ℃	6 min	

（四）PCR 产物的检测与保存

同 16S rRNA PCR 产物的检测与保存。

（五）IGS PCR 产物的 RFLP 分析

对 IGS PCR 产物则选择 3 种限制性内切酶，即 *Msp* Ⅰ、*Hae*Ⅲ 和 *Hha* Ⅰ 进行酶切。酶切体系、酶切条件以及酶切结果的检测和聚类分析方法同 16S rRNA PCR 产物 RFLP 的分析。

六、16S rRNA 基因测序和系统发育分析

首先，按照本章第二节第四部分中的方法 PCR 扩增 16S rRNA 基因，在琼脂糖凝胶上检测 PCR 结果的质量，将合格的 PCR 产物连同双向引物 P1 和 P6 送测序；其次，在获得测序结果后，用 DNAMAN 软件进行双向测序结果的拼接，将完整的 16S rRNA 序列提交并保存在 GenBank 数据库中；再次，做 BLASTn 在线

序列同源比对，在 GenBank 数据库内下载与提交序列相似度较高的 16S rRNA 基因序列，在文本文档中保存为 FASTA 格式；最后，选用 MEGA 7.0 软件上的 Clustal W 功能进行序列比对，选用 K2 + G + I 模型计算序列距离矩阵的系数，并用最大似然法（ML）构建目的序列的系统发育树，bootstrap 值设为 500。

七、持家基因的 PCR 扩增测序及系统发育分析

试验选择被广泛用来区分不同根瘤菌种的 3 个重要的持家基因：编码单亚基重组酶 RecA 蛋白的 *recA* 基因、编码谷氨酰胺合成酶Ⅱ的 *glnII* 基因和编码膜蛋白 ATP 合成酶 β 亚基的 *atpD* 基因。分别对 3 个基因进行 PCR 扩增和测序，然后对 3 个基因的合并序列进行系统发育分析。

（一）*recA* 基因的 PCR 扩增

1. PCR 引物

正向引物 *recA* 41F：5' – TTC GGC AAG GGM TCG RTS ATG – 3'。

反向引物 *recA* 640R：5' – ACA TSA CRC CGA TCT TCA TGC – 3'。

2. PCR 反应体系

10 × PCR Buffer	5.0 μL
dNTP（10 mmol/L）	1.0 μL
recA 41F（10 μmol/L）	1.0 μL
recA 640R（10 μmol/L）	1.0 μL
Taq DNA 聚合酶（5 U/μL）	0.5 μL
模板 DNA（20 ~ 50 ng）	1.0 μL
ddH_2O	40.5 μL
	50 μL

3. PCR 反应程序

95 ℃	5 min	
94 ℃	45 s	30 个循环
55 ℃	45 s	
72 ℃	1 min	
72 ℃	5 min	

（二）*atpD* 基因的 PCR 扩增

1. PCR 引物

正向引物 *atpD* 225F：5’ – GCT SGG CCG CAT CMT SAA CGT C – 3’。

反向引物 *atpD* 782R：5’ – GCC GAC ACT TCM GAA CNN GCC TG – 3’。

2. PCR 反应体系

10 × PCR Buffer	5.0 μL
dNTP（10 mmol/L）	1.0 μL
atpD 225F（10 μmol/L）	1.0 μL
atpD 782R（10 μmol/L）	1.0 μL
Taq DNA 聚合酶（5 U/μL）	0.5 μL
模板 DNA（20 ~ 50 ng）	1.0 μL
ddH_2O	40.5 μL
	50 μL

3. PCR 反应程序

95 ℃	5 min	
94 ℃	1 min	30 个循环
58 ℃	1 min	
72 ℃	1 min	
72 ℃	5 min	

(三)*glnII* 基因的 PCR 扩增

1. PCR 引物

正向引物 *glnII* 12F:5’ – YAA GCT CGA GTA CAT YTG GCT – 3’。

反向引物 *glnII* 689R:5’ – TGC ATG CCS GAG CCG TTC CA – 3’。

2. PCR 反应体系

10 × PCR Buffer	5.0 μL
dNTP(10 mmol/L)	1.0 μL
glnII 12F(10 μmol/L)	1.0 μL
glnII 689R(10 μmol/L)	1.0 μL
Taq DNA 聚合酶(5 U/μL)	0.5 μL
模板 DNA(20 ~ 50 ng)	1.0 μL
ddH_2O	40.5 μL
	50 μL

3. PCR 反应程序

95 ℃	5 min	
94 ℃	1 min	30 个循环
58 ℃	1 min	30 个循环
72 ℃	1 min	30 个循环
72 ℃	5 min	

(四)3 个持家基因 PCR 结果检测与序列的测定

结果检测方法同本章第二节第六部分,序列测定均采用单向测序方法,即分别选用 3 个持家基因的正向 PCR 引物作为测序引物进行序列测定。

(五)*atpD*、*recA* 或 *glnII* 的序列系统发育分析

按照本章第二节第六部分的方法进行单个持家基因的序列处理,然后选用 MEGA 7.0 软件上的 Clustal W 功能进行序列比对,选用 Kimura – 2 模型计算序列距离矩阵的系数并用邻接法(NJ)构建目的序列的系统发育树,bootstrap 值设为 1 000。

（六）多位点序列分析（MLSA）

将 *atpD*、*recA* 和 *glnⅡ* 3 个持家基因的序列按照顺序连接在一起合并成一个长序列，然后按照单个持家基因聚类的方法进行系统发育分析。

八、共生基因的 PCR 扩增测序及系统发育分析

（一）结瘤基因 *nodC* 的 PCR 扩增

1. PCR 引物

正向引物 *nodC* for540：5' – TGA TYG AYA TGG ART AYT GGY T – 3'。

反向引物 *nodC* rev1160：5' – CGY GAC ARC CAR TCG CTR TTG – 3'。

2. PCR 反应体系

10 × PCR Buffer	5.0 μL
dNTP（10 mmol/L）	1.0 μL
nodC for540（10 μmol/L）	1.0 μL
nodC rev1160（10 μmol/L）	1.0 μL
Taq DNA 聚合酶（5 U/μL）	0.5 μL
模板 DNA（20 ~ 50 ng）	1.0 μL
ddH_2O	40.5 μL
	50 μL

3. PCR 反应程序

95 ℃	5 min	
94 ℃	1 min	30 个循环
55 ℃	1 min	30 个循环
72 ℃	1 min	30 个循环
72 ℃	10 min	

（二）固氮基因 *nifH* 的 PCR 扩增

1. PCR 引物

正向引物 *nifH* F：5' – TAC GGN AAR GGS GGN ATC GGC AA – 3'。

反向引物 *nifH* R:5’ - AGC ATG TCY TCS AGY TCN TCC A - 3’。

2. PCR 反应体系

10 × PCR Buffer	5.0 μL
dNTP(10 mmol/L)	1.0 μL
nifH F(10 μmol/L)	1.0 μL
nifH R(10 μmol/L)	1.0 μL
Taq DNA 聚合酶(5 U/μL)	0.5 μL
模板 DNA(20 ~ 50 ng)	1.0 μL
ddH_2O	40.5 μL
	50 μL

3. PCR 反应程序

95 ℃	5 min	
94 ℃	1 min	30 个循环
57 ℃	1 min	
72 ℃	1 min	
72 ℃	10 min	

(三)两个共生基因的测序和系统发育分析

按照本章第二节第六部分中的方法处理序列后,用 MEGA 7.0 软件上的 Clustal W 功能进行序列比对,选用 Jukes - Cantor 模型计算序列距离矩阵的系数并用邻接法构建目的序列的系统发育树,bootstrap 值设为 1 000。

九、根瘤菌基因组 DNA 的 BOX - PCR 指纹图谱分析

(一)PCR 引物

引物 BOX - A1R:5’ - CTA CGG CAA GGC GAC GCT GAC G - 3’。

(二)PCR 反应体系

10×PCR Buffer	2.5 μL
dNTP(10 mmol/L)	2.0 μL
$MgCl_2$(25 mmol/L)	5.8 μL
DMSO(100%)	2.5 μL
BSA(10 mg/mL)	0.2 μL
Taq DNA 聚合酶(5 U/μL)	0.5 μL
模板 DNA(20~50 ng)	1.5 μL
ddH_2O	10 μL
	25 μL

最后,把每个体系混合均匀并向体系中加入一滴矿物油,覆盖体系的表面。

(三)PCR 反应程序

95 ℃	7 min	
94 ℃	1 min	30 个循环
52 ℃	1 min	30 个循环
65 ℃	8 min	30 个循环
65 ℃	22 min	

(四)PCR 产物的检测与保存

取 6 μL PCR 产物与 1 μL 6×上样缓冲液混合均匀,点在含 0.5 μg/mL 溴化乙锭的 1.5% 琼脂糖凝胶的上样孔内,以 60 V 电压电泳 6 h。凝胶的检测及结果的保存按照本章第二节第四部分中的方法进行。

(五)BOX-PCR 结果的聚类分析

按照本章第二节第四部分中的方法进行聚类分析。

十、基因组 DNA G+C 含量测定与 DNA 同源性分析

(一)菌体培养和收集

首先从 -80 ℃冰箱中将供试菌株接种至 YMA 培养基平板上活化,然后接

种于200 mL TY液体培养基中,在28 ℃恒温摇床上以180 r/min的转速振荡培养。待培养至对数生长中后期,用显微镜检查没有污染杂菌后,用灭菌的50 mL离心管,在4 ℃环境下以5 000 r/min的转速离心20 min收集菌体。弃去上清,并用灭过菌的1×TES或者0.85%生理盐水悬浮菌体,相同条件下离心洗涤菌体3次。

(二)根瘤菌基因组总DNA的大量提取

1. 以10 mL/g湿菌体的标准向洗涤收集的菌体内加入1×TES,重新振荡混匀悬浮菌体,然后向菌悬液内加入50 mg/mL的溶菌酶0.25 mL,混匀后在37 ℃恒温水浴摇床上以80 r/min的转速振荡反应30~60 min。

2. 溶菌酶作用完成后,从摇床上取出离心管,然后向菌悬液内加入1/10体积的20% SDS溶液,混匀后在55 ℃恒温水浴中静置保温10 min,然后取出并在空气中缓慢冷却至室温。

3. 向体系中加入200 μL蛋白酶K溶液,混匀后在55 ℃恒温水浴摇床上温和振荡30~60 min。

4. 反应结束后,向体系中加入5 mL $NaClO_4$溶液,混合均匀。

5. 向体系中加入等体积的苯酚、氯仿、异戊醇混合溶液(25:24:1,提前配好并在4 ℃冰箱中静置保存过夜),加好离心管盖子,然后室温下在摇床上充分振荡使其成为乳浊液,大约振荡20 min,然后放入4 ℃离心机内以5 000 r/min的转速离心20 min,分离有机溶剂相和水相。离心后,小心地用大口枪头将上清移到一个干净的离心管内,以不吸到下层有机相为移净。然后,加入等体积的苯酚、氯仿、异戊醇混合溶液,并重复抽提3~5次,直至两相间没有蛋白膜出现为止。

6. 最后一次抽提并离心后,将上清小心地转移到一个干净的离心管中,然后加入RNase,使酶的终浓度达到60 μg/mL,然后在37 ℃恒温水浴中保温30~60 min。

7. 向体系中加入等体积的氯仿、异戊醇(24:1)混合溶液,室温下在摇床上充分振荡20 min,然后在4 ℃条件下以5 000 r/min的转速离心20 min。

8. 准备一个干净灭菌的玻璃烧杯,将上步离心后的上清小心地转移到烧杯中,并放在冰上预冷,然后向烧杯中加入1/10体积预冷的3 mol/L NaAc-1 mmol/L EDTA-Na_2及等体积的冷异戊醇,轻轻摇动混匀,冰浴沉淀DNA。

9. 用干净无菌的玻璃棒在烧杯内液体中缓缓转动，缠起沉淀析出的DNA。

10. 将上步DNA小心地放入盛有70%乙醇的小离心管内，封口并做好标记后，于4 ℃冰箱中过夜，以去除无机盐和有机溶剂；从70%乙醇中取出缠有DNA的玻璃棒，然后放入盛有95%乙醇的小离心管内脱水10 min，然后取出玻璃棒，室温下风干DNA。

11. 将风干的DNA溶解到1 mL 0.1×SSC溶液中。

（三）基因组总DNA的浓度和纯度的检测

在分光光度计上，将上述步骤中得到的基因组总DNA溶液浓度调节到$OD_{60}=0.2\sim0.5$，然后分别测量波长为230 nm、260 nm和280 nm时的吸光度（OD）。如果$OD_{260}:OD_{280}:OD_{230}\geqslant1:0.515:0.450$，说明得到的DNA样品是合格的；倘若$OD_{230}:OD_{260}$和$OD_{280}:OD_{260}$的比值分别大于0.450和0.515，则得到的DNA样品需要重复提取过程中去除蛋白或者去除RNA的步骤，直至3个波长下吸光度的比值符合条件为止。DNA浓度要求OD_{260}不小于2.0，即不低于100 μg/mL。

（四）基因组总DNA的T_m值及G+C含量的测定

测定基因组总DNA的T_m值及G+C含量采用热变性温度法。

由于T_m值的测定受离子强度影响较大，因此所有供试菌株的基因组总DNA样品的溶解和稀释需使用同一批次配制的10×SSC母液，这样可以很好地消除试验的系统误差。供试菌株的基因组总DNA用0.1×SSC溶液调节浓度至$OD_{260}=0.2\sim0.5$，同时采用*E. coli* K-12菌株的基因组总DNA作为参比，以消除测定仪器和温度等系统误差。测定仪器由三部分组成，即Lambda Bio 35型紫外分光光度计、PTP-1型温度控制仪和水浴循环仪。测定过程由Lambda Bio 35和Templab等软件自动控制：起始温度为65 ℃，终止温度为95 ℃，温度每分钟升高1 ℃，且每隔0.1 ℃测量一次OD_{260}值。当测定过程结束后，软件会自动给出测试DNA的T_m值。根据De Ley的报道，在0.1×SSC溶液中G+C含量的计算公式为：G+C含量$=51.2+2.08\times(T_{mX}-T_{mR})$，式中，$T_{mX}$为待测菌株DNA的$T_m$值，而$T_{mR}$为*E. coli* K-12基因组DNA的$T_m$值。

（五）基因组总DNA的同源性测定

基因组总DNA的同源性测定采用液相复性速率法。

1. 样品 DNA 的剪切

将检测合格的待测样品用同一来源的 0.1 × SSC 缓冲液调节,使 OD_{260} = 2.00 左右,然后取 3 mL 的样品置于无菌的离心管中,在细胞超声波破碎仪上进行剪切。设置输出功率为 40 W,然后以超声破碎 3 s、间隔 4 s 的模式在冰浴中进行 DNA 的剪切,共剪切 90 次。剪切结束后,将样品反复地颠倒几次以混匀样品。同样条件下,重复剪切过程 4 次。剪切结束后,在 1% 的琼脂糖凝胶上电泳检测,此时剪切后的 DNA 样品片段大小应该集中在 300 ~ 800 bp 的范围。

2. DNA 变性和复性速率的测定

将剪切好的 DNA 样品以每毫升 DNA 样品加入 0.24 mL 10 × SSC 缓冲液为标准,调节缓冲液为 2 × SSC 的体系。杂交过程为:首先用 2 × SSC 缓冲液进行杂交仪系统调零,然后取 0.4 mL 用于杂交的单个 DNA 样品分别进行自身复性试验,最后把要杂交的两个样品各取 0.2 mL 混合均匀,放入比色杯中,并插入温度传感器探头,用温度控制仪 PTP - 1 控制杂交的温度。

DNA 样品均在 98 ~ 100 ℃条件下变性 15 min,然后人工调节温度到复性温度,该温度取决于根瘤菌不同属的 G + C 含量,复性温度计算的公式为:$T_{or} = 47.0 + 0.51 \times A$,$A$ 为 G + C 含量。当盛样品的比色杯温度降至最适复性温度时,Lambda Bio 35 型紫外分光光度计开始实时测定 OD_{260}值,计算机上软件记录并计算,显示吸光值随时间变化的曲线,即复性曲线,该曲线的斜率即为 DNA 样品的复性速率。复性反应过程持续 30 min。

3. DNA - DNA 同源性的计算

根据 De Ley 公式,计算 DNA - DNA 同源性 H:

$$H = \frac{4V_M - (V_A + V_B)}{2\sqrt{V_A + V_B}}$$

式中,V_A 和 V_B 分别表示样品 A 和 B 的自身复性速率;V_m 表示样品 A 和 B 等量混合后的杂交复性速率。

十一、采样点土壤生理生化指标的测定

各个采样点的土壤分别自然风干后,碾成碎末并过 2 mm 的筛子,测定土壤的生理生化指标,包括全氮、有效磷、有效钾、有机质含量、电导率及 pH 值等。

十二、共生基因的突变位点分析

根据 *nodC* 的系统发育树状图，可以看出新疆鹰嘴豆根瘤菌的代表菌株一共分为了 3 个小群，且群内相似度是 100%，所以选择代表菌株 CCBAU 831015、CCBAU 83908、CCBAU 83939、CCBAU 83963 和 CCBAU 83979 的 *nodC* 基因序列与标准菌株 *M. mediterraneum* UPM－Ca36^{T}和 *M. ciceri* UPM－Ca7^{T}的 *nodC* 基因序列，在 MAFF303099 *nodC* 基因全序列作为参照条件下，利用 MEGA 7.0 的 Clustal W 功能进行序列比对，分析 5 个代表菌株和 2 个标准菌株的 *nodC* 基因序列和翻译后的氨基酸序列之间的差异。

根据 *nifH* 的系统发育树状图，可以看出新疆鹰嘴豆根瘤菌的代表菌株一共分为 5 个小群，且群内相似度是 100%，所以选择代表菌株 CCBAU 831015、CCBAU 83908、CCBAU 83939、CCBAU 83963、CCBAU 83979、CCBAU 83948 和 CCBAU 83923 的 *nifH* 基因序列与 2 个模式菌株 *M. ciceri* USDA 3378^{T}和 *M. mediterraneum* USDA 3392^{T}的 *nifH* 基因序列，然后按照 *nodC* 基因序列的分析方法对供试菌株的 *nifH* 基因序列进行分析。

十三、持家基因的遗传分化与基因交流分析

用分析持家基因 MLSA 时得到序列的 FASTA 格式文件为出发文件，即所用的序列为持家基因 *atpD*、*recA* 和 *glnII* 的合并序列，选用的种群为 *M. mediterraneum*、*M. ciceri*、*M. temperatum* 以及新疆鹰嘴豆根瘤菌 MLSA 中的所有 15 个代表菌株所组成的种群。使用软件 DnaSP version 5.10 分析持家基因的遗传分化和基因交流。

第三节　试验结果与分析

一、新疆鹰嘴豆根瘤菌的遗传基因多样性

对木垒县和奇台县 8 个采样点的根瘤样品进行根瘤菌的分离和纯化，最终获得 95 个根瘤菌菌株，菌株均产酸，且在 YMA 培养基上经 10～15 天培养得到直径 2～4 mm 的单菌落。菌株相关信息见表 2－1。

表 2－1　新疆鹰嘴豆根瘤菌及参比菌株相关信息列表

菌株	rDNA 类型	IGS 类型	BOX 类型	鹰嘴豆分离株或与其他中慢生根瘤菌菌株的序列同一性范围/%				样品地点[b]
				atpD	*recA*	*glnII*	MLSA	
CCBAU[a] 中 *Mesorhizobium* sp. 的数量（*Cicer arietinum* 分离株）								
83902，83903，83906，**83908**[c]，83912，83924	10	8	14～1816					HSBQ－3&4
831007，831011，831013	10	8	ND[e]					XJEM－2
83939	10	5	20					HSBQ－5
83960，83962，83966，83968	10	5	7，19					SDMQ－7
83904，83905，83907，83910，83913，83914，**83915**，83916，83917，83918，**83919**，83920，83921，83922，**83923**，83927，83930，83931，83932，83933，83934，**83935**，83938	10	4	1，2，4，5，10～12，21，					HSBQ－3～5
83943，83944，83945，83947，**83948**，83949，83950，83952，**83953**，83954，83956，83958，**83963**，83964，83965，83967，83969，83970，83971，83972，83973，83976，83977，**83978**，**83979**，**83980**，83981，83982，83983，83984，83985，83986，83987，83988，83991，83992，83993，**83994**，83995，83996，83997，83998，83999，831000，831001，831002	10	4	3，4，6～8，10，13，19，22～24，	98.1～99.2	98.8～99.7	97.1～99.4	97.9～99.5	SDMQ－6～8
831004，831006，831009，831010，831012	10	4	ND					XJEM－2
831015，831016，831018，831019，831021，831022，831023	10	4	9，25					YGBM－1

续表

菌株	rDNA类型	IGS类型	BOX类型	鹰嘴豆分离株或与其他中慢生根瘤菌菌株的序列同一性范围/%				样品地点[b]
				atpD	*recA*	*glnII*	MLSA	
参照菌株[d]								
M. temperatum SDW 018^T	10	6	ND	95.9～96.5	95.5～96.1	96.0～97.1	96.0～96.5	中国
M. mediterraneum USDA 3392^T	10	7	ND	95.7～96.5	93.2～94.5	95.4～96.2	95.0～95.6	西班牙
M. caraganae CCBAU 11299^T	10	3	ND	93.1～94.0	94.5～94.8	88.4～90.0	91.6～92.7	中国
M. gobiense CCBAU 83330^T	8	9	ND	96.0～96.8	94.5～95.1	92.5～93.6	94.3～95.0	中国
M. tarimense CCBAU 83306^T	8	10	ND	95.1～96.0	96.4～96.7	90.6～92.3	93.7～94.7	中国
M. tianshanense CCBAU 3306^T	8	14	ND	95.1～96.0	96.4～96.7	89.5～91.4	93.7～94.4	中国
M. ciceri USDA 3378^T	9	2	ND	92.6	92.2～92.9	88.8～90.5	91.2～91.7	西班牙
M. amorphae ACCC 19665^T	5	11	ND	94.6～95.4	93.6～94.2	86.9～88.6	91.4～92.3	中国

续表

菌株	rDNA类型	IGS类型	BOX类型	鹰嘴豆分离株或与其他中慢生根瘤菌菌株的序列同一性范围/%				样品地点[b]
				atpD	*recA*	*glnII*	MLSA	
M. huakuii CCBAU 2609^T	5	12	ND	90.8 ~ 91.1	92.9 ~ 94.2	85.1 ~ 86.4	89.3 ~ 90.0	中国
M. septentrionale SDW 014^T	5	13	ND	94.8 ~ 95.7	93.8 ~ 94.2	86.4 ~ 88.1	91.3 ~ 92.3	中国
M. plurifarium LMG 11892^T	6	ND	ND	92.9 ~ 93.2	92.6 ~ 93.9	87.4 ~ 89.3	91.0 ~ 91.5	塞内加尔
M. loti NZP 2213^T	ND	1	ND	93.4 ~ 93.7	92.8 ~ 93.2	87.4 ~ 89.3	90.9 ~ 91.8	新西兰
M. albiziae CCBAU 61158^T	7	15	ND	89.6 ~ 90.2	89.3 ~ 89.9	85.9 ~ 87.4	88.0 ~ 88.8	中国

a. CCBAU 为北京农业大学收藏中心，现为中国农业大学。

b. HSBQ 和 SDMQ 分别代表新疆奇台县老奇台镇洪水坝村、奇台县老奇台镇双大门村；YGBM 和 XJEM 分别代表新疆木垒县英格堡乡、木垒县西吉尔镇；数字 1 ~ 8 代表取样点。

c. 字体加粗的菌株是序列分析中使用的代表菌株。

d. *R. etli* CFN 42^T, *R. indigoferae* CCBAU 71042^T, *R. giardinii* USDA 2914^T, *R. galegae* HAMB 1503^T, *S. fredii* USDA 194^T, *S. xinjiangensis* CCBAU 110^T, *S. meliloti* USDA 1002^T, *B. liaoningense* USDA 3622^T, *B. betae* PL7HG1^T, *B. elkanii* USDA 76^T, *B. japonicum* USDA 6^{T}和 *B. yuanmingense* CCBAU 10071^{T}被用于 ARDRA。T 表示菌株类型。

e. ND 表示未确定。

(一)16S rRNA 基因的 PCR－RFLP 结果与分析

使用引物 P1 和 P6 通过 PCR 反应扩增得到 95 株鹰嘴豆根瘤菌的 16S rRNA 基因,经过 *HinfI* 、*HaeⅢ* 、*Msp I* 和 *Alu I* 4 种限制性内切酶的分别酶切和电泳得到酶切图谱,最后将图谱输入到 GelCompar Ⅱ 软件上处理并且合并 4 种酶切的结果,计算得到 16S rRNA 基因的 RFLP 系统发育树,如图 2－1 所示。新疆鹰嘴豆根瘤菌与供试根瘤菌 4 个属的部分模式菌株共聚为 4 个大的分支和 15 个型。Type1 ~ Type4 为根瘤菌属(*Rhizobium*)分支,Type5 ~ Type10 为中慢生根瘤菌属(*Mesorhizobium*)分支,Type11 ~ Type13 为中华根瘤菌属(*Sinorhizobium*)分支,而 Type14 ~ Type17 为慢生根瘤菌属(*Bradirhizobium*)分支。其中,新疆鹰嘴豆根瘤菌的 16S rRNA 基因的 RFLP 图谱位于 Type10 内,属于 *Mesorhizobium* 分支,并且跟 3 个模式菌株 *M. mediterraneum* USDA 3392^{T}、*M. temperatum* SDW 018^{T}和 *M. caraganae* CCBAU 11299^{T}的 16S rRNA 基因以 100% 的相似度聚为一个独立小分支。这表明,新疆鹰嘴豆根瘤菌均属于 *Mesorhizobium*,并且聚为一个分支,可能属于同一个种群。

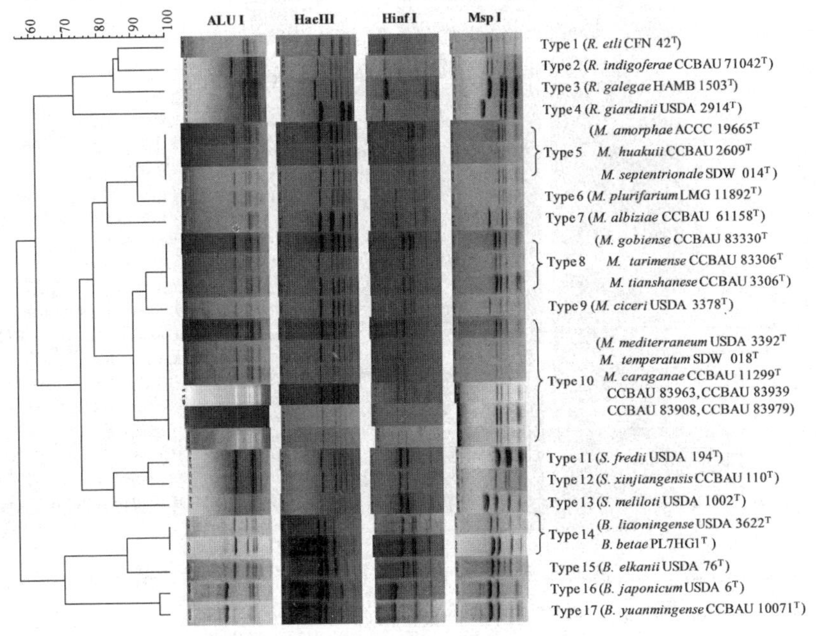

图 2－1　供试菌株 16S rRNA 基因的 PCR－RFLP 系统发育图谱

注:通过 GelCompare Ⅱ 软件构建的系统发育树简图。

（二）IGS PCR－RFLP 结果与分析

使用 FGPS1490 和 FGPL132'引物进行 PCR 扩增，得到 IGS 基因片段，然后经过 *MspⅠ*、*HaeⅢ* 和 *HhaⅠ* 3 种限制性内切酶的酶切和电泳检测酶切结果得到 RFLP 酶切图谱，然后使用 GelCompar Ⅱ 软件处理酶切图谱并且合并 3 种酶切的结果，计算得到 IGS 基因的 RFLP 系统发育树，如图 2－2 和表 2－1 所示。从中可以看出供试菌被分为 15 个型，95 株供试的新疆鹰嘴豆根瘤菌在约 60% 的相似水平下跟 2 个模式菌株 *M. mediterraneum* USDA 3392^{T}和 *M. temperatum* SDW 018^{T}的 IGS 基因聚为一个独立的分支，同时所有的鹰嘴豆根瘤菌供试菌株又被分为 3 个型，即 Type4（含有 CCBAU 83963 等 81 个菌株）、Type5（含有 CCBAU 83939 等 5 个菌株）和 Type8（含有 CCBAU 83908 等 9 个菌株）。

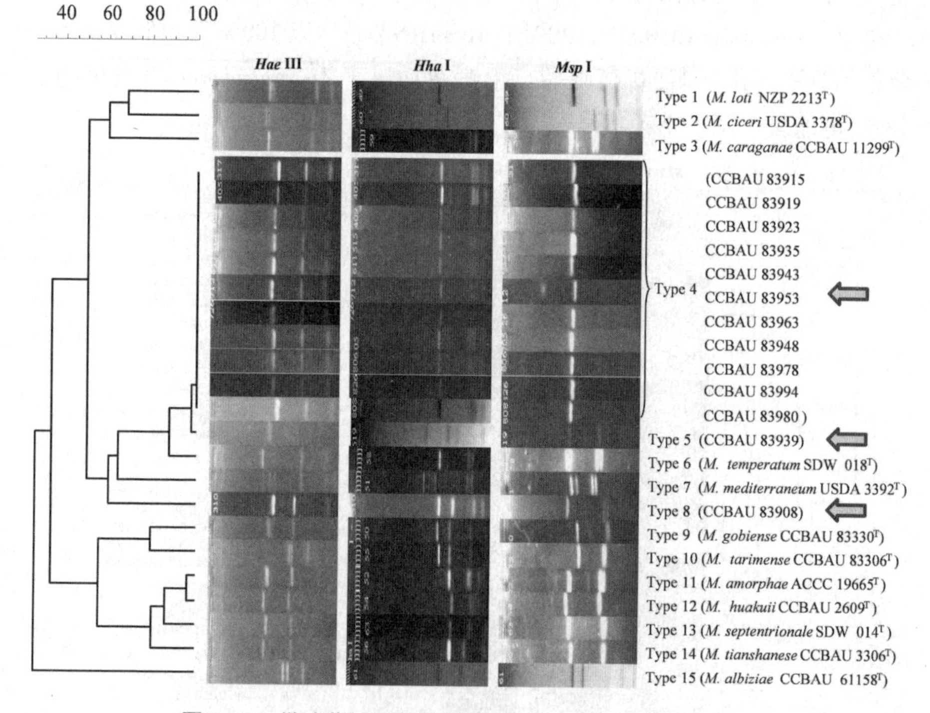

图 2－2 供试菌株 IGS 基因的 PCR－RFLP 系统发育图谱

注：通过 Gelcompare Ⅱ 软件构建的系统发育树简图。

(三)16S rRNA 基因序列的系统发育分析结果

根据 RFLP 的结果,从鹰嘴豆根瘤菌的 3 个型中共选取 15 个代表菌株(详见表 2 - 1),然后 PCR 扩增得到 16S rRNA 基因并测序。得到的序列经过 MEGA 7.0 软件的分析,得到 ML 系统发育树,如图 2 - 3 所示。从系统发育树中可以看出,所有代表菌株的 16S rRNA 基因序列的相似度接近 100%,聚为一个独立的大分支,且分支内又分为 4 个小分支,所以在系统发育树中省略了其中一个大分支的其余 10 个菌株,仅留下以下 5 个代表菌株 CCBAU 83939、CCBAU 83908、CCBAU 83963、CCBAU 83979 和 CCBAU 831015。16S rRNA 基因的 GenBank 登录号在图 2 - 3 中相应菌株后的括号内,被略去的 10 个菌株的菌库编号及对应的 GenBank 登录号分别为 CCBAU 83919(HQ316703)、CCBAU 83923(HQ316704)、CCBAU 83915(HQ316702)、CCBAU 83943(HQ316707)、CCBAU 83948(HQ316708)、CCBAU 83953(HQ316709)、CCBAU 83980(HQ316712)、CCBAU 83994(HQ316713)、CCBAU 83935(HQ316705)和 CCBAU 83978(JF826505)。并且从系统发育树中可以看出,与新疆鹰嘴豆根瘤菌种群关系较近的是来自 *Mesorhizobium* 的模式菌株 *M. robiniae* CCNWYC 115^T、*M. mediterraneum* UPM - Ca36^{T}和 *M. temperatum* SDW 018^T,且除了 *M. thiogangeticum* SJT^{T}之外,新疆鹰嘴豆根瘤菌与其他所有 *Mesorhizobium* 已知种的 16S rRNA 基因序列相似度均大于 97%。

(四)3 个持家基因 *atpD*、*recA* 和 *glnII* 序列的系统发育分析结果

从鹰嘴豆根瘤菌的 3 个型中共选取 15 个代表菌株,分别 PCR 扩增其持家基因 *atpD*、*recA* 和 *glnII* 的序列并测序,用 MEGA 7.0 软件分析得到 NJ 系统发育树,如图 2 - 4 所示。在 3 个持家基因的系统发育树中,15 个代表菌株都分别聚为一个独立的持家基因型,3 个系统发育树中只留下 5 个代表菌株,略去和 CCBAU 83963 相似度为 100% 的其余 10 个代表菌株。如图 2 - 4(a)所示,在 *atpD* 的系统发育树中,CCBAU 83979 和 CCBAU 831015 聚为一个小分支,CCBAU 83963 和 CCBAU 83908 聚为一个小分支,而 CCBAU 83939 则独立成为一个小分支,并且新疆鹰嘴豆根瘤菌代表菌株所在的分支跟模式菌株 *M. temperatum* SDW 018^T、*M. mediterraneum* USDA 3392^{T}和 *M. robiniae* CCNWYC 115^{T}遗传距离最近。如图 2 - 4(b)所示,在 *recA* 的系统发育树中,CCBAU 83963、CCBAU 83979 和 CCBAU 831015 聚为一个小分支,CCBAU 83939 和 CCBAU 83908 则分别独立成为一个小分支,这跟 IGS PCR - RFLP 的结果一致。如图 2 - 4(c)所示,在 *glnII* 的系统发育树中,CCBAU 83979 和 CCBAU 831015 聚为

一个小分支，其余的3个代表菌株均分别独立成为一个小分支，并且新疆鹰嘴豆根瘤菌代表菌株所在的分支与模式菌株 *M. temperatum* SDW 018^{T}、*M. mediterraneum* USDA 3392^{T}和 *M. robiniae* CCNWYC 115^{T}遗传距离最近。总之，在3个持家基因的单个聚类分析中，新疆鹰嘴豆根瘤菌的代表菌株都分别地聚为一个独立的持家基因型。

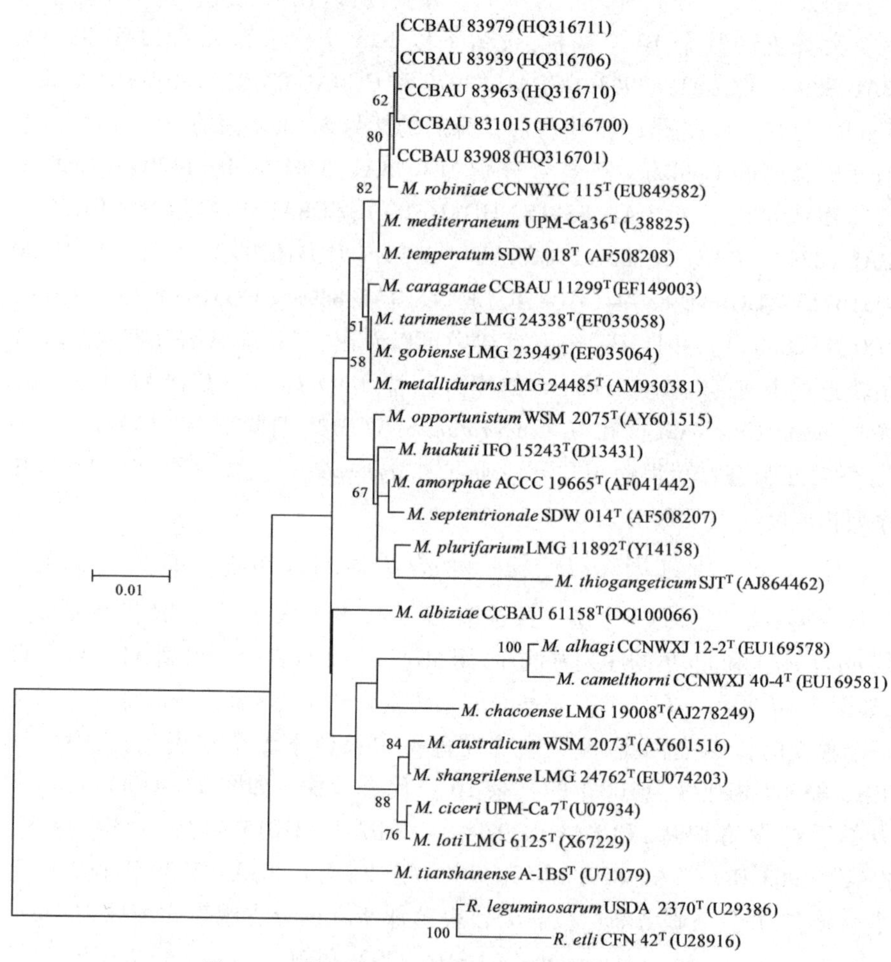

图2-3 供试菌株16S rRNA基因的ML系统发育树

注：系统发育树由MEGA 7.0的最大似然法构建，选用的模型是K2+G+I，bootstrap值设为>50%，比例尺表示1%的核苷酸替换率，两个来自 *Rhizobium* 的模式种 *Rhizobium leguminosarum* USDA 2370^{T}和 *R. etli* CFN 42^{T}的16S rRNA基因被作为聚类树状图的外群。

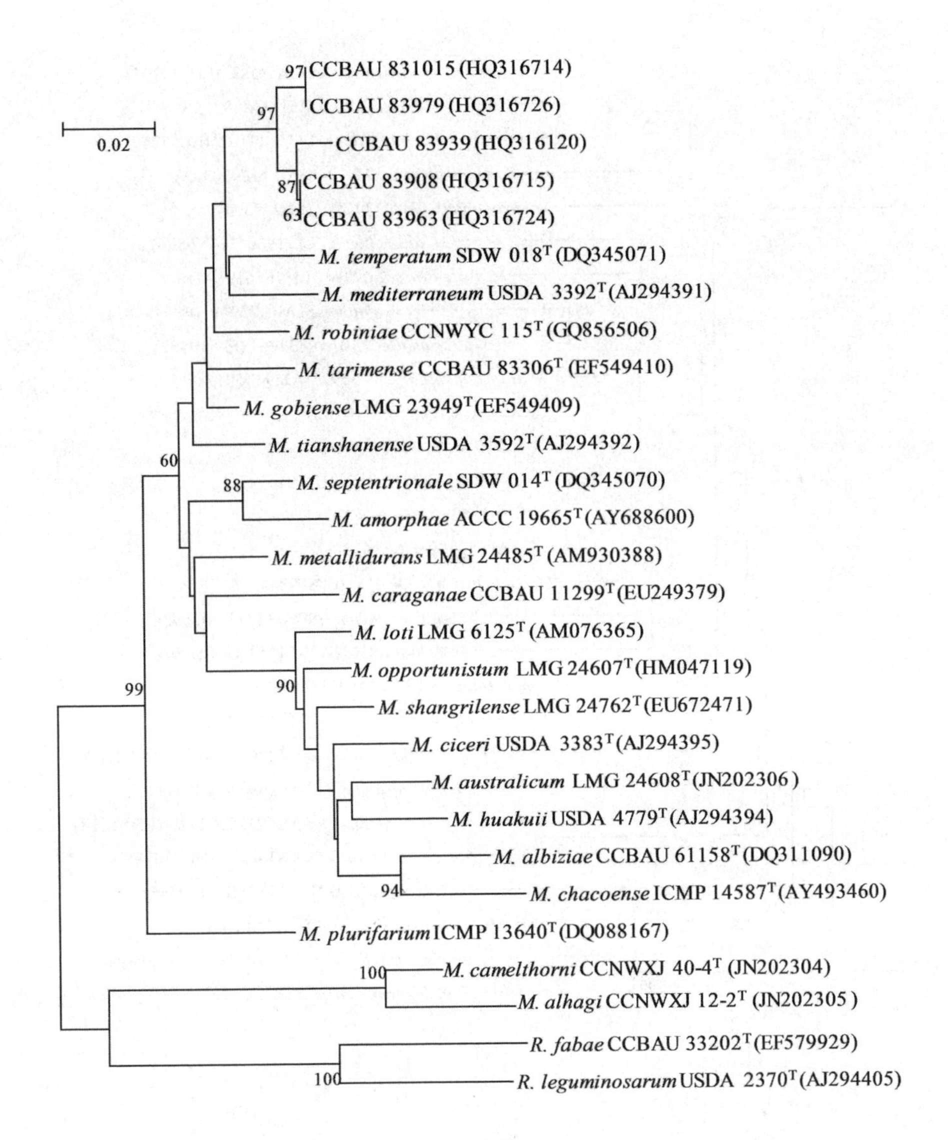
0.02
97
CCBAU 831015 (HQ316714)
97
CCBAU 83979 (HQ316726)
CCBAU 83939 (HQ316120)
87
CCBAU 83908 (HQ316715)
63
CCBAU 83963 (HQ316724)
M. temperatum SDW 018^{T} (DQ345071)
M. mediterraneum USDA 3392^{T} (AJ294391)
M. robiniae CCNWYC 115^{T} (GQ856506)
M. tarimense CCBAU 83306^{T} (EF549410)
M. gobiense LMG 23949^{T} (EF549409)
M. tianshanense USDA 3592^{T} (AJ294392)
60
88
M. septentrionale SDW 014^{T} (DQ345070)
M. amorphae ACCC 19665^{T} (AY688600)
M. metallidurans LMG 24485^{T} (AM930388)
M. caraganae CCBAU 11299^{T} (EU249379)
M. loti LMG 6125^{T} (AM076365)
M. opportunistum LMG 24607^{T} (HM047119)
99
90
M. shangrilense LMG 24762^{T} (EU672471)
M. ciceri USDA 3383^{T} (AJ294395)
M. australicum LMG 24608^{T} (JN202306)
M. huakuii USDA 4779^{T} (AJ294394)
M. albiziae CCBAU 61158^{T} (DQ311090)
94
M. chacoense ICMP 14587^{T} (AY493460)
M. plurifarium ICMP 13640^{T} (DQ088167)
100
M. camelthorni CCNWXJ 40-4^{T} (JN202304)
M. alhagi CCNWXJ 12-2^{T} (JN202305)
R. fabae CCBAU 33202^{T} (EF579929)
100
R. leguminosarum USDA 2370^{T} (AJ294405)

（a）

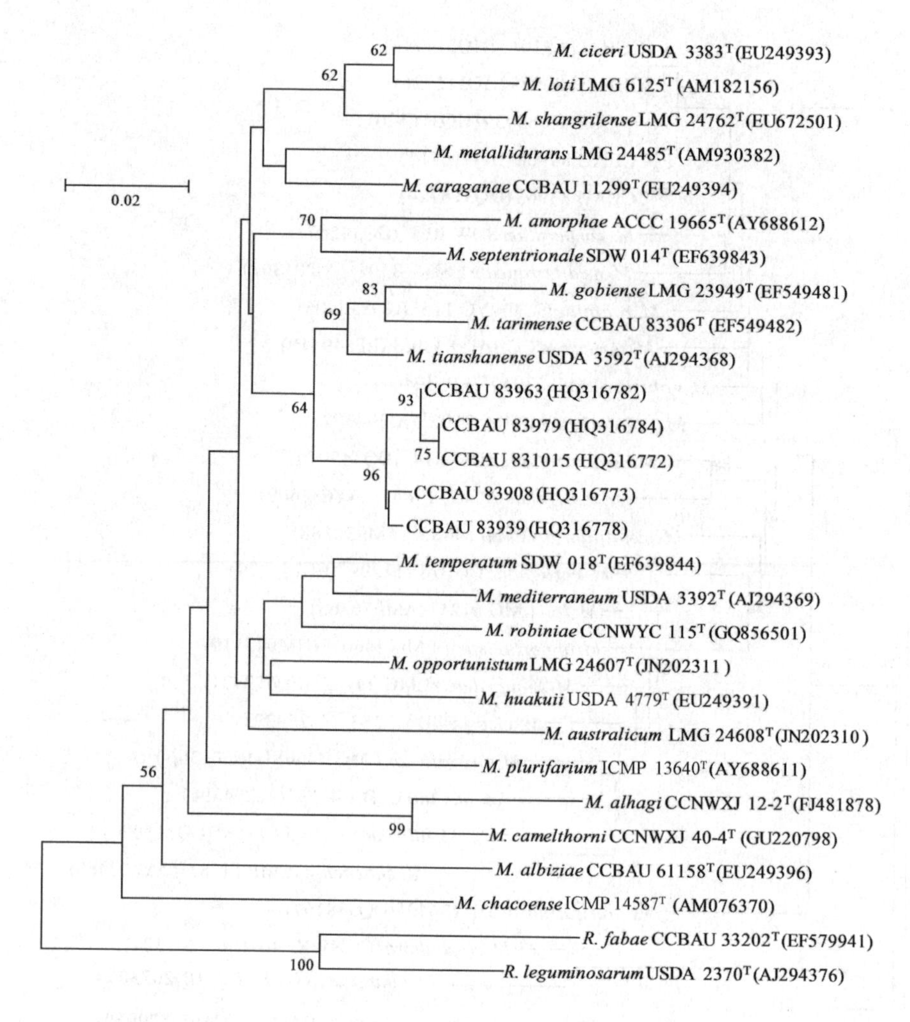
M. ciceri USDA 3383T (EU249393)
M. loti LMG 6125T (AM182156)
M. shangrilense LMG 24762T (EU672501)
M. metallidurans LMG 24485T (AM930382)
M. caraganae CCBAU 11299T (EU249394)
M. amorphae ACCC 19665T (AY688612)
M. septentrionale SDW 014T (EF639843)
M. gobiense LMG 23949T (EF549481)
M. tarimense CCBAU 83306T (EF549482)
M. tianshanense USDA 3592T (AJ294368)
CCBAU 83963 (HQ316782)
CCBAU 83979 (HQ316784)
CCBAU 831015 (HQ316772)
CCBAU 83908 (HQ316773)
CCBAU 83939 (HQ316778)
M. temperatum SDW 018T (EF639844)
M. mediterraneum USDA 3392T (AJ294369)
M. robiniae CCNWYC 115T (GQ856501)
M. opportunistum LMG 24607T (JN202311)
M. huakuii USDA 4779T (EU249391)
M. australicum LMG 24608T (JN202310)
M. plurifarium ICMP 13640T (AY688611)
M. alhagi CCNWXJ 12-2T (FJ481878)
M. camelthorni CCNWXJ 40-4T (GU220798)
M. albiziae CCBAU 61158T (EU249396)
M. chacoense ICMP 14587T (AM076370)
R. fabae CCBAU 33202T (EF579941)
R. leguminosarum USDA 2370T (AJ294376)
0.02
62
62
70
83
69
64
93
75
96
56
99
100

(b)

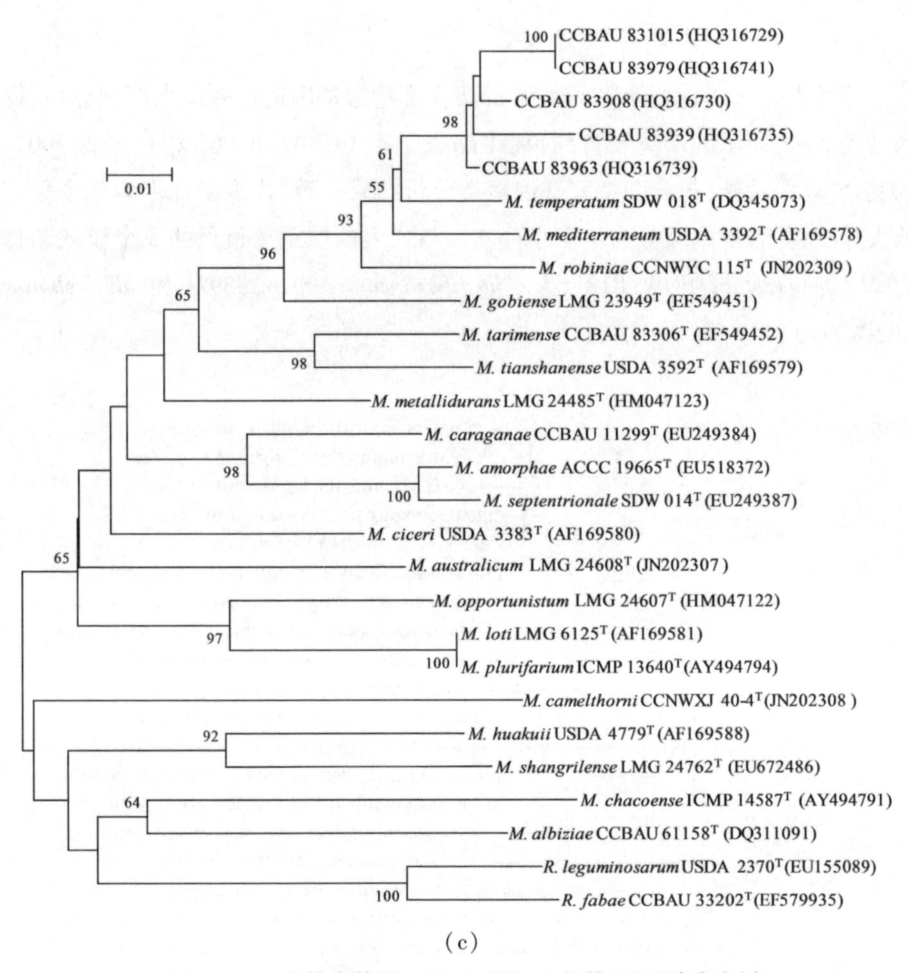

(c)

图 2－4　3 个持家基因 *atpD*、*recA* 和 *glnⅡ* 的 NJ 系统发育树

注：(a)、(b)、(c)分别表示新疆鹰嘴豆根瘤菌代表菌株与相关模式菌株的 3 个持家基因 *atpD*、*recA* 和 *glnⅡ* 的系统发育树的简图。系统发育树的建立采用 MEGA 7.0，选择邻接法和 Kimura－2 参数模型，bootstrap 值设为 1 000。3 个图中均略去了与代表菌株 CCBAU 83963 聚为一个分支且相似度为 100% 的 10 个代表菌株，它们的菌株号及 GenBank 登录号（*atpD*、*recA* 和 *gln Ⅱ*）分别为 CCBAU 83980（HQ316727、HQ316785、HQ316742）、CCBAU 83978（HQ316725、HQ316783、HQ31674）、CCBAU 83953（HQ316723、HQ316781、HQ31673）、CCBAU 83948（HQ316722、HQ316780、HQ31673）、CCBAU 83943（HQ316721、HQ316779、HQ316736）、CCBAU 83935（HQ316719、HQ316777、HQ316734）、CCBAU 83923（HQ316718、HQ316776、HQ316733）、CCBAU 83919（HQ316717、HQ316775、HQ316732）、CCBAU 83915（HQ316716、HQ316772、HQ316731）、CCBAU 83994（HQ316728、HQ316786、HQ316743）。

（五）多位点序列分析结果

按照上述方法，对 *atpD*、*recA* 和 *glnII* 3 个持家基因进行多位点序列分析，得到如图 2-5 所示的系统发育树，树中略去了跟 CCBAU 83963 相似度为 100% 的其余 10 个菌株，与单个持家基因聚类分析结果一致，代表菌株聚为一个独立的大分支，并且群内又分为 4 个小分支。与代表菌株距离最近的 3 个模式菌株为 *M. temperatum* SDW 018^T、*M. mediterraneum* USDA 3392^T 和 *M. robiniae* CCNWYC 115^T。

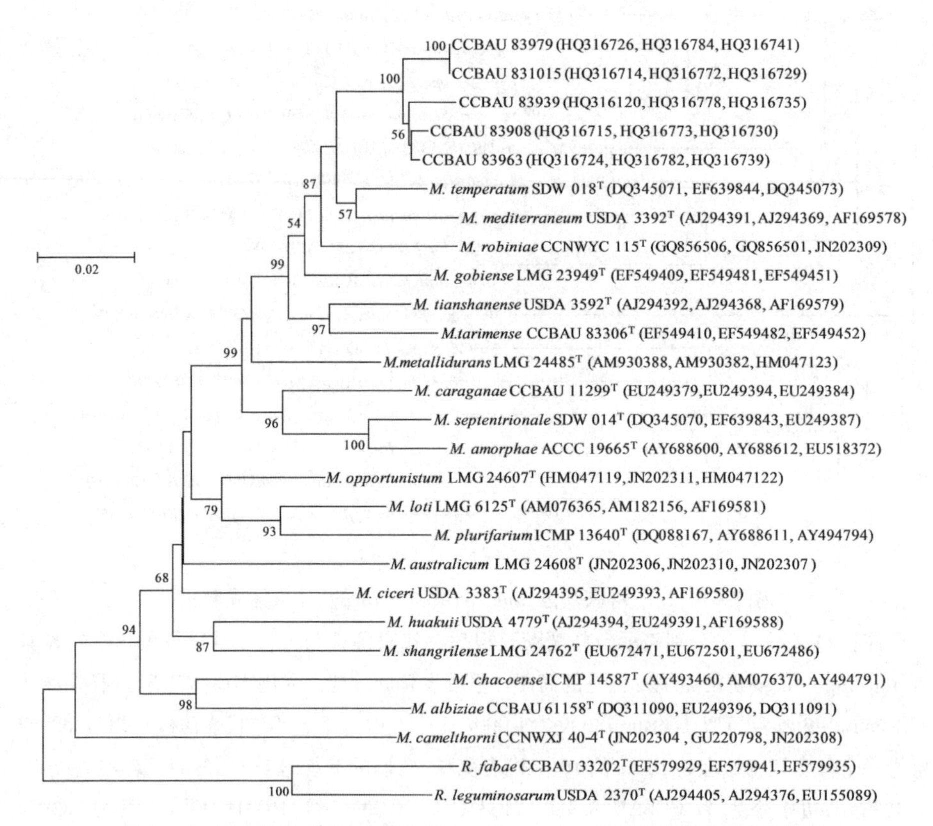

图 2-5 3 个持家基因合并序列（*atpD* - *recA* - *glnII*）的 NJ 系统发育树

注：建树方法是邻接法，采用的计算模型是 Kimura-2 参数模型，bootstrap 值设为 >50%。选择 15 个代表菌株中的 5 株进行建树分析，其余 10 个菌株的相关信息见图 2-4。

二、新疆鹰嘴豆根瘤菌的共生基因多样性

（一）结瘤基因 *nodC* 的系统发育分析结果

如图 2 – 6 所示，从构建的 *nodC* 基因的系统发育树中可以分析得到，选取的 15 个代表菌株的 *nodC* 基因与模式菌株 *M. mediterraneum* UPM – Ca36^{T}和 *M. ciceri* UPM – Ca7^{T}的 *nodC* 基因聚为一个独立的结瘤基因型分支，且与两个模式菌株之间的遗传距离分别为 98.6%～99.1% 和 99.1%～99.7%，但是与其他中慢生根瘤菌属供试模式菌株的 *nodC* 基因均有较远的遗传距离。

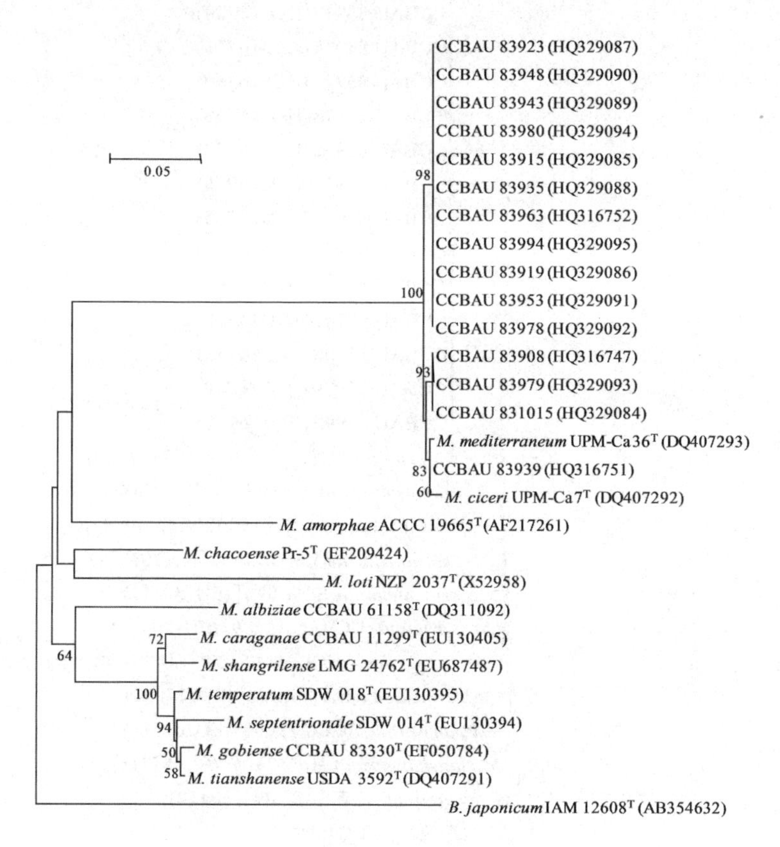

图 2 – 6　供试菌株 *nodC* 基因的 NJ 系统发育树

注：菌株 *B. japonicum* IAM 12608^{T}作为聚类树状图的外群，bootstrap 值为 1 000。

(二)固氮基因 *nifH* 的系统发育分析结果

如图 2-7 所示，从构建的 *nifH* 基因的系统发育树中可以分析得到，选取的 15 个代表菌株的 *nifH* 基因与模式菌株 *M. ciceri* USDA 3378^{T}和 *M. mediterraneum* USDA 3392^{T}的 *nifH* 基因聚为一个独立的分支，且与两个模式菌株之间的遗传距离分别为 97.9%~99.2%，但是与其他中慢生根瘤菌属供试模式菌株的 *nifH* 基因均有较远的遗传距离。这与结瘤基因 *nodC* 的系统发育分析结果一致。

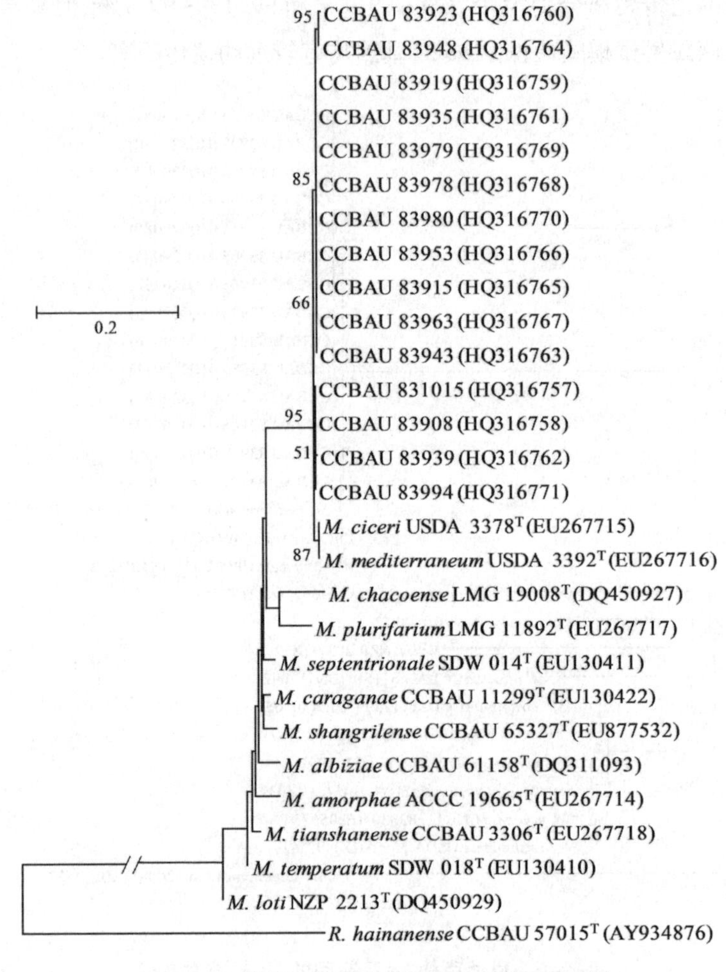

图 2-7 供试菌株 *nifH* 基因的 NJ 系统发育树

三、共生基因突变位点分析

（一）*nodC* 基因突变位点分析

分析的 5 个代表菌株和 2 个模式菌株的 *nodC* 基因序列对应于菌株 MAFF303099 *nodC* 基因全序列上第 368 位至第 1074 位的碱基序列，如表 2－2 所示，供试菌株与模式菌株的 *nodC* 基因在第 447 位等 11 个位点存在碱基的差异。但是在翻译成氨基酸序列后，除了 *M. ciceri* UPM－Ca7^{T}第 478 位的碱基 T 导致其 NodC 序列第 160 个氨基酸为 S（丝氨酸），不同于其他菌株该位点的 P（脯氨酸），其余氨基酸序列都完全相同。

表 2－2　*nodC* 基因突变位点列表

菌株号	碱基位点										
	447	453	478	543	687	849	855	981	988	996	1002
831015	C	G	C	A	A	G	T	G	G	T	T
83908	C	G	C	A	A	G	T	G	G	T	T
83939	G	G	C	A	G	G	T	G	T	T	A
83963	C	G	C	G	G	G	T	T	G	C	A
83979	C	G	C	A	A	G	T	G	G	T	T
UPM－Ca7^{T}	C	A	T	A	G	A	C	G	T	T	A
UPM－Ca36^{T}	C	G	C	A	G	G	T	G	T	T	A

（二）*nifH* 基因突变位点分析

分析的 7 个代表菌株和 2 个模式菌株 *M. ciceri* USDA 3378^{T}和 *M. mediterraneum* USDA 3392^{T}的 *nifH* 基因序列对应于菌株 MAFF303099 *nifH* 基因全序列上第 277 位至第 769 位的碱基序列，如表 2－3 所示，供试菌株与模式菌株的 *nifH* 基因在第 318 位等 11 个碱基位点上存在差异，其中，菌株 CCBAU 83923 的 *nifH* 基因第 625、626 位和第 628、629 位的核苷酸碱基变异导致翻译后 NifH 序列第 209 和 210 个氨基酸分别由 I（异亮氨酸）向 S（丝氨酸）转换和由 H（组氨酸）向 T（苏氨酸）转换；菌株 CCBAU 83948 第 626 位和第 628、629 位的核苷酸碱基变异导致翻译后 NifH 序列第 209 和 210 个氨基酸分别由 I(异亮氨酸)和 H(组氨酸)向 T(苏氨酸)转换,其他位点的碱基变异均未引起编码氨基酸序列的改变。

表 2-3 *nifH* 基因突变位点列表

菌株号	碱基位点										
	318	447	489	576	625	626	628	629	657	705	714
831015	C	C	C	T	A	T	C	A	G	C	A
83908	C	C	C	T	A	T	C	A	G	C	A
83939	C	C	T	T	A	T	C	A	G	C	A
83963	A	C	C	T	A	T	C	A	G	C	G
83979	A	C	C	T	A	T	C	A	G	C	G
83948	A	C	C	T	A	C	A	C	G	C	G
83923	A	C	C	T	T	C	A	C	G	C	G
USDA 3378^T	C	T	C	C	A	T	C	A	A	A	A
USDA 3392^T	C	T	C	C	A	T	C	A	A	A	A

四、持家基因的遗传分化与基因交流分析

分析结果如表 2-4 所示,新疆鹰嘴豆根瘤菌代表菌群与两个已知鹰嘴豆根瘤菌种群 *M. mediterraneum* 和 *M. ciceri* 以及 MLSA 中与新疆鹰嘴豆根瘤菌未知种群距离较近的种群 *M. temperatum* 在进化过程中,基因交流系数值均比较小(0.02~0.04),说明待测种群与已知种群间基因交流较少,而遗传分化系数值较大(0.313 83~0.483 64),说明待测种群与已知种群间遗传分化程度较大。由于种群 *M. mediterraneum*、*M. ciceri* 和 *M. temperatum* 三者相互之间的基因交流系数值均为零,而它们是中慢生根瘤菌属的 3 个不同的种群,这与 3 个持家基因合并序列建树结果中 3 个种处于完全不同的系统发育分支相一致(图 2-5)。由此可以推测,新疆鹰嘴豆根瘤菌代表菌群与上述 3 个种群持家基因之间的基因交流接近零,这可能代表了它是中慢生根瘤菌属的一个鹰嘴豆根瘤菌新种群。该种群可能是在长期地理隔离及鹰嘴豆对根瘤菌共生基因选择的共同作用下形成的。

表 2-4　持家基因遗传分化与基因交流分析

菌株种群组合#	遗传分化系数(G_{st})	基因交流系数(N_m)
1+2	0.483 64(p=0.0012**, df=4)	0.02
1+3	0.442 27(p=0.0012**, df=4)	0.03
1+4	0.313 83(p=0.0019**, df=4)	0.04
2+3	1.000 00(p=0.0143*, df=1)	0.00
2+4	1.000 00(p=0.0455*, df=1)	0.00
3+4	1.000 00(p=0.0455*, df=1)	0.00

注:1、2、3 和 4 分别代表新疆鹰嘴豆根瘤菌代表菌株种群、*M. ciceri* 种群、*M. mediterraneum* 种群和 *M. temperatum* 种群。

*:$0.01 < p < 0.05$; **:$0.001 < p < 0.01$; ***: $p < 0.001$。

五、BOX-PCR 聚类分析结果

代表 3 个不同 IGS PCR-RFLP 型和来自各不同采样点的 42 个代表菌株被选取并进行 BOX-PCR 和聚类分析,如图 2-8 所示。从系统发育树可以得知,供试的代表菌株被分成了 25 个 BOX 型,表明供试菌株不是来自同一个菌株的克隆,具有一定的遗传多样性。

六、DNA-DNA 同源性分析结果

根据 IGS PCR-RFLP 结果以及相关基因的系统发育分析结果,我们选取四株鹰嘴豆根瘤菌作为代表菌株进行 DNA 杂交,即 CCBAU 83963、CCBAU 831012、CCBAU 83908 和 CCBAU 83939。然后我们又依据 16S rRNA 基因的系统发育分析结果,选取与鹰嘴豆根瘤菌距离最近的 3 个中慢生根瘤菌属的模式菌株 *M. temperatum* SDW 018^T、*M. robiniae* CCNWYC 115^T 和 *M. mediterraneum* USDA 3392^T,同时又选取了其他 7 个 16S rRNA 基因系统发育关系邻近种的模式菌株,作为标准菌株进行 DNA 杂交。

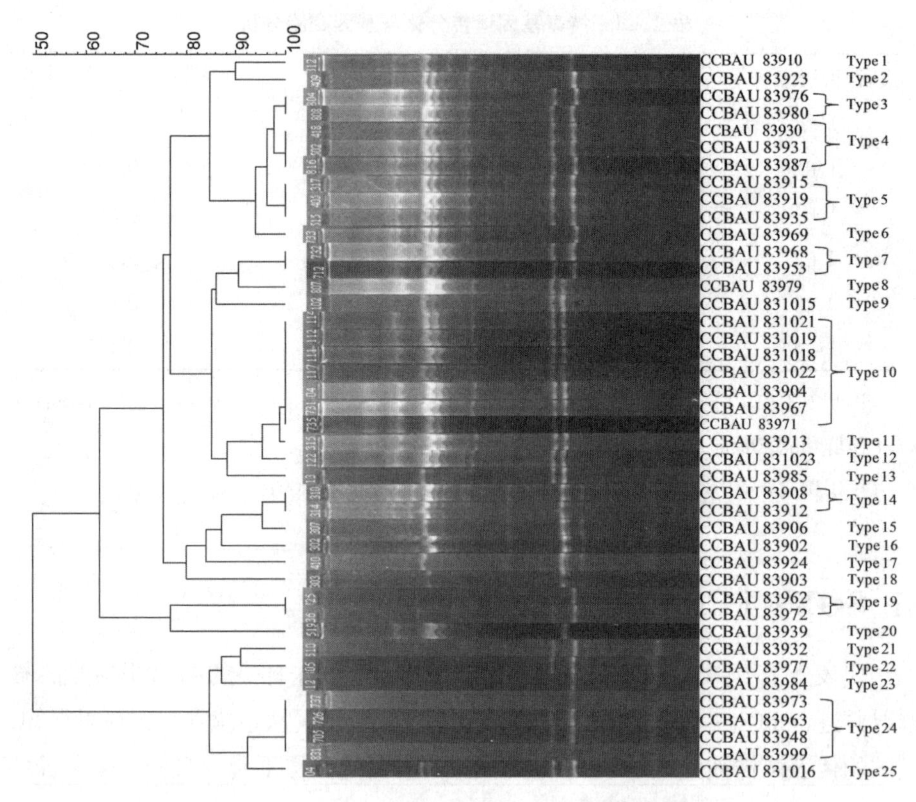

图 2-8　代表菌株的 BOX-PCR 系统发育树

注:应用 GelCompare Ⅱ软件构建系统发育树,所用的方法是非加权组平均法,所选的 42 个菌株代表了 IGS RFLP 聚类后的各个型和每个采样点。

如表 2-5 所示,4 个鹰嘴豆根瘤菌代表菌株的 DNA 同源性范围为 82.38% ±2.66%~99.88% ±0.17%。代表菌株跟中慢生根瘤菌属选取的已知种的模式菌株的 DNA 同源性范围为 20.75% ±0.40% ~46.83% ±2.50%,这些值均低于 70% 的定种标准,所以新疆鹰嘴豆中慢生根瘤菌菌群与中慢生根瘤菌属的已知种是不同的,代表该属的一个新的基因群。

表 2－5　鹰嘴豆根瘤菌代表菌株和中慢生根瘤菌部分已知种的 DNA－DNA 杂交结果

菌株	DNA G＋C 含量	DNA－DNA 与 CCBAU 83963^{T}的相关性/%
CCBAU 83963	61.18	—
CCBAU 83908	61.18	99.88 ±0.17
CCBAU 831012	ND	82.38 ±2.66
CCBAU 83939	60.56	97.02 ±2.66
M. temperatum SDW 018^T	ND	44.10 ±4.93
M. mediterraneum USDA 3392^T	ND	22.22 ±5.55
M. robiniae CCNWYC 115^T	ND	46.83 ±2.50
M. gobiense LMG 83330^T	ND	37.70 ±3.42
M. tianshanense CCBAU 3306^T	ND	40.08 ±2.33
M. tarimense CCBAU 83306^T	ND	36.93 ±2.55
M. metallidurans LMG 24485^T	ND	34.71 ±1.66
M. caraganae CCBAU 11299^T	ND	20.75 ±0.40
M. septentrionale SDW 014^T	ND	22.19 ±1.95
M. amorphae ACCC 19665^T	ND	22.45 ±3.90

注：ND 表示未确定。

七、采样点土样生理生化指标测定结果分析

表 2－6 总结了从 8 个采样点测定得到的土壤样品的生理生化指标。

表2－6　新疆鹰嘴豆根瘤菌采样点土壤样品的生理生化指标测定结果

采集地点	样品编号	理化性质指标					
		全氮/（g·kg^{-1}）	有机质/（g·kg^{-1}）	有效磷/（mg·kg^{-1}）	有效钾/（mg·kg^{-1}）	电导率/（mS·m^{-1}）	pH
英格堡	1	1.03	14.8	28.2	646	16.2	8.24
西吉尔	2	0.855	10.1	3.60	290	16.2	8.31
洪水坝	3	0.741	9.74	6.77	145	10.3	8.45
	4	0.855	11.3	7.56	165	11.6	8.40
	5	1.14	16.7	36.5	410	14.8	8.29
双大门	6	1.03	12.5	15.5	173	14.4	8.32
	7	0.912	10.7	19.1	274	12.9	8.38
	8	0.855	10.1	3.99	147	11.8	8.35

注：检测数据以风干质量计。

所有采样点的土壤均呈碱性，pH＝8.24～8.45，并且都有较高的盐含量，即高的电解质含量（EC＞10.3）。所有土样的pH值、全氮和总有机质含量较接近，但是有效磷和有效钾的含量则分别呈现出10倍和5倍的差异。

第四节　结论

本书首次对我国新疆鹰嘴豆主产区的鹰嘴豆根瘤菌进行系统的调查，一共得到95株鹰嘴豆根瘤菌，并且经过宿主植物鹰嘴豆的回接结瘤试验证明，所有菌株均可以有效地结瘤和固氮。

通过16S rRNA PCR－RFLP、IGS PCR－RFLP、BOX－PCR和16S rRNA基因的系统发育分析、3个持家基因的多位点序列分析（MLSA）及DNA－DNA杂交等一系列试验分析，对新疆鹰嘴豆根瘤菌种群的系统发育地位进行初步判定，它们属于中慢生根瘤菌属（*Mesorhizobium*），且种群内有一定的遗传多样性。以DNA同源性≥70%为定种标准，使用选取的鹰嘴豆根瘤菌代表菌株与16S rRNA基因系统发育关系邻近种的模式菌株进行DNA－DNA液相杂交，杂交后的DNA同源性范围均小于70%，说明新疆鹰嘴豆根瘤菌不同于中慢生根瘤菌属的已知种群。综上,新疆鹰嘴豆根瘤菌属于中慢生根瘤菌属的同一个基因种群,且不同于该属的已知种,可被认定为 *Mesorhizobium* 的一个新的基因种群。

世界上鹰嘴豆的起源地是地中海地区,最早被分离命名的两个鹰嘴豆根瘤菌共生种分别是 *M. ciceri* 和 *M. mediterraneum*,在之后的研究中又发现 *M. amorphae*、*M. loti*、*M. tianshanense*、*M. oportunistum* 等几个种的鹰嘴豆新生物型,并且发现了来自 *Rhizobium* 和 *Sinorhizobium* 两个属的鹰嘴豆根瘤菌,但是鹰嘴豆根瘤菌的主要种群属于中慢生根瘤菌属。新疆鹰嘴豆根瘤菌种群的多样性比较低,可能是由于鹰嘴豆在我国新疆地区的种植面积有限、种植历史较长和种植品种单一等,这与突尼斯鹰嘴豆根瘤菌的研究结果相似,那里的鹰嘴豆根瘤菌都属于 *M. ciceri* 和 *M. mediterraneum* 两个种。另外,如之前有关大豆根瘤菌和鹰嘴豆根瘤菌的报道,土壤的碱性环境也可能是导致种群多样性低的一个重要因素。并且本书结果与之前的研究也表明一种豆科植物的起源中心,同时也是该种豆科植物根瘤菌多样性分化的中心。

到目前为止,有关根瘤菌与豆科植物的生物地理学分布已经有过一些报道,其中包括大豆、锦鸡儿、蚕豆和鹰嘴豆,这些研究表明根瘤菌与豆科宿主的共生是植物、根瘤菌和环境因素如 pH 值和盐胁迫等共同作用的结果。新疆鹰嘴豆根瘤菌的研究结果也为鹰嘴豆的生物地理学分布提供了证据,采样地的土壤均为碱性(pH >8.0)和高盐(较高的土壤电导率 EC)的环境,且之前的研究表明 pH 值和盐胁迫可能决定了根瘤菌的生物地理学分布。本书几个采样点土壤的 pH 值、总氮含量和总有机质含量都很接近,但是有效磷和有效钾的含量居然分别相差 10 倍和 5 倍,尽管如此,新疆鹰嘴豆根瘤菌依然属于同一个基因种群。因此,尽管之前的报道显示磷和钾的含量与大豆根瘤菌的生物地理学分布有关,但是它们可能对新疆鹰嘴豆根瘤菌的分布没有决定性的影响。*M. ciceri* 可以在 pH $=10$ 或 pH $=5$ 的条件下生长,而 *M. mediterraneum* 和 *M. muleiense* 不可以在 pH $=10$ 或 pH $=5$ 的条件下生长。

生长在世界上不同地理区域的鹰嘴豆根瘤菌大多属于中慢生根瘤菌属,并广泛地分布于不同的种群,它们具有高度相似的共生基因 *nodC* 和 *nifH*,由此可以推测,鹰嘴豆可以与来自多种染色体背景的根瘤菌共生结瘤,但是对于共生基因 *nodC* 和 *nifH* 的选择又非常地严格。本书通过对新疆鹰嘴豆根瘤菌的共生基因 *nodC* 和 *nifH* 的系统发育分析发现,它们均与 *M. ciceri* 和 *M. mediterraneum*

具有高度相似的共生基因 *nodC* 和 *nifH*。

当使用 MEGA 7.0 对已知种 *M. ciceri* 和 *M. mediterraneum* 与新疆鹰嘴豆根瘤菌种群的共生基因做比较时发现，新疆鹰嘴豆根瘤菌种群中 *nodC* 基因片段尽管与两个已知种有 11 个位点的碱基差异，但是在翻译成氨基酸序列后只与菌株 *M. ciceri* UPM－Ca7^{T} 的 NodC 氨基酸序列有一个氨基酸的差异；*nifH* 基因片段与两个已知种也有 11 个位点的碱基差异，但是在翻译成氨基酸序列后只有两个代表菌株的 NifH 氨基酸序列分别在两个相同的位点发生氨基酸的变化，并没有引起其余代表菌株相应的 NifH 氨基酸序列发生变化，这充分说明了鹰嘴豆对根瘤菌共生基因选择的严紧性。通过运用 DnaSP 计算新疆鹰嘴豆根瘤菌种群与 3 个已知种 *M. ciceri*、*M. mediterraneum* 和 *M. temperatum* 的遗传分化与基因交流情况，发现新疆鹰嘴豆根瘤菌种群与 3 个已知种之间分化占主流，而彼此间的基因交流很少，并且 3 个已知种群之间的基因交流系数也非常小，可以推测，高遗传分化和低基因交流可能是推动新基因群产生的内在动力。

由于鹰嘴豆根瘤菌特殊的共生基因和它们特殊的系统发育地位在中国其他地区的根瘤菌研究中都未见报道，所以推测这个鹰嘴豆的新基因群是新疆在引种鹰嘴豆的过程中，同时将根瘤菌 *M. ciceri* 或 *M. mediterraneum* 带入，然后新疆土壤中的土著菌获得了它们的共生基因，进而成为引进鹰嘴豆的共生体，这种现象在之前有关鹰嘴豆根瘤菌和百脉根中慢生根瘤菌的报道中也曾发现。共生基因的获得可能是通过基因的横向转移过程进行的，因为共生基因和核心基因的系统发育地位差异很大。另外，通过 BOX－PCR 结果发现，新疆鹰嘴豆根瘤菌种群内部具有相对较高的多样性，表明新疆鹰嘴豆根瘤菌不是近期获得的，而且具有悠久的进化历史。

总之，我们共获得 95 株新疆鹰嘴豆根瘤菌，通过研究染色体核心基因特征，发现它们可能属于中慢生根瘤菌属的一个新的基因种群。新疆鹰嘴豆根瘤菌与 *M. ciceri* 和 *M. mediterraneum* 具有高度相似的共生基因 *nodC* 和 *nifH*，表明不同的鹰嘴豆根瘤菌种群之间可能发生了共生基因的横向转移，并且在遗传进化过程中，两个共生基因尽管发生了一些核苷酸碱基的遗传变异，但是多数是同义突变，根瘤菌的这种遗传行为可能是为了保证它们与专一性宿主植物鹰嘴豆的共生结瘤能力。本书首次对我国新疆碱性土壤中的鹰嘴豆根瘤菌进行研究，丰富和发展了对世界上鹰嘴豆根瘤菌的遗传多样性和生物地理学分布的认识。

第三章　中国新疆鹰嘴豆根瘤菌分类地位的确定

在对新疆鹰嘴豆根瘤菌多样性的研究中发现，它们代表一个中慢生根瘤菌属的新基因种群。结合 IGS RFLP、16S rRNA 基因和持家基因的系统发育分析等结果，本章最终选取了 3 个代表菌株 CCBAU 83963、CCBAU 83939 和 CCBAU 83908，其中 CCBAU 83963 代表最大的鹰嘴豆根瘤菌系统发育群体，所以选择它为中心菌株，采用包括全细胞可溶性蛋白的聚丙烯酰胺凝胶电泳（SDS－PAGE）、DNA－DNA 同源性分析、细胞脂肪酸组成成分及含量的分析、极性脂种类的鉴别、基于表型性状测定的数值分类以及交叉结瘤试验等方法对新疆鹰嘴豆根瘤菌种群代表菌株进一步鉴定，并与相关的已知根瘤菌进行比较，最终确定它们的分类学地位。

第一节　试验材料

一、代表菌株

3 个代表菌株：CCBAU 83963、CCBAU 83939 和 CCBAU 83908，其中 CCBAU 83963 代表最大的鹰嘴豆根瘤菌系统发育群体。

二、培养基

M－YMA 培养基：称取 10 g 甘露醇，0.5 g 谷氨酸钠，0.5 g K_2HPO_4，0.1 g 无水 $MgSO_4$，0.05 gNaCl，0.04 g $CaCl_2$，0.04 g $FeCl_3$，1 g 酵母粉，18 g 琼脂粉并溶于 1 000 mL 去离子水中（pH＝6.8～7.2），然后 15 磅灭菌 30 min。

TY 培养基：称取 3 g 酵母粉，0.7 g $CaCl_2 \cdot 2H_2O$，5 g 胰蛋白胨并溶于 1 000 mL 去离子水中（pH＝6.8～7.2），然后 15 磅灭菌 30 min。

White 培养基：A 组分：称取 0.1 g $CaCl_2$，0.01 g $FeCl_3$，1.0 g KH_2PO_4，0.1 g NaCl，2.5 g $NaNO_3$，0.3 g $MgSO_4 \cdot 7H_2O$，20 g 无氮琼脂粉并溶于 900 mL 去离子水中，然后 15 磅灭菌 30 min。

B 组分：a. 称取 20 μg 生物素，40 μg VB_{12}并溶于 100 mL 去离子水中；b. 称取 10 mg 盐酸硫胺素，10 mg 烟酸，10 mg 泛酸钙，10 mg 对氨基苯甲酸并溶于 100 mL 去离子水中；c. 称取 2 mg 叶酸并溶于 100 mL 的 0.001 mol/L NaOH 中。

产 H_2S 试验用培养基：称取 1.0 g 胰蛋白胨，0.5 g NaCl，1.0 mL 10% $FeSO_4$（单独过滤除菌），1.5 g 琼脂粉，加去离子水定容至 100 mL（pH＝7.0），然后 15 磅灭菌 30 min。

V－P 测定用培养基：称取 0.5 g 蛋白胨，0.5 g 葡萄糖，0.5 g K_2HPO_4，加去离子水定容至 100 mL（pH＝7.0～7.2），然后 15 磅灭菌 30 min。

淀粉水解试验用培养基：称取 10 g 蛋白胨，3 g 牛肉膏，5 g NaCl，15 g 琼脂，2 g 可溶性淀粉，加去离子水定容至 1 L（pH＝7.0），然后 15 磅灭菌 30 min。

肉汤培养基：称取 3 g 牛肉膏，10 g 蛋白胨，5 g NaCl，加去离子水定容至 1 L（pH＝7.0～7.2），然后 15 磅灭菌 30 min。

三、试验试剂

1×TES 缓冲液：5 mmol/L EDTA－Na_2，50 mmol/L NaCl，50 mmol/L Tris－HCl（pH＝8.0～8.2）。

3 mol/L NaAc－1 mmol/L EDTA－Na_2（pH＝7.0）。

5 mol/L $NaClO_4$。

20% SDS。

10×SSC 缓冲溶液：0.15 mol/L 柠檬酸钠，1.5 mol/L NaCl（pH＝7.0）。

溶菌酶:配制 50 mg/mL 溶菌酶溶液,通过过滤除菌后小量分装并贮存在 -20 ℃ 冰箱内备用。

蛋白酶 K:将蛋白酶 K 溶于 0.1 mol/L EDTA(pH=8.0),0.05 mol/L NaCl 溶液内,得到 20 mg/mL 的溶液,贮存于 -20 ℃冰箱内备用。

苯酚: 氯仿: 异戊醇(P: C: I)=25: 24: 1。

氯仿: 异戊醇(C: I)=24: 1。

RNase:将 RNase 溶解于含 15 mmol/L NaCl,10 mmol/L Tris - HCl(pH=7.5)的溶液中,然后在 100 ℃保温 15 min,并缓慢冷却至室温后小量分装,贮存于 -20 ℃冰箱内备用。

10×CS_7微量元素溶液:称取 0.22 g $ZnSO_4$,1.81 g $MnSO_4$,2.86 g H_3BO_3,0.8 g $CuSO_4 \cdot 5H_2O$,0.02 g H_2MoO_4,加去离子水定容至 100 mL 。在 121 ℃条件下灭菌 20 min。

茚三酮试剂:称取 0.4 g 茚三酮溶解于 100 mL 水饱和正丁醇溶液(水: 正丁醇=1: 10)中,用玻璃棒搅拌至完全溶解即可。

Griess 试剂:A 液为对氨基苯磺酸 0.5 g,10% 醋酸 150 mL;B 液为 α-萘胺 0.1 g,蒸馏水 20 mL,10% 醋酸 150 mL。

二苯胺试剂:称取 0.5 g 二苯胺并溶于 100 mL 浓硫酸中,然后加入 20 mL 蒸馏水稀释。

全细胞蛋白电泳中的几种试剂:

(1)2×样品缓冲液:SDS 500 mg,巯基乙醇 1 mL,甘油 3 mL,溴酚兰 4 mg,1 mol/L Tris HCl(pH=6.8)2 mL,加去离子水至 10 mL。

(2)固定液:乙醇 125 mL,乙酸 25 mL,加去离子水至 100 mL。

(3)浸泡液:乙醇 75 mL,乙酸钠 17 mL,戊二醇(25%)1.25 mL,五水硫代硫酸钠 0.5 g,加去离子水至 250 mL。

(4)银染液:硝酸银 0.25 g,甲醛 50 μL,加去离子水至 250 mL。

(5)显色液:五水碳酸钠 6.25 g,甲醛 25 μL,加去离子水至 250 mL。

(6)终止液:EDTA - $Na_2 \cdot H_2O$ 6.25 g,加去离子水至 250 mL。

皂化试剂:称取 45.0 g NaOH 溶于 150 mL 去离子水中,加入 150 mL 甲醇(HPLC 级别),并用玻璃棒搅拌混合至完全溶解,之后把混合液储存于棕色试剂瓶中。

6 mol/L 盐酸:将浓缩的盐酸(12 mol/L)与等体积的去离子水混合,并储存于棕色试剂瓶内。

甲基化试剂:将 275 mL HPLC 级别的甲醇溶于 325 mL 6 mol/L 盐酸中,用玻璃棒搅拌均匀,并储存于棕色试剂瓶内。

萃取剂:将 200 mL HPLC 级别的甲基叔丁醚与 200 mL HPLC 级别的己烷溶液混合,用玻璃棒搅拌均匀,并储存于棕色试剂瓶内。

碱洗涤用试剂:称取 10.8 g NaOH 固体并加入到 800 mL 去离子水中,用玻璃棒搅拌至完全溶解并混合均匀,再加去离子水定容至 900 mL,并储存于棕色试剂瓶内。

饱和的 NaCl 溶液:称取 40 g NaCl 固体并加入到 70 mL 去离子水中溶解后,用去离子水定容至 100 mL,即得到饱和溶液。

钼蓝试剂(P 试剂/磷酸试剂):

溶液 A:配制 1 000 mL 12 mol/L H_2SO_4(浓硫酸: 去离子水 =2: 1,注意要将浓硫酸沿着玻璃棒缓缓倒入去离子水中,并不断搅拌均匀);称取 40.11 g 三氧化钼并溶于 500 mL 12 mol/L H_2SO_4 中,煮沸约 1 h 至完全溶解后,用剩余的 12 mol/L H_2SO_4溶液定容至 1 L。

溶液 B:将 1.78 g 钼粉溶解于 500 mL 溶液 A 中,煮沸 15 min,待冷却后过滤除去残余物。

将 10 mL 溶液 A 与 10 mL 溶液 B 混合后,再加入 40 mL 去离子水,混匀后就得到了钼蓝试剂,溶液呈黄绿色,保存于 4 ℃环境下,有效期为半年。

茴香醛试剂(易被氧化,需要现用现配):将浓硫酸,冰醋酸,95% 乙醇和 p-茴香醛按照先后顺序并以体积比 15: 3: 270: 5 依次加入,混合均匀即可。

α-萘酚试剂(现用现配):将 15 g α-萘酚溶解于 100 mL 95% 乙醇中,得到 15% 的 α-萘酚乙醇溶液。使用时,将 6.5 mL 浓硫酸溶液缓缓加入 10.5 mL 15% 的 α-萘酚乙醇溶液,然后加入 40.5 mL 无水乙醇及 4 mL 蒸馏水混合溶液中,用玻璃棒搅拌均匀即可。

第二节　试验方法

一、16S rRNA PCR－RFLP

（一）16S rRNA 的 PCR 引物

正向引物 P1：5'－AGA GTT TGA TCC TGG CTC AGA ACG AAC GCT－3'，对应于 *E. coli* 第 8～37 碱基位置。

反向引物 P6：5'－TAC GGC TAC CTT GTT ACG ACT TCA CCC C－3'，对应于 *E. coli* 第 1 479～1 506 碱基位置。

（二）PCR 反应体系

成分	体积
10×PCR Buffer	5.0 μL
dNTP（10 mmol/L）	1.0 μL
P1（10 μmol/L）	1.0 μL
P6（10 μmol/L）	1.0 μL
Taq DNA 聚合酶（5 U/μL）	0.5 μL
模板 DNA（20～50 ng）	1.0 μL
ddH_2O	40.5 μL
	50 μL

（三）PCR 反应程序

温度	时间	
95 ℃	5 min	
94 ℃	30 s	30 个循环
58 ℃	1 min	30 个循环
72 ℃	1.5 min	30 个循环
72 ℃	6 min	

（四）PCR 产物的检测与保存

取 2～3 μL PCR 产物与 1 μL DNA 上样缓冲液混合均匀，点在含

0.5 μg/mL 溴化乙锭的 0.8% 琼脂糖凝胶的上样孔内，以 100 V 电压电泳 30 min。电泳结束后，在紫外扫胶仪上对凝胶进行检测并获取照片，分析 PCR 片段的大小与丰度。将 PCR 产物保存于 -20 ℃冰箱中。

（五）16S rRNA PCR 产物的 RFLP 分析

对 16S rRNA PCR 产物用 4 种限制性内切酶进行酶切反应，即 *HinfI*、*HaeⅢ*、*MspⅠ* 和 *AluI*。

1. 酶切体系

限制性内切酶（5 U/μL）	1 μL
16S rRNA PCR 产物	5 μL
对应的缓冲液（10×）	1 μL
ddH_2O	3 μL
	10 μL

酶切反应在 37 ℃恒温水浴锅或者恒温培养箱中进行 6 h。

2. 酶切结果的检测

每个酶切体系内加入 2 μL 10× 上样缓冲液，混合均匀并点加在含 0.5 μg/mL溴化乙锭的 2.5% 琼脂糖凝胶的上样孔内，以 70 V 电压电泳 20 min，然后调整电压到 100 V 继续电泳 3~4 h，直至上样缓冲液指示剂跑出凝胶为止。在紫外扫胶仪上对凝胶进行检测并获取图片，保存为 TIFF 格式，同时在胶上加入文本框，并键入条带对应的原 PCR 产物的编号。

3. 酶切条带的聚类分析

采用 GelCompar Ⅱ（version 3.5）图像分析软件对酶切条带数据进行分析，仅标注和分析大于 100 bp 的酶切条带，采用 Dice 相关性系数进行聚类，并采用非加权组平均法（UPGMA）构建 RFLP 系统发育树。

二、持家基因序列测定及多位点序列分析

试验选择被广泛用来区分不同根瘤菌种的 3 个重要的持家基因：编码单亚基重组酶 RecA 蛋白的 *recA* 基因、编码谷氨酰胺合成酶Ⅱ的 *glnⅡ* 基因和编码膜蛋白 ATP 合成酶 β 亚基的 *atpD* 基因。分别对 3 个基因进行 PCR 扩增和测序，

然后对3个基因的合并序列进行系统发育分析。

(一)*recA* 基因的 PCR 扩增

1. PCR 引物

正向引物 *recA* 41F:5’ – TTC GGC AAG GGM TCG RTS ATG – 3’。

反向引物 *recA* 640R:5’ – ACA TSA CRC CGA TCT TCA TGC – 3’。

2. PCR 反应体系

10 × PCR Buffer	5.0 μL
dNTP(10 mmol/L)	1.0 μL
recA 41F(10 μmol/L)	1.0 μL
recA 640R(10 μmol/L)	1.0 μL
Taq DNA 聚合酶(5 U/μL)	0.5 μL
模板 DNA(20 ~ 50 ng)	1.0 μL
ddH_2O	40.5 μL
	50 μL

3. PCR 反应程序

95 ℃	5 min	
94 ℃	45 s	30 个循环
55 ℃	45 s	30 个循环
72 ℃	1 min	30 个循环
72 ℃	5 min	

(二)*atpD* 基因的 PCR 扩增

1. PCR 引物

正向引物 *atpD* 225F:5’ – GCT SGG CCG CAT CMT SAA CGT C – 3’。

反向引物 *atpD* 782R:5’ – GCC GAC ACT TCM GAA CNN GCC TG – 3’。

2. PCR 反应体系

10 × PCR Buffer	5.0 μL
dNTP(10 mmol/L)	1.0 μL
atpD 225F(10 μmol/L)	1.0 μL
atpD 782R(10 μmol/L)	1.0 μL
Taq DNA 聚合酶(5 U/μL)	0.5 μL
模板 DNA(20 ~ 50 ng)	1.0 μL
ddH_2O	40.5 μL
	50 μL

3. PCR 反应程序

95 ℃	5 min	
94 ℃	1 min	30 个循环
58 ℃	1 min	
72 ℃	1 min	
72 ℃	5 min	

(三)*glnII* 基因的 PCR 扩增

1. PCR 引物

正向引物 *glnII* 12F:5' – YAA GCT CGA GTA CAT YTG GCT – 3'。

反向引物 *glnII* 689R:5' – TGC ATG CCS GAG CCG TTC CA – 3'。

2. PCR 反应体系

10 × PCR Buffer	5.0 μL
dNTP(10 mmol/L)	1.0 μL
glnII 12F(10 μmol/L)	1.0 μL
glnII 689R(10 μmol/L)	1.0 μL
Taq DNA 聚合酶(5 U/μL)	0.5 μL
模板 DNA(20 ~ 50 ng)	1.0 μL
ddH_2O	40.5 μL
	50 μL

3. PCR 反应程序

95 ℃	5 min	
94 ℃	1 min	30 个循环
58 ℃	1 min	
72 ℃	1 min	
72 ℃	5 min	

（四）3 个持家基因 PCR 结果检测与序列的测定

在琼脂糖凝胶上检测 PCR 结果的质量，序列测定均采用单向测序，即分别选用 3 个持家基因的正向 PCR 引物作为测序引物进行序列测定。

（五）*atpD*、*recA* 或 *glnII* 的序列系统发育分析

获得测序结果后，用 DNAMAN 软件进行双向测序结果的拼接，将完整的 16S rRNA 序列提交并保存在 GenBank 数据库中。做 BLASTn 在线序列同源比对，在 GenBank 数据库内下载与提交序列相似度较高的 16S rRNA 基因序列，在文本文档中保存为 FASTA 格式。最后，选用 MEGA 7.0 软件上的 Clustal W 功能进行序列比对，选择 Kimura－2 模型计算序列距离矩阵的系数，并用邻接法构建目的序列的系统发育树，bootstrap 值设为 1 000。

（六）多位点序列分析

将 *atpD*、*recA* 和 *glnII* 3 个持家基因的序列按照顺序连接在一起，合并成一个长序列，然后按照单个持家基因聚类的方法进行系统发育分析。

三、全细胞可溶性蛋白 SDS－PAGE 分析

（一）菌株的培养、收集以及菌悬液的准备

将所有供试菌先在 M－YMA 培养基平板上活化，然后分别从平板上接入 TY 液体培养基内，并在 28 ℃恒温摇床上振荡培养 4～5 天，用显微镜检查菌体的纯度。将镜检后的菌体培养基加入已称重的无菌 1.5 mL 离心管内，以 10 000 r/min的转速离心 2 min 收集菌体。然后用 1×TES 离心洗涤菌体 3 次，用无菌枪头吸净上清，并再次对含有菌体的离心管称重，粗略地计算出菌体的质量。最后用无菌的双蒸水悬浮菌体，使最终菌体的浓度达到 40 mg/mL，保存于－20 ℃冰箱中备用。

（二）热煮沸法准备 SDS－PAGE 分析用样品

取40 mg/mL的菌悬液加入等体积的2×样品缓冲液，混合均匀后盖好盖子，用夹子固定盖子，在100 ℃沸水浴中煮沸变性10 min。将变性后的样品保存于－20 ℃冰箱内，每次使用前都需要在融化后再沸水浴变性5 min，可以如此反复使用多次，但是以不超过3次为宜，因为蛋白量的减少会影响电泳图谱的清晰度。

（三）聚丙烯酰胺凝胶的制备

试验采用不连续电泳系统，浓缩胶和分离胶的浓度分别为5%和15%。两种胶的配制材料参见表3－1。

表3－1　SDS－PAGE 凝胶配制材料

成分	15%分离胶	5%浓缩胶
30%丙烯酰胺（Bis 0.8%）	12.5 mL	1.3 mL
1.5 mol/L pH＝8.8 Tris－HCl	6.3 mL	—
1 mol/L pH＝6.8 Tris－HCl	—	1.0 mL
H_2O	5.7 mL	5.5 mL
10% SDS	0.25 mL	0.08 mL
10%过硫酸铵	0.25 mL	0.08 mL
TEMED	0.01 mL	0.008 mL
总体积	25 mL	8 mL

注："—"表示未加该试剂。

（四）电泳

将准备好的样品从－20 ℃冰箱中取出，在冰上融化并沸水浴变性5 min，冷却至室温后上样，上样量为8 μL。电泳的缓冲液为pH＝8.8的Tris－甘氨酸溶液。电泳初始为80 V，待溴酚蓝前沿进入分离胶时，加大电压到300 V，继续电泳6 h，最后关闭电源，电泳结束。为了防止因电泳产生过多的热量导致电泳不均匀，要做好降温处理：上样后，将整个电泳槽放入4 ℃冰箱内，整个电泳过程在冰箱中恒温进行。

（五）凝胶染色和结果的获取

试验采用高灵敏度的银染法，全试验过程中要求使用去离子水并佩戴一次性手套，所用的器皿也要先用盐酸浸泡，并用去离子水冲洗干净。上步电泳结束后，打开玻璃片，使凝胶暴露出来，然后用干净的刀片小心地切除浓缩胶，并把剩余的分离胶转入盛有固定液的直径约 300 mm 的玻璃培养皿内，室温下在摇床上温和摇动过夜固定，以促进胶上蛋白质的沉淀，同时使 SDS 从凝胶中扩散出来。待固定后，弃去固定液，加入浸泡液，室温下温和摇动 30 min，然后用去离子水冲洗凝胶 3 次，每次 5 min。弃去洗胶用的去离子水，加入新配制的硝酸银染色溶液，黑暗条件下在摇床上温和摇动染色 20 min，弃去染色液并用去离子水冲洗凝胶的两面 3 次，每次约 10 s。再弃去去离子水，并加入显色液，将一张白纸放在玻璃培养皿下作为背景，并在摇床上缓慢摇动，显色数分钟，要一直观察，待蛋白条带颜色深浅适宜时，立即加入终止液终止不少于10 min。最后，弃去终止液，并加入 10% 甘油，浸泡大约 30 min，然后用扫胶仪获取照片。

四、基因组 DNA G + C 含量测定与 DNA 同源性分析

（一）菌体培养和收集

首先从 -80 ℃冰箱中将供试菌株接种至 YMA 培养基平板上活化，然后接种于 200 mL TY 液体培养基中，在 28 ℃恒温摇床上以 180 r/min 的转速振荡培养。待培养至对数生长中后期，用显微镜检查没有污染杂菌后，用灭菌的 50 mL 离心管，在 4 ℃条件下以 5 000 r/min 的转速离心 20 min 收集菌体。弃去上清，并用灭过菌的 1 × TES 或者 0.85% 生理盐水悬浮菌体，相同条件下离心洗涤菌体 3 次。

（二）根瘤菌基因组总 DNA 的大量提取

1. 以 10 mL/g 湿菌体的标准向洗涤收集的菌体内加入 1 × TES，重新振荡混匀悬浮菌体，然后向菌悬液内加入 50 mg/mL 的溶菌酶 0.25 mL，混匀后在 37 ℃ 恒温水浴摇床上以 80 r/min 的转速振荡反应 30 ~ 60 min。

2. 溶菌酶作用完成后，从摇床上取出离心管，然后向菌悬液内加入 1/10 体积的 20% SDS 溶液，混匀后在 55 ℃恒温水浴中静置保温 10 min，然后取出并在

空气中缓慢冷却至室温。

3. 向体系中加入 200 μL 蛋白酶 K 溶液，混匀后在 55 ℃恒温水浴摇床上温和振荡 30 ~ 60 min。

4. 反应结束后，向体系中加入 5 mL $NaClO_4$溶液，混合均匀。

5. 向体系中加入等体积的苯酚、氯仿、异戊醇混合溶液(25∶24∶1，提前配好并在 4 ℃冰箱中静置保存过夜)，加好离心管盖子，然后室温下在摇床上充分振荡使其成为乳浊液，大约振荡 20 min，然后放入 4 ℃离心机内以 5 000 r/min 的转速离心 20 min，分离有机溶剂相和水相。离心后，小心地用大口枪头将上清移到一个干净的离心管内，以不吸到下层有机相为移净。然后，加入等体积的苯酚、氯仿、异戊醇混合溶液，并重复抽提 3 ~ 5 次，直至两相间没有蛋白膜出现为止。

6. 最后一次抽提并离心后，将上清小心地转移到一个干净的离心管中，然后加入 RNase 使酶的终浓度达到 60 μg/mL，然后在 37 ℃恒温水浴中保温30 ~ 60 min。

7. 向体系中加入等体积的氯仿、异戊醇(24∶1)混合溶液，室温下在摇床上充分振荡 20 min，然后在 4 ℃条件下以 5 000 r/min 的转速离心 20 min。

8. 准备一个干净灭菌的玻璃烧杯，将上步离心后的上清小心地转移到烧杯中，并放在冰上预冷，然后向烧杯中加入 1/10 体积预冷的 3 mol/L NaAc - 1 mmol/L EDTA - Na_2及等体积的冷异戊醇，轻轻摇动混匀，冰浴沉淀 DNA。

9. 用干净无菌的玻璃棒在烧杯内液体中缓缓转动，缠起沉淀析出的 DNA。

10. 将上步 DNA 小心地放入盛有 70% 乙醇的小离心管内，封口并做好标记后，于4 ℃冰箱中过夜，以去除无机盐和有机溶剂；从 70% 乙醇中取出缠有 DNA 的玻璃棒，然后放入盛有 95% 乙醇的小离心管内脱水 10 min，然后取出玻璃棒，室温下风干 DNA。

11. 将风干的 DNA 溶解到 1 mL 0.1 × SSC 溶液中。

(三)基因组总 DNA 的浓度和纯度的检测

在分光光度计上，将上述步骤中得到的基因组总 DNA 溶液浓度调节到 OD_{260} = 0.2 ~ 0.5，然后分别测量波长 230 nm、260 nm 和 280 nm 条件时的吸光度(OD)。如果 OD_{260}∶OD_{280}∶OD_{230} ≥ 1∶0.515∶0.450，说明得到的 DNA 样品是合格的；倘若 OD_{230}∶OD_{260}和 OD_{280}∶OD_{260}的比值分别大于 0.450 和 0.515，则得

到的 DNA 样品需要重复提取过程中去除蛋白或者去除 RNA 的步骤，直至 3 个波长下吸光度的比值符合条件为止。DNA 浓度要求 OD_{260} 不小于 2.0，即不低于100 μg/mL。

（四）基因组总 DNA 的 T_m 值及 G+C 含量的测定

测定基因组总 DNA 的 T_m 值及 G+C 含量采用热变性温度法。

由于 T_m 值的测定受离子强度影响较大，要求所有供试菌株的基因组总 DNA 样品的溶解和稀释使用同一批次配制的 10×SSC 母液，这样可以很好地消除试验的系统误差。供试菌株的基因组总 DNA 用 0.1×SSC 溶液调节浓度至 OD_{260} =0.2~0.5，同时采用 *E. coli* K-12 菌株的基因组总 DNA 作为参比，以消除测定仪器和温度等系统误差。测定仪器由三部分组成，即 Lambda Bio 35 型紫外分光光度计、PTP-1 型温度控制仪和水浴循环仪。测定过程由 Lambda Bio 35 和 Templab 等软件自动控制：起始温度为 65 ℃，终止温度为95 ℃，温度每分钟升高 1 ℃，且每隔 0.1 ℃测量一次 OD_{260} 值。当测定过程结束后，软件会自动给出测试 DNA 的 T_m 值。根据 De Ley 的报道，在 0.1×SSC 溶液中 G+C 含量的计算公式为：G+C 含量 =51.2+2.08×($T_{mX}-T_{mR}$)，式中，T_{mX} 为待测菌株 DNA 的 T_m 值，而 T_{mR} 为 *E. coli* K-12 基因组 DNA 的 T_m 值。

（五）基因组总 DNA 的同源性测定

基因组总 DNA 的同源性测定采用液相复性速率法。

1. 样品 DNA 的剪切

将检测合格的待测样品用同一来源的 0.1×SSC 缓冲液调节，使 OD_{260} = 2.00左右，然后取 3 mL 的样品置于无菌的离心管中，在细胞超声波破碎仪上进行剪切。设置输出功率为 40 W，然后以超声破碎 3 s、间隔 4 s 的模式在冰浴中进行 DNA 的剪切，共剪切 90 次。剪切结束后，将样品反复地颠倒几次以混匀样品。同样条件下，重复剪切过程 4 次。剪切结束后，在 1% 的琼脂糖凝胶上电泳检测，此时剪切后的 DNA 样品片段大小应该集中在 300~800 bp 的范围。

2. DNA 变性和复性速率的测定

将剪切好的 DNA 样品以每毫升 DNA 样品加入 0.24 mL 10×SSC 缓冲液为标准，调节缓冲液为 2×SSC 的体系。杂交过程为：首先用 2×SSC 缓冲液进行杂交仪系统调零，然后取 0.4 mL 用于杂交的单个 DNA 样品分别进行自身复性试验,最后把要杂交的两个样品各取0.2 mL混合均匀,放入比色杯中,并插入温度传感器探头,用温度控制仪PTP-1控制杂交的温度。

DNA样品均在98~100 ℃条件下变性15 min,然后人工调节温度到复性温度,该温度取决于根瘤菌不同属的G+C含量,复性温度计算的公式为:$T_{or}=47.0+0.51\times A$. A为G+C含量。当盛样品的比色杯温度降至最适复性温度时,Lambda Bio 35型紫外分光光度计开始实时测定OD_{260}值,计算机上软件记录并计算,显示吸光值随时间变化的曲线,即复性曲线,该曲线的斜率即为DNA样品的复性速率。复性反应过程持续30 min。

3. DNA-DNA同源性的计算

根据De Ley公式,计算DNA-DNA同源性H:

$$H=\frac{4V_m-(V_A+V_B)}{2\sqrt{V_A+V_B}}$$

式中,V_A和V_B分别表示样品A和B的自身复性速率;V_m表示样品A和B等量混合后的杂交复性速率。

五、表型特征的测定

(一)唯一碳源的利用

选用47种碳源来测定供试菌株的利用能力。碳源分别配制成1%的溶液,除了不耐高温的半乳糖、D-核糖、尿素和木糖等采用过滤除菌的方法外,其余碳源溶液均8磅灭菌20 min。碳源C1~C47名称列举如表3-2所示。

表3-2 供试碳源列表

碳源名称	编号	碳源名称	编号
己二酸	C1	内消旋赤藓醇	C9
D-阿拉伯糖醇(D-树胶糖醇)	C2	D-苦杏仁苷	C10
D-阿拉伯糖(D-树胶醛糖)	C3	D-半乳糖	C11
菊糖	C4	无水葡萄糖	C12
葡萄糖酸钙	C5	肌醇	C13
丙二酸钙	C6	D-果糖	C14
糊精	C7	乳糖	C15
半乳糖醇(甜醇)	C8	DL-苹果酸钠 Sodium	C16

续表

碳源名称	编号	碳源名称	编号
麦芽糖	C17	山梨糖	C33
D－蜜二糖	C18	淀粉	C34
D－松三糖	C19	蔗糖	C35
D－甘露糖	C20	丁香酸	C36
丙酮酸钠	C21	酒石酸钠	C37
棉子糖	C22	海藻糖	C38
L－鼠李糖	C23	香草酸	C39
水杨苷(水杨素)	C24	D－木糖	C40
D－核糖	C25	L－精氨酸	C41
乙酸钠	C26	甘氨酸	C42
柠檬酸钠	C27	DL－天门冬酰胺	C43
甲酸钠	C28	L－脯氨酸	C44
D－葡萄糖酸钠 Sodium	C29	D－松二糖	C45
马尿酸钠	C30	L－甲硫氨酸	C46
琥珀酸钠	C31	L－苏氨酸	C47
D－山梨醇	C32		

将 CS_7 微量元素液按照1%的体积比与 White 培养基的 A 组分混合均匀，并以 45 mL 的量分装后灭菌。向灭菌后的 5 mL 碳源溶液中加入 0.375 mL White 培养基的 B 组分，混合均匀后，加入冷却至 55 ℃左右的上述灭菌的 White 培养基的 A 组分中，使碳源的终浓度为 0.1%，在超净台内混合均匀并倒平板。

离心收集培养好的菌体并用生理盐水洗涤 3 次，最终用生理盐水悬浮菌体，调配菌悬液为每毫升大约 10^8 个。将菌悬液按照记录的顺序加入灭菌的多孔磁盘的孔内，用无菌的与多孔磁盘配套的多点接种器将孔内的菌悬液对应地接种于含不同碳源的培养基平板上，以 M－YMA 培养基平板为阳性对照接种，同时以不加任何碳源的 White 培养基平板为阴性对照。接种后，待菌液被吸收后，所有平板在 28 ℃恒温箱中倒置培养 4 天。4 天后开始每天观察，待菌落大小适宜时，取出记录结果。

(二)唯一氮源的利用

选用 14 种氮源来测定供试菌株的利用能力。氮源 N1 ~ N14 名称列举如表 3 - 3 所示。

表 3 - 3　供试氮源列表

氮源名称	编号	氮源名称	编号
DL - 丙氨酸 DL - Alanine	N1	L - 异亮氨酸 L - Isoleucine	N8
L - 精氨酸 L - Arginine	N2	L - 赖氨酸 L - Lysine	N9
L - 天冬氨酸 L - Aspartic acid	N3	L - 苯丙氨酸 L - Phenylalanine	N10
L - 胱氨酸 L - Cystine	N4	D - 苏氨酸 D - Threonine	N11
D - 谷氨酸 D - Glutamic acid	N5	L - 缬氨酸 L - Valine	N12
L - 谷氨酸 L - Glutamic acid	N6	L - 甲硫氨酸 L - Methionine	N13
次黄嘌呤 Hypoxanthine	N7	L - 苏氨酸 L - Threonine	N14

培养基的配制方法与碳源测定基本相同,要将 White 培养基的 A 组分内的 $NaNO_3$换成所要测定的氮源,使终浓度为 0.1%,并且加入 1% 的甘露醇作为碳源,另外所用琼脂粉要用高质量的无氮的纯化琼脂粉。

离心收集培养好的菌体并用生理盐水洗涤 3 次,最终用生理盐水悬浮菌体,调配菌悬液为每毫升大约 10^8 个。然后菌悬液按照记录的顺序加入灭菌的多孔磁盘的孔内,用无菌的与多孔磁盘配套的多点接种器将孔内的菌悬液对应地接种于含不同氮源的培养基平板上,以 M - YMA 培养基平板为阳性对照接种,同时以不加任何氮源的 White 培养基平板为阴性对照。接种后,待菌液被吸收后,所有平板在 28 ℃恒温箱中倒置培养 4 天。4 天后开始每天观察,待菌落大小适宜时,取出记录结果。

(三)对抗生素抗性的测定

选用 9 种抗生素,每种抗生素设定 4 个浓度梯度。所选抗生素为新霉素、硫酸链霉素、壮观霉素、硫酸卡那霉素、氨苄青霉素、红霉素、庆大霉素、氯霉素和四环素。首先溶解上述抗生素,除了氯霉素和红霉素使用乙醇作为溶剂,其他抗生素均溶于去离子水中,稀释至适当浓度,并过滤除菌备用。测定抗生素抗性所用的基础培养基为 M - YMA 培养基。加入抗生素的方法为:将灭菌的培养基冷却至55 ℃左右,加入相应的抗生素,使终浓度分别为 5 μg/mL、

50 μg/mL、100 μg/mL 和 300 μg/mL，与培养基混合均匀后，倒平板，做好标记，包括抗生素的种类和浓度。离心收集培养好的菌体并用生理盐水洗涤 3 次，最终用生理盐水悬浮菌体，调配菌悬液为每毫升大约 10^8 个。将菌悬液按照记录的顺序加入灭菌的多孔磁盘的孔内，用无菌的与多孔磁盘配套的多点接种器将孔内的菌悬液对应地接种于含不同种类的抗生素的培养基平板上，以不加抗生素的 M－YMA 培养基平板作为阳性对照。接种后，待菌液被吸收后，所有平板在 28 ℃恒温箱中倒置培养 4 天。4 天后开始每天观察，待菌落大小适宜时，取出记录结果。

（四）耐盐性检测

测定供试菌株对 5 种 NaCl 浓度的耐性，即 1%、2%、3%、4% 和 5%，所用基础培养基也是 M－YMA 培养基，分别配制相应 NaCl 浓度的基础培养基并灭菌和倒平板。离心收集培养好的菌体并用生理盐水洗涤 3 次，最终用生理盐水悬浮菌体，调配菌悬液为每毫升大约 10^8 个。将菌悬液按照记录的顺序加入灭菌的多孔磁盘的孔内，用无菌的与多孔磁盘配套的多点接种器将孔内的菌悬液对应地接种于含不同浓度的 NaCl 的培养基平板上，以正常的 M－YMA 平板为阳性对照。接种后，待菌液被吸收后，所有平板在 28 ℃恒温箱中倒置培养 4 天。4 天后开始每天观察，待菌落大小适宜时，取出记录结果。

（五）耐酸碱性分析

用 M－YMA 培养基作为基础培养基，在倒平板前，用灭菌的 0.1 mol/L 的 HCl 和 NaOH 调节 pH 值至 4.0、5.0、9.0 和 10.0。离心收集培养好的菌体并用生理盐水洗涤 3 次，最终用生理盐水悬浮菌体，调配菌悬液为每毫升大约 10^8 个。将菌悬液按照记录的顺序加入灭菌的多孔磁盘的孔内，用无菌的与多孔磁盘配套的多点接种器将孔内的菌悬液对应地接种于不同 pH 值的培养基平板上，以 pH 值为 7.0 的 M－YMA 培养基平板为阳性对照。接种后，待菌液被吸收后，所有平板在 28 ℃恒温箱中倒置培养 4 天。4 天后开始每天观察，待菌落大小适宜时，取出记录结果。

（六）生长温度范围的测定

选用 4 个温度即 4 ℃、10 ℃、37 ℃和 60 ℃进行测定，离心收集培养好的菌体并用生理盐水洗涤 3 次，最终用生理盐水悬浮菌体，调配菌悬液为每毫升大

约 10^8 个。将菌悬液按照记录的顺序加入灭菌的多孔磁盘的孔内，用无菌的与多孔磁盘配套的多点接种器将孔内的菌悬液对应地接种于 M－YMA 培养基平板上，并且以 28 ℃作为阳性对照温度。接种后，待菌液被吸收后，所有平板在 28 ℃恒温箱中倒置培养 4 天。4 天后开始每天观察，待菌落大小适宜时，取出记录结果。

（七）过氧化氢酶活性试验

将供试菌株接种于 M－YMA 培养基平板上，28 ℃培养一周后，在菌苔上滴加 1 mL 3% 的 H_2O_2 溶液，并且当即开始计时观察结果，5 min 内出现气泡的菌株即为过氧化氢酶阳性，不出现气泡的菌株为过氧化氢酶阴性。

（八）氧化酶活性测定

供试菌株在 M－YMA 培养基平板上活化后，以幼龄菌苔为最佳。放一片新滤纸片到洁净的培养皿内，然后滴加 1% 的四甲基对苯二胺盐酸溶液润湿滤纸片，最后用无菌牙签挑取幼龄菌苔在滤纸片上划线，并开始计时观察结果，10 s 内变紫色者为氧化酶阳性，不变色者为氧化酶阴性。

（九）硝酸盐还原反应

硝酸盐还原培养基以每管 5 mL 的量分装到试管中，然后 15 磅灭菌 30 min。向试管培养基内接种供试菌株，在 28 ℃条件下培养，并分别在第 2、5 和 7 天后检查硝酸盐还原的情况，以不接种菌株的培养基为阴性对照。检查方法为：向瓷白色比色器皿中加入 1 滴菌液，再加入 Griess 试剂 A、B 液各 1 滴，呈现橙色的为反应阳性；如果不出现橙色，则要加入 1～2 滴二苯胺试剂进一步检查，如果呈现蓝色则记为反应阴性，否则仍然记录为反应阳性。

（十）肉汤生长试验

首先将肉汤蛋白胨培养液以每管 5 mL 的量分装到试管中，然后 15 磅灭菌 30 min。接种则用接种环挑取少许的菌苔接于培养液内，以不接菌的培养液为阴性对照，在 28 ℃恒温培养箱内培养 5 天后观察和记录结果，根据培养液是否浑浊判定是否生长。

（十一）淀粉水解试验

向 R2A 培养基内添加淀粉，使终浓度为 0.2%，混匀后倒平板。向平板上划线接种供试菌株，并在 28 ℃恒温培养箱中培养 1 周后取出，向平板上滴加卢戈氏碘液，如果菌落周围不显蓝色或者显蓝色但是比周围蓝色浅，则记录为淀粉水解阳性。

（十二）Voges - Proskauer（V - P）试验

在葡萄糖蛋白胨水培养基内接入活化的待测菌株，在 28 ℃恒温摇床上振荡培养2～6 天后，取出培养液与 40% NaOH 溶液等量混合，并加入少许肌酸（可用α - 萘酚代替）混合均匀，10 min 后若培养液出现红色，则记录为试验阳性。

（十三）产硫化氢（H_2S）试验

用无菌接种环挑取活化后的待测菌株，沿着硫酸亚铁琼脂培养基试管壁穿刺接种，以不接种的空白培养基作为阴性对照，在 28 ℃条件下培养 1～2 天后，观察记录试验结果。如果培养基变为黑色则记录为产硫化氢阳性，不变色则记录为产硫化氢阴性。

（十四）BTB 产酸产碱反应

用溴麝香草酚蓝（BTB）配制 0.5% 的乙醇溶液，然后按照 0.5% 的终浓度加入 M - YMA 培养基中，调 pH 值到 7.0，此时培养基呈现草绿色，然后 15 磅灭菌 30 min 并倒平板。将供试菌株点在平板上，每个皿点 3 点，在 28 ℃下培养 3～7 天后观察结果：产酸变黄或者产碱变蓝的菌株记录为阳性，不变色即为不产酸碱的菌株则记录为阴性。

（十五）对染料刚果红的抗性

参见卢杨利论文中方法：将刚果红按照一定的浓度溶于热水中，然后加入 M - YMA 培养基中，使终浓度为 0.1%，混合均匀并灭菌和倒平板。离心收集培养好的菌体并用生理盐水洗涤 3 次，最终用生理盐水悬浮菌体，调配菌悬液为每毫升大约 10^8 个。将菌悬液按照记录的顺序加入灭菌的多孔磁盘的孔内，用无菌的与多孔磁盘配套的多点接种器将孔内的菌悬液对应地接种于含染料刚果红的 M - YMA 培养基平板上。接种后，待菌液被吸收后，所有平板在 28 ℃恒温箱中倒置培养 4 天。4 天后开始每天观察，待菌落大小适宜时，取出记录结果。

六、供试菌株脂肪酸含量的测定

(一)供试菌株样品的准备

首先将供试菌株包括鹰嘴豆根瘤菌代表菌株和参比菌株在 M - YMA 培养基平板上活化,然后从平板接种到 TY 液体培养基中,在 28 ℃恒温摇床上振荡培养至对数生长中期,然后用无菌的 50 mL 离心管在 5 000 r/min 的转速下离心收集菌体,并用灭菌的生理盐水离心洗涤菌体 3 次,最终用无菌的移液器移除上清。

(二)样品的皂化

取干燥、无菌且带有螺旋盖子的规格为 13 mm × 100 mm 的玻璃试管,然后按照增量法用无菌的长把小铲子将上一步得到的大约 40 mg 湿菌体转移到试管底部,然后加入 1 mL 皂化试剂,拧紧螺旋盖并用漩涡仪振荡试管 5 ~ 10 s,让菌体充分分散。待所有样品如上述步骤加好皂化试剂后,将盛有样品和皂化试剂的试管放在试管架上,并将试管架放入沸水浴中(95 ~ 100 ℃)加热 5 min,然后取出试管架,在室温下轻微冷却,再次振荡试管 5 ~ 10 s 并再次放入沸水浴中。此时,要检查试管是否密封完好,方法为:观察试管底部的液体中是否有气泡产生,如果产生气泡,需要检查螺旋盖是否拧紧;如果仍然产生气泡,则必须取出样品,室温下自然冷却后将样品用移液器转移到新的同样规格的干燥无菌的试管底部。检查全部试管密封性,确认完好后,继续计时煮沸样品 25 min。样品一共在水浴中皂化 30 min,时间到后取出试管架,并且在室温下自然冷却。

(三)样品的甲基化

当样品皂化并冷却至室温后,打开螺旋盖,向样品中加入 2.0 mL 甲基化试剂,然后拧紧螺旋盖并振荡混匀 5 ~ 10 s,之后在 80 ℃的水浴中加热 10 min。计时结束后,快速将试管架取出并放入事先准备好的盛有自来水的容器内降温。该步骤要严格控制水浴的温度及时间,以避免羟基酸和环式脂肪酸等受到破坏。

(四)样品的萃取

向冷却的甲基化的样品中加入 1.25 mL 萃取试剂,拧紧盖子并振荡 10 min,等到静置分层后,用洁净的移液管小心地移除掉下层的水相部分,留下上层的有机相。

（五）脂肪酸组分的测定

首先向剩余有机相中加入 3 mL 洗涤试剂和几滴饱和的 NaCl 水溶液，拧紧盖子振荡 5 min，并以 2 000 r/min 的转速离心 3 min，然后用洁净的移液器小心吸取和转移约 2/3 的上层有机相到洁净的 GC 样品小瓶子内（注意不能吸到下层水相，样品可以在 4 ℃冰箱中保存数日）。最后，使用 MIDI Sherlock 微生物鉴定系统（Sherlock license CD v6.0）分析供试菌株的脂肪酸组成成分及含量，将结果在数据库 TSBA6 中比对，从脂肪酸的角度提供细菌分类地位的相关信息。

七、供试菌株所含极性脂种类的鉴定分析

供试菌株所含极性脂种类的鉴定分析参照 Minnikin 论文中采用的方法。

（一）供试菌株的培养和菌体的收集

首先把供试菌株在 M－YMA 培养基平板上活化，然后接种到 M－YMA 液体培养基中，在 28 ℃恒温摇床上振荡培养至对数生长后期，然后用无菌的离心管以5 000 r/min的转速离心收集菌体，并用生理盐水洗涤离心 3 次。

（二）样品极性脂的提取

将大约 200 mg 湿菌体转移到容积为 40 mL 带有螺纹盖的洁净的离心管底部，用玻璃移液管向试管中加入 15 mL 甲醇，拧紧盖子并振荡混匀；在约 100 ℃的沸水浴中煮沸 5 min，取出离心管自然冷却至室温；加入 10 mL 氯仿和 6 mL 0.5% NaCl，拧紧盖子，在室温下的小摇床上高速剧烈振荡，以 8 000 r/min 的转速离心 10 min，静置分层并吸取下层到旋转蒸发仪的旋转圆口瓶里，在 40 ℃下用减压旋转蒸发仪浓缩抽干；然后，分两次加入氯仿、甲醇混合液（体积比为 2∶1），每次加入 200 μL，并用混合液冲洗器壁多次，使脂类完全溶解下来，将脂类溶解液吸取到 1.5 mL 离心管内，然后以 8 000 r/min 的转速离心 10 min，去除沉淀。如果发现出现分层现象，则去除上层的泡沫，样品保存于 4 ℃冰箱中备用。

（三）提取样品中磷脂的初步鉴定

使用 10 cm×10 cm H 板，用铅笔在 H 板底部大约 1 cm 处划线标记，作为点样线，在横线中点处点加 7～8 滴样品溶液，展层剂为氯仿、冰醋酸、甲醇、去

离子水混合液(氯仿: 冰醋酸: 甲醇: 去离子水 =80: 18: 12: 5),以上溶剂都是HPLC级别的,需要现用现配;然后将展层剂注入层析槽内,将点加样品端朝下放入展层剂内,斜靠在玻璃壁上,密闭层析。层析结束后,让H板自然风干,用钼蓝试剂喷雾显色,最后根据蓝色斑点初步分析提取的磷脂是否成功以及含量的多少。

(四)提取样品双相薄层层析

使用相同规格的H板,用铅笔在H板距离底边与侧边1.5 cm×1.5 cm处做点标记,作为点样处;分别在对角的两边离边1.5 cm处划线,作为两相层析的顶边线。在层析缸中,使用氯仿、甲醇、蒸馏水混合液(氯仿: 甲醇: 蒸馏水 = 14: 6: 1)作为第一相的展层剂,当第一相层析至顶边1.5 cm的标记线处时,取出层析板,自然风干后使用吹风机逐行吹干;然后用氯仿、甲醇、冰醋酸混合液(氯仿: 甲醇: 冰醋酸 =13: 5: 2)作为第二相的展层剂,再次密闭层析,待层析至第二相层析顶边标记线处时,取出层析板,自然风干。

(五)样品双相层析结果的显色

在抽风工作台内,距离H板10~15 cm处采用气泵压缩喷雾显色试剂。

1. 钼蓝显色

以不喷湿H板为宜,无须加热,着色后立即出现的蓝色斑点即为磷酸类脂质。

2. 茴香醛显色

喷雾显色剂后,在110 ℃下加热6~10 min,显示黄绿色斑点且钼蓝试剂显色为蓝色的为含糖的磷脂。

3. α-萘酚显色

喷雾显色剂后,在100 ℃下加热3~5 min,显示红色斑点的为糖脂。

4. 茚三酮显色

喷雾显色剂后,在100 ℃下加热6~10 min,显示红色斑点则表明含有氨基结构。该显色过程可以对含有葡萄糖胺的PE(磷脂酰乙醇胺)、PME(磷脂酰甲基乙醇胺)和未知的磷脂特异性显色,但是不能对含有氨基的PC(磷脂酰胆碱)特异性显色。

5. 磷脂组成分析

因为细菌所含磷脂种类的多样性,没有任何一种显色剂可以用来显色所有的组分,需要用几种显色剂相互显色和比较。方法为:同一样品做 3 个展层。第一块展层板用于钼蓝试剂的显色,蓝色斑点包括磷脂、含糖磷脂、含氨基的磷脂以及其他磷脂;第二块展层板则先用茴香醛试剂显色,记录显色位点后,用钼蓝试剂显色,再记录显色位点并跟第一块展层板比较,蓝色斑点为磷脂,包括 PI(磷脂酰肌醇)、PC、PE、PME 及其他类型的磷脂,而黄色斑点且钼蓝显色呈蓝色的为含糖的磷脂;第三块展层板先用茚三酮试剂显色,斑点为红色的是含有氨基结构或者含有葡萄糖胺的磷脂,记录显色位点后,再用钼蓝试剂显色,同样记录位点后与第一块展层板比较,先显红色然后显蓝色的就是 PE 或者 PME,含氨基的 PC 与茚三酮不发生反应,因此不显红色,先显红色而钼蓝显色后不再显蓝色的是糖脂。

八、交叉结瘤试验

检测了标准菌株与苜蓿(*Medicago*)、三叶草(*Trifolium*)、豌豆(*Pisum sativum*)、蚕豆(*Vicia faba*)、菜豆(*Phaseolus vulgaris*)、紫云英(*Astragalus sinicus*)、大豆(*Glycine max*)和豇豆(*Vigna unguiculata*)的交叉结瘤状况,宿主鹰嘴豆作为阳性对照。

(一)种子的消毒及萌发

分别选取不同种类的种子,挑取大小一致、籽粒饱满且无破损的种子统一进行消毒和萌发处理。首先,用无菌水洗净种子,然后用95%乙醇浸泡 30 s,移除乙醇并加入 0.2%升汞溶液消毒 5 min,移除升汞溶液并用无菌水洗涤种子 7 次。用无菌的镊子将消毒后的种子摆放到含灭菌纱布的培养皿内,加入适量无菌水,然后置于 28 ℃恒温培养箱内,并在黑暗条件下萌发。

(二)回接试验菌株的培养

根据优化的条件,在适当的时间进行回接试验菌株的培养。将 4 ℃条件下斜面保存的菌株在 YMA 培养基平板上活化,然后接种于 5 mL TY 液体培养基中,并在 28 ℃恒温摇床上以 180 r/min 的转速振荡培养至 $OD_{600}=0.8\sim1.0$。

(三)灭菌蛭石 - 玻璃回接管准备

用 1 × 植物低氮营养液拌匀蛭石,以攥在手中有液滴渗出但不往下滴水,松手后蛭石缓慢散开为最佳标准。然后将拌好的蛭石填装于玻璃回接管中，装入蛭石的量以顶端离管口 10～15 cm 为宜，用封口膜封闭管口。最后，15 磅灭菌 2 h，并间歇灭菌两次以达到蛭石彻底灭菌的目的。

（四）发芽种子的移种、根瘤菌的接种以及结果的观察

待黑暗条件下的种子萌发至根长大约 1 cm，并且回接用根瘤菌菌株培养至 $OD_{600}=0.8\sim1.0$ 时，用无菌的长镊子将一粒萌发的种子移种到灭菌的蛭石回接管中，根部朝下，然后，将培养好的根瘤菌用移液器接种到种子的根部（每粒种子 10^6 个根瘤菌），用蛭石覆盖种子，并用封口膜封闭管口。完成所有菌株的回接后，将回接管移到光照培养箱内，设定参数为 25 ℃光照 16 h 和 20 ℃黑暗 8 h。待种子出芽后，剪开封口膜，根据蛭石的含水状态定时给蛭石浇灌无菌水。待生长约 45 天后，取出并观察结果。主要考察指标为植株的叶子颜色、根瘤形状及根瘤剖面的颜色，并以此判断交叉结瘤的结果。

九、代表菌株 CCBAU 83963^{T}的革兰氏染色

先将菌株 CCBAU 83963^{T}在 M－YMA 培养基上活化、培养，待长出单菌落，挑取单菌落，按照方法进行染色和观察。

第三节　试验结果与分析

一、16S rRNA 基因和持家基因的系统发育分析

16S rRNA 基因在细菌进化中比较保守，因而常被作为一个指标用来快速确定菌株在属水平上的定位。选用中慢生根瘤菌属的 22 个已知种的 16S rRNA 基因与 3 个代表菌株的 16S rRNA 基因，以菌株 *R. leguminosarum* USDA 2370^T 的 16S rRNA 基因作为外分支，在 MEGA 7.0 软件中选择 K2＋I＋G 模型构建 16S rRNA 基因序列的 ML 系统发育树，如图 3－1 所示。从系统发育树中可以看到，代表菌株聚为独立的一群，相似度为 99.8%；距离较近的菌株有 *M. robiniae* CCNWYC 115^T、*M. temperatum* SDW 018^{T}和 *M. mediterraneum* LMG 17148^T，并且跟除了 *M. thiogangeticum* SJT^{T}之外所有中慢生已知种的相似度都不小于 97%，而与外分支 *R. leguminosarum* USDA 2370^T 的距离较远。所以，代表菌株属于

Mesorhizobium。

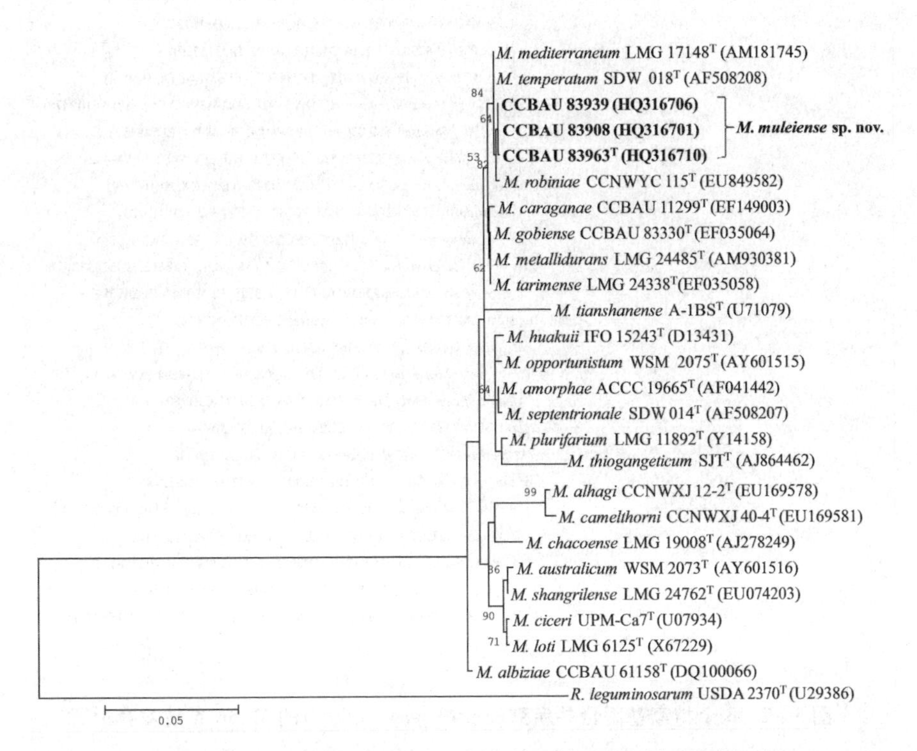

图 3－1　供试菌株的 16S rRNA 基因的 ML 系统发育树

注：系统发育树由最大似然法运算得到，选用的计算模型是 K2＋I＋G，*R. leguminosarum* USDA 2370^{T}的 16S rRNA 基因作为聚类树状图的外群，bootstrap 值为 1 000，遗传距离图例为 0.05。

如图 3－2 所示，从 3 个持家基因 *atpD*、*recA* 和 *glnII* 的 MLSA 系统发育树中可以看到，鹰嘴豆根瘤菌的 3 个代表菌株聚为一个不同于其他中慢生根瘤菌属已知种的独立群，且 3 个代表菌株之间的相似度为 97.9%～99.5%，遗传距离较近的种的相似度分别为 *M. temperatum* SDW 018^{T}（96.0%～96.5%）、*M. mediterraneum* USDA 3392^{T}（95.0%～95.6%）和 *M. robiniae* CCNWYC 115^{T}（94.0%～94.7%），且持家基因的系统发育树很好地支持了 16S rRNA 基因的系统发育结果。

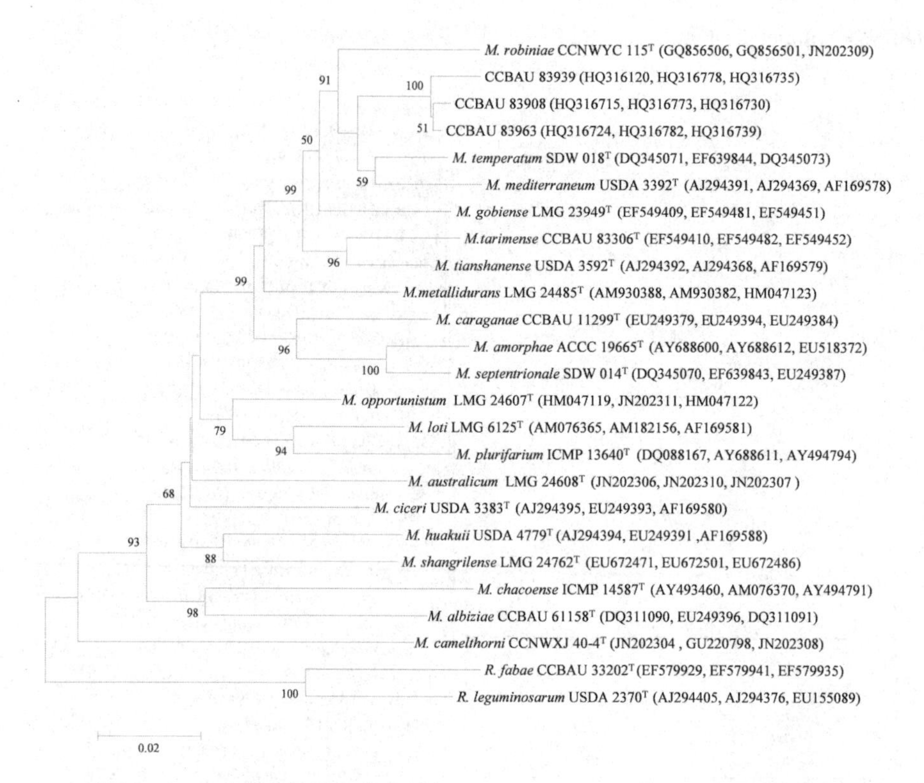

图 3－2　3 个持家基因合并序列（*atpD－recA－glnII*）的 MLSA 系统发育树

注：该系统发育树选用 Kimura－2 模型，bootstrap 值为 1 000，建立的 NJ 树。

二、全细胞可溶性蛋白 SDS－PAGE 结果与分析

SDS－PAGE 方法被广泛用于研究样品的蛋白组成差异。对细菌进行相同的培养和处理，然后制作样品并付诸 SDS－PAGE，可以得到不同细菌菌株在特定生理条件下的蛋白质组成的图谱，显示出不同种细菌表达蛋白种类的差异，用于区分细菌的不同种。如图 3－3 所示，3 个待测菌株 CCBAU 83963、CCBAU 83939 和 CCBAU 83908 的全细胞蛋白图谱非常相似，表现出与其他中慢生参比菌株蛋白图谱的不同，说明待测菌株可能代表了一个中慢生根瘤菌属的新种群。图 3－4 则为全细胞蛋白电泳的 UPGMA 聚类结果，其中选取 3 株来自 *M. gobiense* 的菌株 CCBAU 83330^{T}、CCBAU 83511 和 CCBAU 83346 作为内参菌株，用于确定种水平上的形似度。由图可见，在约 97% 的相似度下内参菌株被划分

为一个种的分支，此时可以得出，所有中慢生根瘤菌属的种均被很好地分开，并且鹰嘴豆根瘤菌的 3 个代表菌株在种水平上很好地聚为一个独立的群。*M. mediterraneum* USDA 3392^T 与代表菌株相似度很高，接近 97%，由此可以推测 3 个代表菌株应该代表一个中慢生根瘤菌属的新种群。

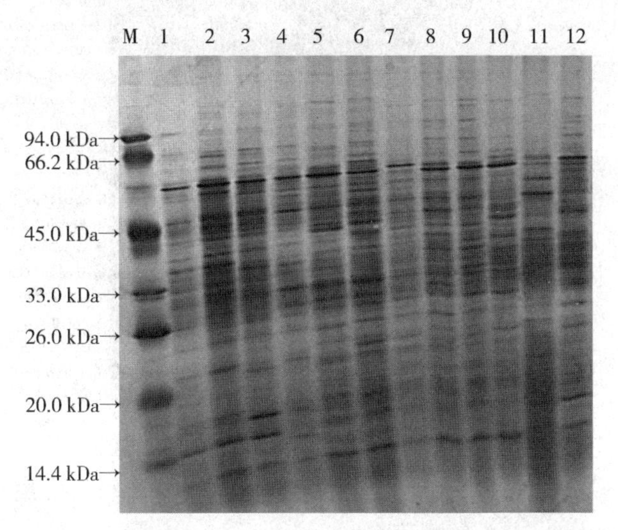

图 3-3 供试菌株的全细胞蛋白聚丙烯酰胺凝胶电泳图谱

注：M—Marker；1—CCBAU 83979；2—CCBAU 83939；3—CCBAU 83963^T；4—CCBAU 83908；5—*M. temperatum* SDW 018^T；6—*M. mediteraneum* USDA 3392^T；7—*M. robiniae* CCNW-YC 115^T；8—*M. gobiense* CCBAU 83330^T；9—*M. tianshanense* CCBAU 3306^T；10—*M. tarimense* CCBAU 83306^T；11—*M. metallidurans* LMG 24485^T；12—*M. caraganae* CCBAU 11299^T。

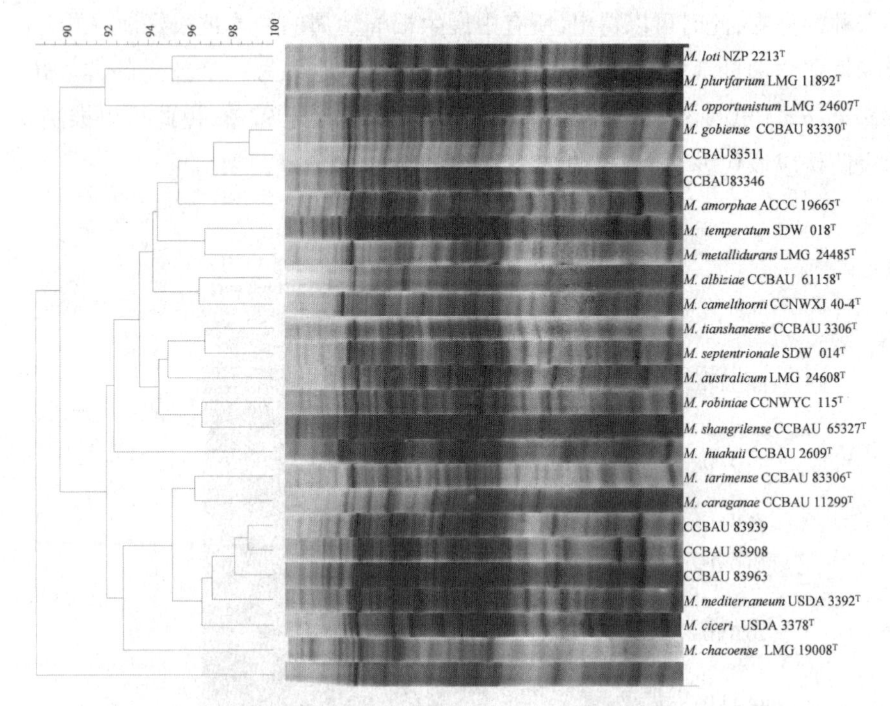

图 3－4 供试菌株的全细胞蛋白聚丙烯酰胺凝胶电泳的 UPGMA 聚类结果

三、基因组 DNA 的同源性分析和 G＋C 含量的测定结果

DNA G＋C 含量的测定结果显示 3 个代表菌株的含量在 60.6%～61.2% 的范围内，而中慢生根瘤菌属的 G＋C 含量在 59%～64% 的范围内，表明 3 个代表菌株属于中慢生根瘤菌属。

DNA－DNA 杂交是在种的水平鉴定细菌的一个“黄金法则”。该研究选取新疆鹰嘴豆根瘤菌的 3 个代表菌株进行群内基因组 DNA 的自杂交，然后选取 CCBAU 83963^{T}作为代表，又与中慢生根瘤菌属的 20 个已知种的模式菌株分别进行 DNA 杂交，因为这 20 个种的 16S rRNA 基因跟 3 个代表菌株的 16S rRNA 基因相似度均大于 97%。从表 3－4 中可以得到，CCBAU 83963^{T}与 CCBAU 83908 和 CCBAU 83939 的群内 DNA 杂交结果分别为 99.88% ±0.17% 和 97.02% ±2.66%，杂交值都大于 70% 的定种标准，表明 3 个代表菌株应归属同一个种；CCBAU 83963^{T}与 20 个中慢生模式菌株的 DNA 杂交值在 15.28% ±

0.79%~50.97% ±0.61%的范围内,明显小于70%的定种标准,进一步表明3个代表菌株代表了一个中慢生根瘤菌属的新种群。

表3-4　代表菌株与中慢生根瘤菌属已知种的模式菌株的DNA同源性分析

菌株	与CCBAU 83963^{T}的杂交值/%
M. muleiense sp. nov.	
CCBAU 83963^T	—
CCBAU 83908	99.88 ±0.17
CCBAU 83939	97.02 ±2.66
M. temperatum SDW 018^T	44.10 ±4.93
M. mediterraneum USDA 3392^T	22.22 ±5.55
M. robiniae CCNWYC 115^T	46.83 ±2.50
M. gobiense CCBAU 83330^T	37.70 ±3.42
M. tianshanense CCBAU 3306^T	40.08 ±2.33
M. tarimense CCBAU 83306^T	36.93 ±2.55
M. metallidurans LMG 24485^T	34.71 ±1.66
M. caraganae CCBAU 11299^T	20.75 ±0.40
M. septentrionale SDW 014^T	22.19 ±1.95
M. amorphae ACCC 19665^T	22.45 ±3.90
M. huakuii CCBAU 2609^T	31.56 ±2.30
M. loti NZP 2213^T	33.43 ±1.31
M. albiziae CCBAU 61158^T	50.97 ±0.61
M. ciceri USDA 3378^T	29.91 ±0.75
M. australicum LMG 24608^T	31.66 ±1.00
M. chacoense LMG 19008^T	17.48 ±1.19
M. shangrilense CCBAU 65327^T	34.54 ±1.26
M. alhagi CCNWXJ 12-2^T	28.81 ±0.77
M. camelthorni CCNWXJ 40-4^T	24.74 ±1.89
M. plurifarium LMG 11892^T	29.81 ±1.35
M. opportunistum LMG 24607^T	15.28 ±0.79

注:杂交值取平均值±标准差。

四、代表菌株的表型特征和数值分类

本试验选择鹰嘴豆根瘤菌代表菌株 CCBAU 83963^{T}和中慢生根瘤菌属中与其 16S rRNA 基因相似度最大的 8 个种的模式菌株，即 *M. temperatum* SDW 018^T、*M. caraganae* CCBAU 11299^T、*M. tianshanense* CCBAU 3306^T、*M. gobiense* CCBAU 83330^T、*M. robiniae* CCNWYC 115^T、*M. metallidurans* LMG 24485^T、*M. tarimense* CCBAU 83306^{T}和 *M. mediterraneum* USDA 3392^T，进行唯一碳源的利用、唯一氮源的利用和对抗生素抗性的测定试验，精简结果见表 3－5。

表 3－5　代表菌株与较近种模式菌株的不同生长特征列表

特征	1	2	3	4	5	6	7	8	9
唯一碳源的利用									
葡萄糖酸钙	－	－	－	－	－	+	－	+	－
半乳糖醇	－	+	－	+	+	+	+	+	+
肌醇	－	+	+	+	－	+	+	+	+
丙酮酸钠	－	+	+	+	+	+	－	+	－
棉子糖	－	－	+	－	－	+	+	+	－
水杨苷	－	－	+	－	－	+	+	+	+
甲酸钠	－	+	－	+	－	+	－	－	－
D－葡糖糖酸钠	－	+	－	+	－	+	－	+	+
山梨糖	－	+	－	+	－	+	+	+	－
淀粉	+w	－	－	－	－	+	－	+	－
香草酸	－	－	－	－	－	+	－	+	－
甘氨酸	－	－	－	－	－	+	+	+	－
DL－天门冬酰胺	－	－	－	－	－	+	－	+	－
甘氨酸	－	－	－	－	－	+	+	+	－
L－苏氨酸	－	+	+	+	+	+	－	+	－
唯一氮源的利用									
L－苯丙氨酸	－	+	+	+	－	+	+	+	+
L－缬氨酸	+	－	+	－	－	+	－	+	+

续表

特征	1	2	3	4	5	6	7	8	9
L－甲硫氨酸	+	+	+	+	−	+	+	−	+
耐受/(μg·mL^{-1})									
新霉素(50)	−	+	+	−	−	+	+	+	+
新霉素(100)	−	−	−	−	−	+	−	+	+
硫酸链霉素(5)	−	+	+	+	−	+	+	+	+
壮观霉素(5)	−	+	+	+	+	+	+	+	+
壮观霉素(50)	−	−	+	+	−	+	+	+	−
壮观霉素(100)	−	−	+	+	−	+	−	+	−
壮观霉素(300)	−	−	+	+	−	+	−	+	−
硫酸卡那霉素(50)	−	+	+	+	−	+	+	−	+
氨苄青霉素(5)	−	−	−	−	+	+	+	+	+
氨苄青霉素(50)	−	−	−	−	−	+	+	+	+
红霉素(300)	+	−	+	+	−	+	+	−	−
庆大霉素(50)	−	−	−	−	−	+	+	+	+
氯霉素(50)	−	−	−	−	+	+	+	+	+
氯霉素(100)	−	−	−	−	+	+	+	+	+
四环素(50)	−	−	−	−	+	+	+	+	+
四环素(100)	−	−	−	−	+	+	+	+	+
耐盐性能/%									
1	−	+	+	+	+	+	+	+	+
2	−	−	−	−	+	+	−	+	−
耐酸碱性能									
pH＝10.0	−	−	+	+	+	+	+	+	+
耐受温度/℃									
10	−	−	+	+	−	+	+	−	−
37	−	+	+	−	+	+	+	+	+
60	−	−	+	−	−	+	−	−	−
硝酸盐还原作用	−	+	+	+	+	+	+	+	−

注：1—*M. muleiense* sp. nov. CCBAU 83963^{T}；2—*M. temperatum* SDW 018^{T}；3—*M. caraganae* CCBAU 11299^{T}；4—*M. tianshanense* CCBAU 3306^{T}；5—*M. gobiense* CCBAU 83330^{T}；6—*M. robiniae* CCNWYC 115^{T}；7—*M. metallidurans* LMG 24485^{T}；8—*M. tarimense* CCBAU 83306^{T}；9—*M. mediterraneum* USDA 3392^{T}；＋w—弱阳性。

CCBAU 83963^{T}可以利用D－阿拉伯糖、D－阿拉伯糖醇、菊糖、内消旋赤藓醇、D－半乳糖、无水葡萄糖、D－果糖、D－甘露糖、L－鼠李糖、D－核糖、乙酸钠、山梨糖醇、蔗糖、海藻糖、D－木糖和L－脯氨酸作为唯一的碳源生长，而不能利用D－松三糖和己二酸。同时CCBAU 83963^{T}可以利用L－精氨酸、L－胱氨酸、DL－丙氨酸、次黄嘌呤、L－异亮氨酸、L－赖氨酸、L－缬氨酸、L－甲硫氨酸和L－苏氨酸作为唯一的氮源生长，而不能利用L－天冬氨酸、D－谷氨酸、L－谷氨酸、L－苯丙氨酸和D－苏氨酸。同时CCBAU 83963^{T}可以分别在含有5 μg/mL新霉素、硫酸卡那霉素、庆大霉素、氯霉素或者四环素的M－YMA培养基平板上生长，并且能在含有300 μg/mL红霉素的M－YMA培养基平板上生长。

五、代表菌株的生化试验结果与分析

新疆鹰嘴豆根瘤菌代表菌株CCBAU 83963^{T}能够在pH值范围为6~9的M－YMA培养基平板上生长，最适宜生长的pH值为6~8。代表菌株在4 ℃、10 ℃、37 ℃和60 ℃处理10 min的条件下都不能生长，最适宜生长的温度是28 ℃。代表菌株在含有0.1% BTB的M－YMA培养基平板上可以生长并产酸，并且能在含有0.1%刚果红的M－YMA培养基平板上生长。有过氧化氢酶活性和弱的淀粉酶活性，没有氧化酶活性，不能还原硝酸盐。不产H_2S，V－P试验结果为阴性。不能利用肉汤培养基生长，且不能在NaCl浓度不小于1%的M－YMA培养基平板上生长，见表3－5。

六、脂肪酸含量测定结果与分析

因为不同属的细菌的细胞脂肪酸组成成分及含量具有较明显的差异，所以细胞脂肪酸组分及含量的分析被作为一个重要的微生物种类鉴定方法，且近些年来在微生物分类学中得到较广泛的应用。本试验选择CCBAU 83963^{T}及与其16S rRNA基因相似性最大的8个种的模式菌株，即*M. temperatum* SDW 018^T、*M. caraganae* CCBAU 11299^T、*M. tianshanense* CCBAU 3306^T、*M. gobiense* CCBAU 83330^T、*M. robiniae* CCNWYC 115^T、*M. metallidurans* LMG 24485^T、*M. tarimense* CCBAU 83306^{T}和*M. mediterraneum* USDA 3392^T，进行细胞脂肪酸含量的测定，结果见表3－6。研究发现，所有供试菌株除了含有16:0、17:0、18:0、

19:0 cyclo ω8*c* 和 summed feature 8(18:1 ω7*c* 或 17:1 iso ω9*c*)等中慢生根瘤菌属菌株特有的脂肪酸，还以 18:1 ω9c、18:1 ω7c 11 - methyl、20:2 ω6,9*c* 和 summed feature 3(16:1 ω7*c*/16:1 ω6*c* 或 16:1 ω6*c*/16:1 ω7*c*)作为含量较高的4种脂肪酸。而代表菌株 CCBAU 83963[T] 区别于其他 8 个中慢生模式种，其高含量的脂肪酸是 19:0 cyclo ω8*c*(44.88%)和 17:0 iso(3.62%)，表明代表菌株属于中慢生根瘤菌属，但是又不同于其他的已知种，可能代表一个新种群。

表 3-6　代表菌株与较近种模式菌株的脂肪酸分析结果列表

组成成分	相对含量/%								
	1	2	3	4	5	6	7	8	9
12:0 3OH	-	0.34	0.73	-	0.14	0.34	0.30	0.10	0.05
14:0 iso	-	0.23	0.66	-	-	0.11	0.09	0.12	-
14:0 anteiso	-	0.19	0.56	-	-	0.11	-	0.09	-
14:0	0.55	2.44	3.18	0.35	0.85	0.56	1.08	1.34	0.61
13:0 iso 3OH	0.29	-	-	-	0.55	0.42	1.45	-	0.13
13:0 2OH	0.10	0.62	1.41	0.10	0.20	0.18	0.39	0.45	0.05
15:1 iso ω9*c*	-	0.36	-	-	0.11	0.11	0.22	0.25	-
15:0 iso	0.49	1.63	1.80	0.12	1.90	1.14	0.75	1.20	0.33
15:0 anteiso	0.14	0.80	2.04	0.18	0.06	0.12	0.15	0.13	0.23
16:0 N alcohol	-	0.25	2.14	-	-	0.06	0.08	0.08	-
16:0 iso	-	-	-	-	-	0.12	0.12	0.11	0.06
16:1 ω5*c*	-	-	-	0.26	0.15	-	-	-	0.04
16:1 ω11*c*	-	-	-	-	0.06	0.11	-	0.19	0.09
16:0	11.92	21.81	17.41	11.50	16.98	15.36	20.61	14.16	14.12
16:0 2OH	-	0.15	-	-	-	-	-	-	-
16:0 3OH	-	0.15	-	0.26	0.09	0.05	-	0.07	-
17:1 anteiso A	-	1.15	-	-	0.25	-	-	-	-
17:1 anteiso ω9*c*	0.18	-	1.04	0.21	-	0.18	0.48	0.83	0.19
17:0 iso	3.62	1.02	1.36	-	2.22	2.86	2.30	3.42	3.12
17:0 anteiso	0.12	0.28	0.40	0.14	0.20	0.18	0.15	0.16	0.26
17:0 cyclo	1.11	0.37	0.81	0.55	0.82	0.55	0.71	1.03	1.06
17:0	0.27	0.72	0.59	0.18	0.30	0.25	0.36	0.33	0.56

续表

组成成分	相对含量/%								
	1	2	3	4	5	6	7	8	9
17:1 ω8*c*	0.13	0.22	0.17	-	0.11	0.09	0.07	0.18	-
18:3 ω6*c*(6,9,12)	-	0.44	0.66	-	0.06	0.03	0.15	0.09	0.05
18:0 iso	0.18	-	0.24	0.32	-	0.22	0.08	0.33	-
18:1 ω9*c*	2.04	6.13	4.69	1.19	2.32	2.07	2.86	4.34	1.48
18:1 ω5*c*	0.13	0.25	0.23	0.16	0.13	0.11	0.20	0.15	0.12
18:0	6.93	13.88	8.14	3.98	4.33	5.68	9.00	6.61	5.90
18:1 ω7*c* 11 - methyl	7.42	7.76	10.76	5.56	15.91	10.50	18.77	8.27	13.47
17:0 iso 3OH	-	0.61	0.40	-	0.12	0.09	0.18	0.27	0.09
17:0 2OH	0.21	0.40	0.31	0.12	-	-	0.31	0.18	-
19:0	-	-	0.20	0.38	0.08	-	0.10	0.08	-
19:0 iso	0.63	1.09	0.92	-	0.89	0.54	0.72	0.95	0.57
19:0 cyclo ω8*c*	44.88	14.05	15.04	18.03	36.62	32.94	17.14	33.00	41.75
18:0 3OH	-	0.24	-	0.82	-	0.04	0.29	-	-
20:2 ω6,9*c*	1.37	3.65	3.16	1.06	2.68	1.55	2.95	1.24	1.19
20:1 ω7*c*	0.25	0.35	1.01	0.17	0.51	0.58	0.28	0.65	0.56
Summed Feature 1	0.19	1.33	2.21	0.14	0.36	0.28	0.74	0.83	0.10
Summed Feature 3	1.11	1.63	2.62	1.02	0.67	0.54	1.17	1.17	1.22
Summed Feature 6	-	0.23	0.30	-	-	-	0.18	-	0.08
Summed Feature 7	0.46	0.83	0.18	0.37	0.69	0.58	0.67	0.50	0.33
Summed Feature 8	14.89	12.42	12.29	47.96	7.88	19.78	13.70	15.77	11.42

Summed Feature 1 包括 15:1 iso H/13:0 3OH 或 13:0 3OH/15:1 iso H;Summed Feature 3 包括 16:1 ω7*c*/16:1 ω6*c* 或 16:1 ω6*c*/16:1 ω7*c*;Summed Feature 6 包括 19:1 ω11*c*/19:1 ω9*c* 或 19:1 ω9*c*/19:1 ω11*c*;Summed Feature 7 包括 19:1 ω6*c*/ω7*c*/19cy 或 19:1 ω6c/ω7*c*/19cy;Summed Feature 8 包括 18:1 ω7*c* 或 17:1 iso ω9*c*.

注:1—*M. muleiense* sp. nov. CCBAU 83963^T;2—*M. temperatum* SDW 018^T;3—*M. mediterraneum* USDA 3392^T;4—*M. robiniae* CCNWYC 115^T;5—*M. caraganae* CCBAU 11299^T;6—*M. gobiense* CCBAU 83330^T; 7—*M. tarimense* CCBAU 83306^T; 8—*M. metallidurans* LMG 24485^T;9—*M. tianshanense* CCBAU 3306^T。

七、代表菌株的极性脂鉴定结果与分析

从图 3 - 5 中得到，菌株 CCBAU 83963^{T}含有磷脂酰胆碱、磷脂酰乙醇胺和磷脂酰甘油作为其主要的极性脂组成成分，同时还含有磷脂酰 - N - 二甲基乙醇胺、含鸟氨酸的脂质和磷脂作为其少量的组成成分。当选用茚三酮作为显色剂，并在 100 ℃下加热 5 min 后检测，发现磷脂酰乙醇胺和含鸟氨酸的脂质是主要的两种氨基脂，同时在该菌株中未发现糖脂。

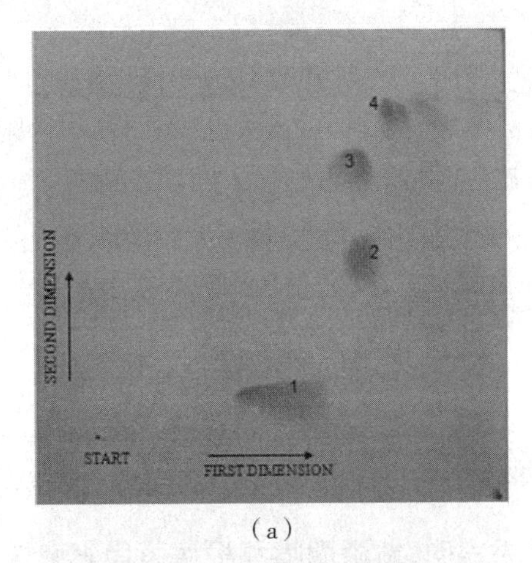

(a)

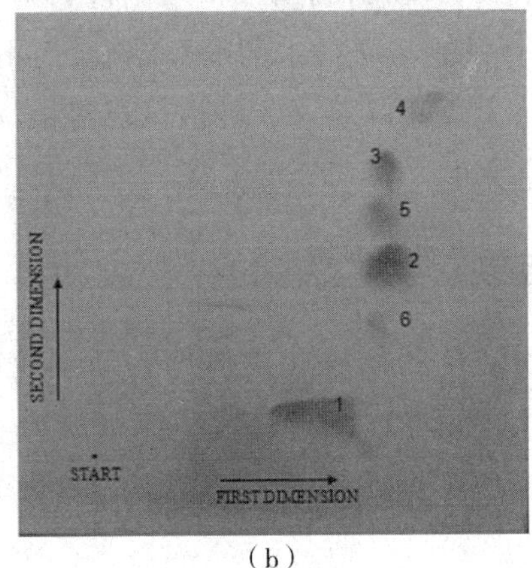

(b)

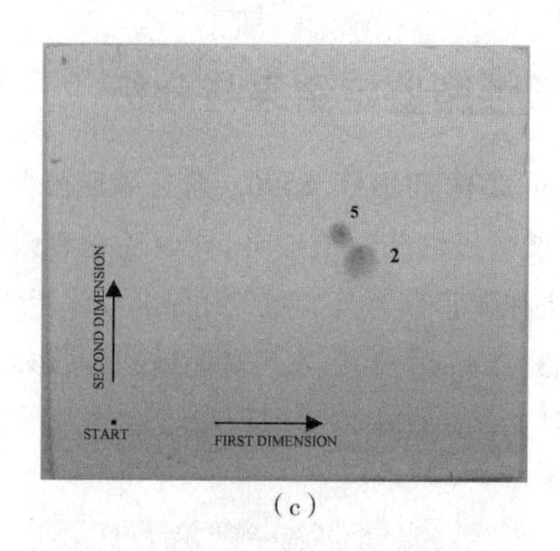

(c)

图 3－5 双相薄层层析分离极性脂

注：(a) 极性脂标准品的混合物；(b) 从菌株 CCBAU 83963^{T}内提取得到的极性脂；(c) 双相薄层层析分离氨基脂，显色剂是茚三酮试剂，在 100 ℃下加热 5 min。

1—磷脂酰胆碱(PC)；2—磷脂酰乙醇胺(PE)；3—磷脂酰甘油(PG)；4—磷脂 (PL)；5—含鸟氨酸的脂质(OL)；6—磷脂酰－N－二甲基乙醇胺。5 号和 6 号是通过与 *M. huakuii* IFO 15243^{T}的色谱结果比较鉴定出来的。

八、交叉结瘤试验结果

交叉结瘤试验结果表明，新疆鹰嘴豆根瘤菌代表菌株 CCBAU 83963^{T}在实验室的光照培养条件下，只能与原宿主鹰嘴豆结瘤，而不能与苜蓿、三叶草、豌豆、蚕豆、菜豆、紫云英、大豆和豇豆这 8 种供试豆科植物结瘤。这反映了鹰嘴豆根瘤菌高度的宿主专一性。

九、革兰氏染色结果

如图 3－6 所示，粉红色的小棒状物体即为新疆鹰嘴豆根瘤菌代表菌株 CCBAU 83963^{T}经过革兰氏染色后的图片，菌体被放大了 1 000 倍，大小约为 0.91~2.40 μm×0.46~0.61 μm，在视野中呈现红色，为革兰氏阴性，杆状。

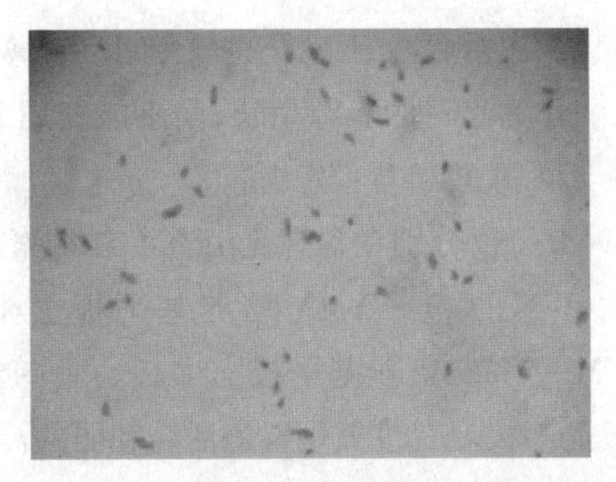

图 3-6 CCBAU 83963^{T}的革兰氏染色结果

第四节 结论

根据 BOX 指纹图谱分析、16S rRNA、*atpD*、*recA* 和 *glnⅡ* 基因及 3 个持家基因合并序列(*atpD - recA - glnⅡ*)的系统发育分析、数值分类分析、脂肪酸种类分析、极性脂含量的测定以及 DNA 同源性分析的结果,得出该新种群具备中慢生根瘤菌属共有的特征,但是又区别于中慢生根瘤菌属内的已知种,所以它们代表中慢生根瘤菌属的一个新种的结论。因为这些菌株都分离自新疆的木垒县及周边,而木垒县鹰嘴豆又被国家质量监督检验检疫总局批准为"地理标志产品"加以保护,所以,将新种命名为木垒中慢生根瘤菌(*Mesorhizobium muleiense*),模式菌株为 CCBAU 83963^T(= HAMBI 3264^T = CGMCC 1.11022^T)。

该菌为革兰氏阴性,需氧,长杆状,可以运动,不产芽孢,显微镜观察菌体大小为 0.91 ~ 2.40 μm × 0.46 ~ 0.61 μm。该种菌株在 M - YMA 培养基平板上 28 ℃培养 10 ~ 15 天后,能产生圆形、凸起、白色、不透明、直径约 1 ~ 2 mm 的单菌落,产酸,不能在 4 ℃、10 ℃和 37 ℃下生长。该菌可以在 pH 值为 6 ~ 9 的 M - YMA 培养基平板上生长(最适 pH 值为 6 ~ 8),不能在 pH 值大于等于 10 的条件下生长。

代表菌株 CCBAU 83963^{T}可以利用 D - 阿拉伯糖、D - 阿拉伯糖酶、菊糖、内消旋赤藓醇、D - 半乳糖、无水葡萄糖、D - 果糖、D - 甘露糖、L - 鼠李糖、D - 核糖、乙酸钠、山梨糖醇、蔗糖、海藻糖、D - 木糖和 L - 脯氨酸作为唯一的碳源生长,而不能利用 D - 松三糖和己二酸。同时该代表菌株可以利用 L - 精氨酸、

L－胱氨酸、DL－丙氨酸、次黄嘌呤、L－异亮氨酸、L－赖氨酸、L－缬氨酸、L－甲硫氨酸和L－苏氨酸作为唯一的氮源生长，而不能利用L－天冬氨酸、D－谷氨酸、L－谷氨酸、L－苯丙氨酸和D－苏氨酸。

同时 CCBAU 83963^{T}可以分别在含有5 μg/mL新霉素、硫酸卡那霉素、庆大霉素、氯霉素或者四环素的M－YMA培养基平板上生长，并且能在含有300 μg/mL红霉素的M－YMA培养基平板上生长。能在含有0.1%刚果红的M－YMA培养基平板上生长。有过氧化氢酶活性和弱的淀粉酶活性，没有氧化酶活性，不能还原硝酸盐。不产H_2S，V－P试验结果为阴性。不能利用肉汤培养基生长，而且不能在NaCl浓度不小于1%的M－YMA培养基平板上生长。

代表菌株不同于已知种，不仅以18:1 ω9c、18:1 ω7c 11－methyl、20:2 ω6,9*c*和summed feature 3(16:1 ω7*c*/16:1 ω6*c*或16:1 ω6*c*/16:1 ω7*c*)作为其含量较高的4种脂肪酸，且19:0 cyclo *ω*8*c*(44.88%)和17:0 iso(3.62%)脂肪酸含量很高，不同于已知种。

代表菌株含有磷脂酰胆碱、磷脂酰乙醇胺和磷脂酰甘油作为其主要的极性脂组成成分，同时还含有磷脂酰－N－二甲基乙醇胺、含鸟氨酸的脂质和磷脂作为其少量的极性脂组成成分，但是不含糖脂。

第四章　中国新疆鹰嘴豆根瘤菌自然进化与竞争结瘤试验分析

2009 年,笔者对我国新疆鹰嘴豆主产区木垒县和奇台县的鹰嘴豆根瘤样品和土壤样品进行采集,然后对其进行多样性分析、菌种的鉴定以及土壤理化性质的测定等,结果发现,新疆鹰嘴豆根瘤菌属于唯一的种群,命名为木垒中慢生根瘤菌,但是并未发现国外报道研究较多的与鹰嘴豆共生的两个已知种 *M. mediterraneum* 和 *M. ciceri*,也未发现来自 *Rhizobium* 和 *Sinorhizobium* 两个属的菌株。2013 年,笔者再次来到新疆,通过 GPS 定位,找到首次采样的地点,并重新采集当地的鹰嘴豆根瘤和土壤样品,一方面是为了分析 4 年后土壤中的鹰嘴豆根瘤菌是否发生了自然变化,以及可能发现除了 *M. muleiense* 外,还有其他的新疆鹰嘴豆根瘤菌种群存在;另一方面是为了获取土壤样品,比较已知的两个鹰嘴豆共生种 *M. mediterraneum* 和 *M. ciceri* 与 *M. muleiense* 在新疆土壤理化条件下的生态适应性和竞争结瘤情况。

第一节　试验材料

一、根瘤和土壤样品

2013 年 7 月 3 日,于新疆昌吉回族自治州木垒县的英格堡乡和西吉尔镇、奇台县老奇台镇的双大门村和洪水坝村的鹰嘴豆种植区 4 年前采样的地点,在周边另一块豆田取样(由于轮作方式,原来的豆田今年种了大麦)。从每个采样点的土壤中各挖出5棵鹰嘴豆植株,用自来水冲洗掉根表的泥土,然后用解剖刀将健康完整的根瘤从鹰嘴豆根部剥离,为保证根瘤完整且不破损,剥离根瘤时要带上少许的根表皮,将采集的根瘤样品暂时在放有变色硅胶粒及滤纸片的1.5 mL离心管中常温保存。采样过程中,如果发现硅胶变色,则应将根瘤换到新的管中。同时采集根区的土壤样品,同一个采样点的5个土壤样品混匀在一起,作为该采样点的土壤样品。

二、培养基

YMA培养基:称取10 g甘露醇,3 g酵母粉,0.25 g KH_2PO_4,0.25 g K_2HPO_4,0.1 g无水$MgSO_4$,0.1 g NaCl,18 g琼脂粉并溶于1 000 mL去离子水中(pH=6.8~7.2),然后15磅灭菌30 min。

M-YMA培养基:称取10 g甘露醇,0.5 g谷氨酸钠,0.5 g K_2HPO_4,0.1 g无水$MgSO_4$,0.05 g NaCl,0.04 g $CaCl_2$,0.04 g $FeCl_3$,1 g酵母粉,18 g琼脂粉并溶于1 000 mL去离子水中(pH=6.8~7.2),然后15磅灭菌30 min。

TY培养基:称取3 g酵母粉,0.7 g $CaCl_2 \cdot 2H_2O$,5 g胰蛋白胨并溶于1 000 mL去离子水中(pH=6.8~7.2),然后15磅灭菌30 min。

三、试验试剂

生理盐水(0.8%):称取0.8 g NaCl并溶于100 mL去离子水中,然后15磅灭菌30 min。

升汞溶液(0.2%):称取0.2 g $HgCl_2$并溶于100 mL去离子水中。

提取DNA用的GUTC提取溶液:4 mmol/L Guanidine thiocyanate(异硫氰酸胍),40 mmol/L Tris-HCl(pH=7.5),5 mmol/L CDTA(反式-1,2-环己二胺四乙酸,trans-1,2-cyclohexanediaminetetraacetic acid)。

GUTC洗涤缓冲液:60%乙醇,20 mmol/L Tris-HCl(pH=7.5),1 mmol/L EDTA,400 mmol/L NaCl。

TE缓冲液:10 mmol/L Tris-HCl(pH=7.6),1 mmol/L EDTA(pH=8.0)。

硅藻土悬液:向硅藻土中加入TE缓冲液洗涤,之后去除缓冲液再重复洗涤两次,最终硅藻土与TE缓冲液以1:1混合备用。

5 × TBE：称取 54.0 g Tris，27.5 g 硼酸，20 mL 0.5 mol/L EDTA（pH = 7.9）并加入去离子水中定容至 1 L。

微量元素储备液：称取 0.22 g $ZnSO_4$，1.81 g $MnSO_4$，2.86 g H_3BO_3，0.8 g $CuSO_4 \cdot 5H_2O$，0.02 g H_2MoO_4 并加入去离子水中定容至 1 L，然后 15 磅灭菌 30 min。

植物低氮营养液：称取 0.03 g $Ca(NO_3)_2$，0.46 g $CaSO_4$，0.075 g KCl，0.06 g $MgSO_4 \cdot 7H_2O$，0.136 g K_2HPO_4，0.075 g 柠檬酸铁，1 mL 微量元素并加入去离子水中定容至 1 L，然后 15 磅灭菌 30 min。

1 × TES 缓冲液：5 mmol/L EDTA – Na_2，50 mmol/L NaCl，50 mmol/L Tris – HCl（pH = 8.0 ~ 8.2）。

3 mol/L NaAc – 1 mmol/L EDTA – Na_2（pH = 7.0）。

5 mol/L $NaClO_4$。

20% SDS。

10 × SSC 缓冲溶液：0.15 mol/L 柠檬酸钠，1.5 mol/L NaCl（pH = 7.0）。

溶菌酶：配制 50 mg/mL 溶菌酶溶液，通过过滤除菌后小量分装并贮存在 –20 ℃冰箱内备用。

蛋白酶 K：将蛋白酶 K 溶于 0.1 mol/L EDTA（pH = 8.0），0.05 mol/L NaCl 溶液内，得到 20 mg/mL 的溶液，贮存在 –20 ℃冰箱内备用。

苯酚∶氯仿∶异戊醇（P∶C∶I）= 25∶24∶1。

氯仿∶异戊醇（C∶I）= 24∶1。

RNase：将 RNase 溶解于含 15 mmol/L NaCl，10 mmol/L Tris – HCl（pH = 7.5）的溶液中，然后在 100 ℃保温 15 min，并缓慢冷却至室温后小量分装，贮存在 –20 ℃冰箱中备用。

第二节　试验方法

一、田间重采集根瘤的分析

（一）重采集根瘤的分离与纯化

取出失水鹰嘴豆根瘤，用无菌水洗干净，然后在 4 ℃条件下将失水干瘪的根瘤浸泡在生理盐水内，直至完全膨胀。将膨胀后的根瘤转移到含95%乙醇的小烧杯内浸泡30 s，然后移除乙醇并加入0.2%的升汞溶液确保覆盖所有的根瘤，消毒时间为5 min，之后移除升汞溶液，并用无菌水洗涤消过毒的根瘤7次，保留最后一次的洗涤水用于YMA培养基平板涂布检测根瘤消毒彻底与否。用无菌的镊子将单个的消毒洗涤的根瘤转移到无菌的离心管内，并用无菌枪头捣碎根瘤，直接用该枪头在YMA培养基平板上采用三线法划线，并在平板上做好根瘤来源的标记及分离菌的编号。最后，将YMA培养基平板在28 ℃恒温培养箱内倒置培养，每日观察，直至长出单菌落，在此时挑取单菌落并在一块新的YMA培养基平板上划线纯化，继续在恒温培养箱中倒置培养，待在平板上再次长出单菌落时，挑取一个单菌落并进行革兰氏染色和显微镜检查，对于镜检合格的菌株一持两份保存，一份与20%甘油混合并长期保存于-80 ℃冰箱中；另一份则保存于YMA培养基试管斜面上，用于4 ℃短期保存和日常接种使用。

（二）菌落持家基因 *recA* 的PCR扩增及其序列的测定

1. PCR引物

正向引物 *recA* 41F：5' - TTC GGC AAG GGM TCG RTS ATG - 3'。

反向引物 *recA* 640R：5' - ACA TSA CRC CGA TCT TCA TGC - 3'。

2. PCR反应体系

2 × *Taq* PCR StarMix with Loading Dye	25.0 μL
recA 41F(10 μmol/L)	1.0 μL
recA 640R(10 μmol/L)	1.0 μL
ddH_2O	23.0 μL
单菌落	添加少许
	50 μL

3. PCR 反应程序

95 ℃	5 min	
94 ℃	1 min	30 个循环
56 ~ 57 ℃	1 min	
72 ℃	1 min	
72 ℃	6 min	

4. PCR 结果的检测与测序

首先在琼脂糖凝胶上检测 PCR 结果的质量，将合格的 PCR 产物连同正向 PCR 引物 41F 送去单向测序。

5. *recA* 序列的系统发育分析

首先，进行单个持家基因的序列处理，其次做 BLASTn 在线序列同源比对，在 GenBank 数据库内下载与提交序列相似度较高的 16S rRNA 基因序列，在文本文档中保存为 FASTA 格式。然后选用 MEGA 7.0 软件上的 Clustal W 功能进行序列比对，选用 Kimura - 2 模型计算序列距离矩阵的系数并用邻接法构建目的序列的系统发育树，bootstrap 值设为 1 000。

二、温室条件下重采集土壤样品中鹰嘴豆根瘤菌的捕捉与分析

(一)土样的处理

对采自英格堡乡、西吉尔镇、老奇台镇的双大门村和洪水坝村的 4 个土壤样品进行处理。首先，捡出其中的秸秆残留、杂草、小石块等杂物，然后使用 75% 乙醇擦拭过的空玻璃瓶在一块干净的塑料布上碾碎其中的土块，使土样整体呈细碎无杂物的状态，备用。

(二)蛭石的准备与灭菌

用 1 × 植物低氮营养液拌匀蛭石，以攥在手中有液滴渗出但不往下滴水，松手后蛭石缓慢散开为宜。然后将拌好的蛭石填装于玻璃回接管中，装入蛭石的量以顶端离管口 10 ~ 15 cm 为宜，用封口膜封闭管口。最后，15 磅灭菌 2 h，并间歇灭菌两次以达到蛭石彻底灭菌的目的。

（三）种植鹰嘴豆用双层钵的准备

取罐头瓶盛约2/3体积的去离子水，用封口膜封口后，送至生物学院灭菌室湿热灭菌(121 ℃,30 min)备用，作为双层钵结构的供水底座；将透明的塑料水杯底部钻孔，并塞入剪好的纱布条，装入黑色塑料袋内，封口并湿热灭菌备用，用来盛装土样并作为双层钵结构的上层，同时用来种植植物；在超净工作台内将灭菌的蛭石盛装于5个灭菌的杯子内，以盛满杯子体积的4/5为宜，放入含无菌去离子水的罐头瓶底座上，封口备用，作为5个重复的阴性对照；将灭菌的蛭石与准备好的4个土壤样品分别在一个灭菌的空塑料袋内以体积比约1:1的比例混匀，在超净工作台内分别装入双层钵上层灭菌的杯子内，以盛满杯子体积的4/5为宜，然后直接放入含无菌去离子水的罐头瓶底座上，封口备用，每个拌蛭石的土样装5个双层钵。

（四）鹰嘴豆种子的消毒、萌发与移种

选取新疆鹰嘴豆的主要种植品种之一迪西作为回接试验的宿主，挑取大小一致、籽粒饱满且无破损的种子统一进行消毒和萌发处理。首先，用无菌水洗净鹰嘴豆种子，然后用95%乙醇浸泡30 s，移除乙醇并加入0.2%升汞溶液消毒5 min，移除升汞溶液并用无菌水洗涤鹰嘴豆种子7次，保留最后一次的洗涤水，涂布到YMA培养基平板上用以检测种子消毒是否彻底。用无菌的镊子将消毒后的鹰嘴豆种子小心地排放到事先准备好的0.8%水琼脂平板上，然后置于28 ℃恒温培养箱内，并用黑色塑料袋覆盖以维持黑暗条件萌发种子。待鹰嘴豆种子长出大约1 cm长的根部之后，在超净工作台内，先打开双层钵的封口膜，然后用无菌的镊子在土样或者蛭石上挖出小坑，深约1.5～2 cm，用另一个无菌镊子将一粒萌发的鹰嘴豆种子根部朝下轻轻放入坑内，并用挖土样的镊子轻轻在种子上边覆土或者蛭石，用封口膜密封。以先种盛纯蛭石的5个阴性对照为宜。

（五）鹰嘴豆的生长与管理

将种好鹰嘴豆的双层钵放入光照室内，以25 ℃光照16 h和20 ℃黑暗8 h的光照周期培养，3天后待鹰嘴豆的芽体顶到封口膜时，用小眼剪轻轻将封口膜十字形状剪开，以免损伤芽体。生长期间持续观察底座罐头瓶内的水位，发现水量少的时候，及时补充无菌去离子水。

（六）鹰嘴豆根瘤的收集

待鹰嘴豆在光照室生长 35 天（7 月 26 日~9 月 1 日）后，将双层钵从光照室内取出，移去封口膜和底座，轻轻将杯子内的蛭石或土样连同鹰嘴豆植株一起取出，并放入盛水的桶内，让土壤或者蛭石自然脱落，避免用力拉扯植株造成根瘤的损失。然后，根部用自来水再次冲洗干净，用吸水纸拭去根上的水分，把健康完整的根瘤从根部剥离，为保证根瘤完好无缺，剥离根瘤时带上少许的根表皮或者根毛，并用小镊子夹取放入无菌的含变色硅胶粒的 1.5 mL 离心管内，每个土壤处理的根瘤收集放入同一个离心管内。

（七）鹰嘴豆根瘤菌的分离与纯化

取出保存于含变色硅胶离心管内的失水鹰嘴豆根瘤，用无菌水洗干净，然后在 4 ℃条件下将失水干瘪的根瘤浸泡在生理盐水内，直至完全膨胀。将膨胀后的根瘤转移到含 95% 乙醇的小烧杯内浸泡 30 s，移除乙醇并加入 0.2% 的升汞溶液确保覆盖所有的根瘤，消毒时间为 5 min，之后移除升汞溶液，并用无菌水洗涤消过毒的根瘤 7 次，保留最后一次的洗涤水用于 YMA 培养基平板涂布检测根瘤消毒彻底与否，其中每个土样处理分离 15 个根瘤划到 YMA 培养基平板上。用无菌的镊子将单个消毒洗涤的根瘤转移到无菌的离心管内，并用无菌枪头捣碎根瘤，直接用该枪头在 YMA 培养基平板上采用三线法划线，并在平板上做好根瘤来源的标记及分离菌的编号。最后，将 YMA 培养基平板在 28 ℃恒温培养箱内倒置培养，每日观察，直至长出单菌落，在此时挑取单菌落并在一块新的 YMA 培养基平板上划线纯化，继续在恒温培养箱中倒置培养，待在平板上再次长出单菌落时，挑取一个单菌落并进行革兰氏染色和显微镜检查，对于镜检合格的菌株一持两份保存，一份与 20% 甘油混合并长期保存于 -80 ℃冰箱中；另一份则保存于 YMA 培养基试管斜面上，用于 4 ℃短期保存和日常接种使用。

（八）持家基因 *recA* 的 PCR 扩增及其序列的测定

每个土样处理选取 10 株左右分离得到的根瘤菌进行持家基因的 PCR 扩增和测序。

1. PCR 引物

正向引物 *recA* 41F：5’-TTC GGC AAG GGM TCG RTS ATG-3’。

反向引物 *recA* 640R:5' - ACA TSA CRC CGA TCT TCA TGC - 3'。

2. PCR 反应体系

2 × *Taq* PCR StarMix with Loading Dye	25.0 μL
recA 41F(10 μmol/L)	1.0 μL
recA 640R(10 μmol/L)	1.0 μL
ddH_2O	23.0 μL
单菌落	添加少许
	50 μL

3. PCR 反应程序

95 ℃	5 min	
94 ℃	1 min	30 个循环
56 ~ 57 ℃	1 min	30 个循环
72 ℃	1 min	30 个循环
72 ℃	6 min	

4. PCR 结果的检测与测序

首先在琼脂糖凝胶上检测 PCR 结果的质量,将合格的 PCR 产物连同正向 PCR 引物 41F 送去单向测序。

(九) *recA* 序列的系统发育分析

首先,进行单个持家基因的序列处理,其次做 BLASTn 在线序列同源比对,在 GenBank 数据库内下载与提交序列相似度较高的 16S rRNA 基因序列,在文本文档中保存为 FASTA 格式。然后选用 MEGA 7.0 软件上的 Clustal W 功能进行序列比对,选用 Kimura - 2 模型计算序列距离矩阵的系数并用邻接法构建目的序列的系统发育树,bootstrap 值设为 1 000。

三、鹰嘴豆根瘤菌的生态适应性与竞争结瘤试验

(一) 土壤样品的处理及理化性质的测定

对采自英格堡乡、西吉尔镇、老奇台镇的双大门村和洪水坝村的 4 个土壤

样品进行处理。首先，捡出其中的秸秆残留、杂草、小石块等杂物，然后使用75%乙醇擦拭过的空玻璃瓶在一块干净的塑料布上碾碎其中的土块，使土样整体呈细碎无杂物的状态，备用。然后每个土样取出约7.5 kg，装入黑色塑料袋内，封口扎紧后，再装入第二个黑色塑料袋内，再次扎紧袋子口，并标记好土样的采样地点。然后将4个土样共30 kg送出进行伽马射线照射灭菌处理，土样最小射线吸收剂量为13.0 kGy，带回实验室后封闭备用。

各个采样点的土壤分别自然风干后，碾成碎末并过2 mm的筛子，将其送至北京市农林科学院植物营养与资源研究所测定土壤相关的生理生化指标：全氮、有效磷、有效钾、有机质含量、电导率及pH值等。

（二）蛭石的准备与灭菌

用1×植物低氮营养液拌匀蛭石，以攥在手中有液滴渗出但不往下滴水，松手后蛭石缓慢散开为宜。然后将拌好的蛭石填装于玻璃回接管中，装入蛭石的量以顶端离管口10～15 cm为宜，用封口膜封闭管口。最后，15磅灭菌2 h，并间歇灭菌两次以达到蛭石彻底灭菌的目的。

（三）试验用双层钵的准备

取罐头瓶盛约2/3体积的去离子水，用封口膜封口后，送至生物学院灭菌室湿热灭菌（121 ℃，30 min）备用，作为双层钵结构的供水底座；将透明的塑料水杯底部钻孔，并塞入剪好的纱布条，装入黑色塑料袋内，封口并湿热灭菌备用，用来盛装土样并作为双层钵结构的上层，同时用来种植植物；对于经过灭菌处理的4个土样，在与蛭石进行1∶1混匀时，要求无菌条件，即在超净工作台内进行，拌匀过程中，要配戴无菌手套，将灭菌的蛭石盛装于5个灭菌的杯子内，以盛满杯子体积的4/5为宜，放入含无菌去离子水的罐头瓶底座上，封口备用，作为5个重复的阴性对照；将灭菌的蛭石与准备好的4个土壤样品分别在一个灭菌的空塑料袋内以体积比约1∶1的比例混匀，在超净工作台内分别装入双层钵上层灭菌的杯子内，以盛满杯子体积的4/5为宜，然后直接放入含无菌去离子水的罐头瓶底座上，封口备用。

（四）试验用菌株的活化与验证

从－80 ℃冷冻干燥保藏的菌库中分别将菌株*M. muleiense* CCBAU 83963^{T}、*M. mediterraneum* USDA 3392^{T}和*M. ciceri* USDA 3378^{T}在M－YMA培养基平板

上活化，并在28 ℃恒温培养箱内培养大约7~10天，取单菌落PCR扩增*recA*基因并送测序，通过BLASTn比对和用MEGA 7.0软件与中慢生根瘤菌属的所有已知*recA*基因序列比对以及遗传距离分析验证所用菌株的正确性。

(五)试验用菌株的培养

对3株菌株进行5 mL小体积种子液的发酵培养，待达到对数生长期后，将5 mL种子液接入100 mL新鲜的M-YMA液体培养基中，然后在28 ℃恒温摇床上以180 r/min的转速振荡培养至OD_{600}=0.8~1.0。

(六)鹰嘴豆种子的消毒与萌发

选取新疆鹰嘴豆的主要种植品种之一迪西作为回接试验的宿主，挑取大小一致、籽粒饱满且无破损的种子统一进行消毒和萌发处理。首先，用无菌水洗净鹰嘴豆种子，然后用95%乙醇浸泡30 s，移除乙醇并加入0.2%升汞溶液消毒5 min，移除升汞溶液并用无菌水洗涤鹰嘴豆种子7次，保留最后一次的洗涤水，涂布到YMA培养基平板上用以检测种子消毒是否彻底。用无菌的镊子将消毒后的鹰嘴豆种子小心地排放到事先准备好的0.8%水琼脂平板上，然后置于28 ℃恒温培养箱内，并用黑色塑料袋覆盖以维持黑暗条件萌发种子。

(七)萌发后种子的移种和根瘤菌的接种

待鹰嘴豆种子长出大约1 cm长的根部之后，在超净工作台内，先打开双层钵的封口膜，然后用无菌的镊子在土样或者蛭石上挖出小坑，深约1.5~2 cm，用另一个无菌镊子将一粒萌发的鹰嘴豆种子根部朝下轻轻放入坑内，并用挖土样的镊子轻轻在种子上边覆土或者蛭石，用封口膜密封。以先种盛纯蛭石的5个阴性对照为宜。根瘤菌接种前，全部在分光光度计上测定OD_{600}，使用新鲜灭菌的M-YMA液体培养基稀释调整3株菌株的吸光值约为1.0。根瘤菌接种处理编号如下：0为阴性不接菌对照；①为菌株(1)*M. muleiense* CCBAU 83963^{T}单接种；②为菌株(2)*M. ciceri* USDA 3378^{T}单接种；③为菌株(3)*M. mediterraneum* USDA 3392^{T}单接种；④为菌株(1)和(2)混合接种；⑤为菌株(1)和(3)混合接种；⑥为菌株(2)和(3)混合接种；⑦为菌株(1)、(2)和(3)混合接种。栽培用介质共经过9种不同的处理，经伽马射线灭菌后的4个土壤样品分别是A.木垒县英格堡乡、B.奇台县老奇台镇洪水坝村、C.奇台县老奇台镇双大门村和D.木垒县西吉尔镇；而未处理的以上4个土壤样品依次编号为a、b、c、d。为防止盆栽时土壤板结,所有土壤样品均与灭菌的蛭石1∶1混合后使用,另加1个灭菌蛭石处理,一共8×9=72个处理。所有处理均做5个重复,单接种①、②和③,每株菌接入菌液1 mL;两菌混合接种处理④、⑤和⑥,每株菌接入菌液0.5 mL;三菌混合接种处理⑦则每株菌接入菌液0.333 mL,总之,保证总接菌量为1 mL。

(八)鹰嘴豆的生长与管理

将种好鹰嘴豆的双层钵放入光照室内,以25 ℃光照16 h和20 ℃黑暗8 h的光照周期培养,3天后待鹰嘴豆的芽体顶到封口膜时,用小眼剪轻轻将封口膜十字形状剪开,以免损伤芽体。生长期间持续观察底座罐头瓶内的水位,发现水量少的时候,及时补充无菌去离子水。

(九)鹰嘴豆根瘤的收集

待鹰嘴豆在光照室生长35天后,将双层钵从光照室内取出,移去封口膜和底座,轻轻将杯子内的蛭石或土样连同鹰嘴豆植株一起取出,并放入盛水的桶内,让土壤或者蛭石自然脱落,避免用力拉扯植株造成根瘤的损失。然后,根部用自来水再次冲洗干净,用吸水纸拭去根上的水分,把健康完整的根瘤从根部剥离,为保证根瘤完好无缺,剥离根瘤时带上少许的根表皮或者根毛,并用小镊子夹取放入无菌的含变色硅胶粒的1.5 mL离心管内,每个土壤处理的根瘤收集放入同一个离心管内。每个处理从5个重复中共收集20个根瘤左右,放入1.5 mL的离心管中暂存。

(十)鹰嘴豆根瘤菌的分离与纯化

取出保存于含变色硅胶离心管内的失水鹰嘴豆根瘤,用无菌水洗干净,然后在4 ℃条件下将失水干瘪的根瘤浸泡在生理盐水内,直至完全膨胀。将膨胀后的根瘤转移到含95%乙醇的小烧杯内浸泡30 s,移除乙醇并加入0.2%的升汞溶液确保覆盖所有的根瘤,消毒5 min之后移除升汞溶液,并用无菌水洗涤消过毒的根瘤7次,保留最后一次的洗涤水用于YMA培养基平板涂布检测根瘤消毒彻底与否。用无菌的镊子将单个经过消毒洗涤的根瘤转移到无菌的离心管内,并用无菌枪头捣碎根瘤,直接用该枪头在YMA培养基平板上采用三线法划线,并在平板上做好根瘤来源的标记及分离菌的编号。最后,将YMA培养基平板在28 ℃恒温培养箱内倒置培养,每日观察,直至长出单菌落,在此时挑取单菌落并在一块新的 YMA 培养基平板上划线纯化，继续在恒温培养箱中倒置培养，待在平板上再次长出单菌落时，挑取一个单菌落并进行革兰氏染色和显微镜检查，对于镜检合格的菌株一持两份保存，一份与 20% 甘油混合并长期保存于 -80 ℃冰箱中；另一份则保存于 YMA 培养基试管斜面上，用于 4 ℃短期保存和日常接种使用。

（十一）持家基因 *recA* 的 PCR 扩增及其序列的测定

每个土样处理选取 10 株左右分离得到的根瘤菌进行持家基因的 PCR 扩增和测序。在琼脂糖凝胶上检测 PCR 结果的质量，序列测定采用单向测序，即选用持家基因 *recA* 的正向 PCR 引物作为测序引物进行序列测定。

1. PCR 引物

正向引物 *recA* 41F：5' - TTC GGC AAG GGM TCG RTS ATG - 3'。

反向引物 *recA* 640R：5' - ACA TSA CRC CGA TCT TCA TGC - 3'。

2. PCR 反应体系

10 × PCR Buffer	5.0 μL
dNTP（10 mmol/L）	1.0 μL
recA 41F（10 μmol/L）	1.0 μL
recA 640R（10 μmol/L）	1.0 μL
Taq DNA 聚合酶（5 U/μL）	0.5 μL
模板 DNA（20 ~ 50 ng）	1.0 μL
ddH_2O	40.5 μL
	50 μL

3. PCR 反应程序

温度	时间	
95 ℃	5 min	
94 ℃	1 min	30 个循环
56 ~ 57 ℃	1 min	30 个循环
72 ℃	1 min	30 个循环
72 ℃	6 min	

(十二)*recA* 序列的系统发育分析及 3 株菌株接种根瘤菌占瘤率的计算

首先,进行单个持家基因的序列处理,其次做 BLASTn 在线序列同源比对,在 GenBank 数据库内下载与提交序列相似度较高的 16S rRNA 基因序列,在文本文档中保存为 FASTA 格式。然后选用 MEGA 7.0 软件上的 Clustal W 功能进行序列比对,选用 Kimura - 2 模型计算序列距离矩阵的系数并用邻接法构建目的序列的系统发育树,bootstrap 值设为 1 000。

占瘤率公式:某菌在某处理中的占瘤率 = 该处理中 *recA* 序列属于某菌的数量/该处理所测定 *recA* 序列的总数。

第三节　试验结果与分析

一、土壤样品理化性质测定的结果

从表 4 - 1 中可以看出,4 个大采样点的全氮、有机质和有效磷含量与 4 年前是相当的,但是有效钾的平均含量只是相当于 4 年前的约 20%,导致土壤电导率极大降低,可能是今年未施用钾肥的缘故。而土壤的 pH 值仍然保持着中等强度的碱性,这也正是当地土壤的基本性质。

表 4 - 1　新疆鹰嘴豆根瘤菌采样点土壤样品的生理生化指标测定结果

样品编号及采样点	土壤样品生理生化指标					
	全氮/($g \cdot kg^{-1}$)	有机质/($g \cdot kg^{-1}$)	有效磷/($mg \cdot kg^{-1}$)	有效钾/($mg \cdot kg^{-1}$)	电导率/($mS \cdot m^{-1}$)	pH
土样 a(英格堡)	1.40	20.5	13.6	69.6	2.01	8.46
土样 b(洪水坝)	1.01	14.2	19.7	65	8.72	8.58
土样 c(双大门)	0.714	11.5	13.0	43.8	8.00	8.66
土样 d(西吉尔)	0.733	9.68	9.1	52.6	7.86	9.16

注:检验数据以风干质量计。

二、田间重采集根瘤分离得到的根瘤菌 *recA* 的系统发育结果与分析

通过对田间重采集根瘤的分离和纯化，得到 30 株鹰嘴豆根瘤菌，PCR 扩增其中 11 株菌株的 *recA* 基因并测定其序列，用 MEGA 7.0 软件中的 Clustal W 功能进行比对后，用 NJ 法建立系统发育树，结果如图 4 - 1 所示。重采集分离的鹰嘴豆根瘤菌与图 2 - 4(b) 中 4 年前的 *recA* 聚类分析结果一致，共分为 4 个小群，并且与 4 年前的 5 个代表菌株 CCBAU 83939、CCBAU 83908、CCBAU 83963 和 CCBAU 83979 与 CCBAU 831015 分别聚群，即与 4 年前的 *recA* 基因类型完全一致。说明，尽管经过了 4 年的自然变化，新疆鹰嘴豆根瘤菌的种群却保持着较好的 *recA* 基因的遗传进化稳定性，依然全部归属于唯一的种，即 *M. muleiense*。可以推测，*M. muleiense* 在长期适应新疆鹰嘴豆种植环境以及与鹰嘴豆长期相互适应、相互选择过程中种群基本保持了相对的稳定，属于土著的优势鹰嘴豆根瘤菌种群。

三、温室土样捕捉到的根瘤菌 *recA* 的系统发育结果与分析

对温室条件下捕捉到的鹰嘴豆根瘤菌，首先 PCR 扩增并测定其 *recA* 序列，经过 MEGA 7.0 软件中的 Clustal W 功能进行比对后，采用 NJ 法建立系统发育树，结果如图 4 - 2 所示，从 4 个采样点的土样中捕捉到的鹰嘴豆根瘤菌的 *recA* 序列与图2 - 4(b) 中 4 年前的 5 个代表菌株中的 CCBAU 83908、CCBAU 83963 及 CCBAU 83979 和 CCBAU 831015 分别聚群，而没有菌株与 CCBAU 83939 聚类，然而菌株 a0_9 与 4 年前的代表菌株序列都不完全相同，且与 CCBAU 83963 的 *recA* 基因序列只有一个碱基的差异，相似度为 99.7%，但该碱基位点的变异并没有引起编码氨基酸序列的改变。该结果与田间重采集得到的结果的相同之处是，得到的鹰嘴豆根瘤菌依然属于唯一的种群 *M. muleiense*，但是不同的是，并没有捕捉到 4 年前 CCBAU 83939 *recA* 代表基因型的菌株，这也许是由于温室培养条件影响了鹰嘴豆对共生菌株的选择，与大田的自然选择有一定的差异。

四、3 株供试菌株的验证结果

经过 *recA* 基因测序和系统发育分析，3 株供试菌株分别与 *M. muleiense*

CCBAU 83963^T、*M. mediterraneum* USDA 3392^{T}和 *M. ciceri* USDA 3378^{T}的 *recA* 基因相同,表明 3 个供试菌株是准确无误的。

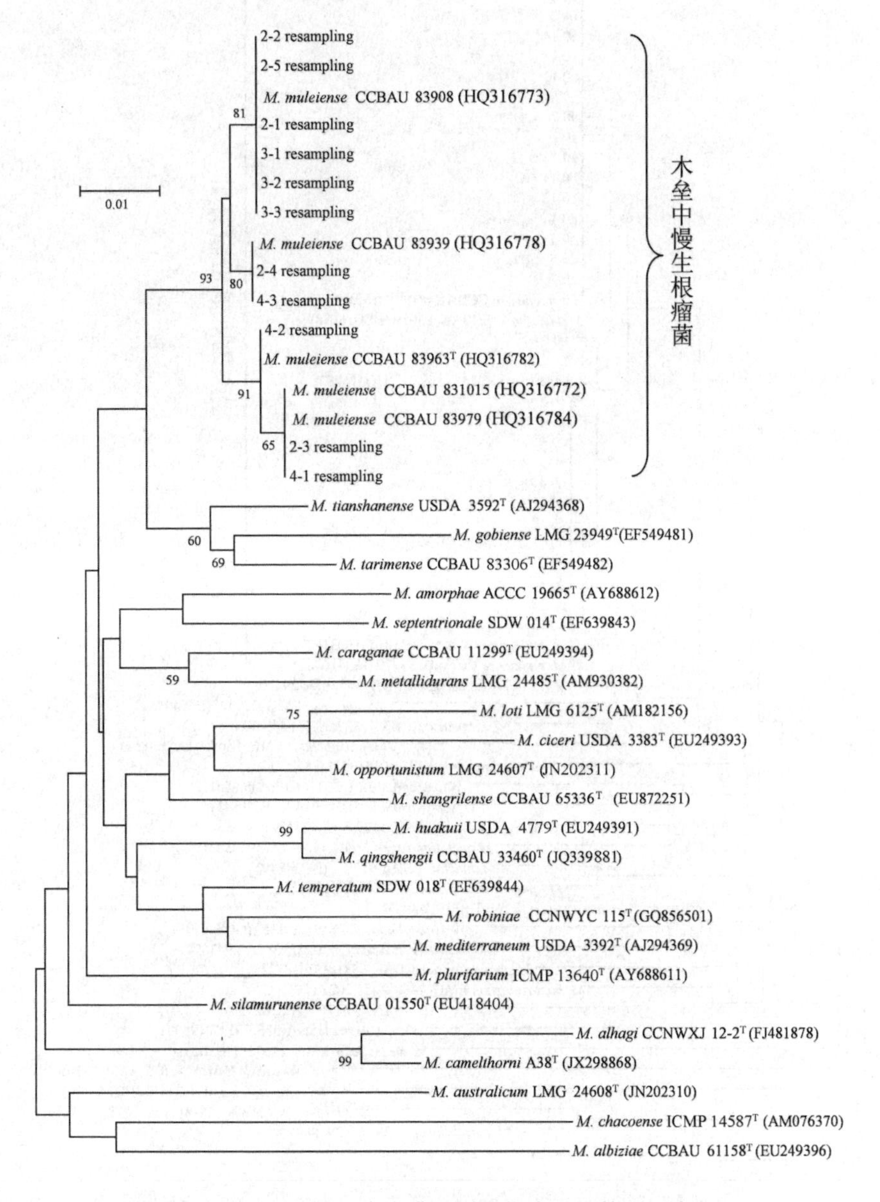

图 4-1　重采集分离鹰嘴豆根瘤菌的 *recA* 基因系统发育树

注:该系统发育树应用系统发育分析软件 MEGA 7.0,采用邻接法和 Kimura-2 参数模型,bootstrap 值设为 1 000。

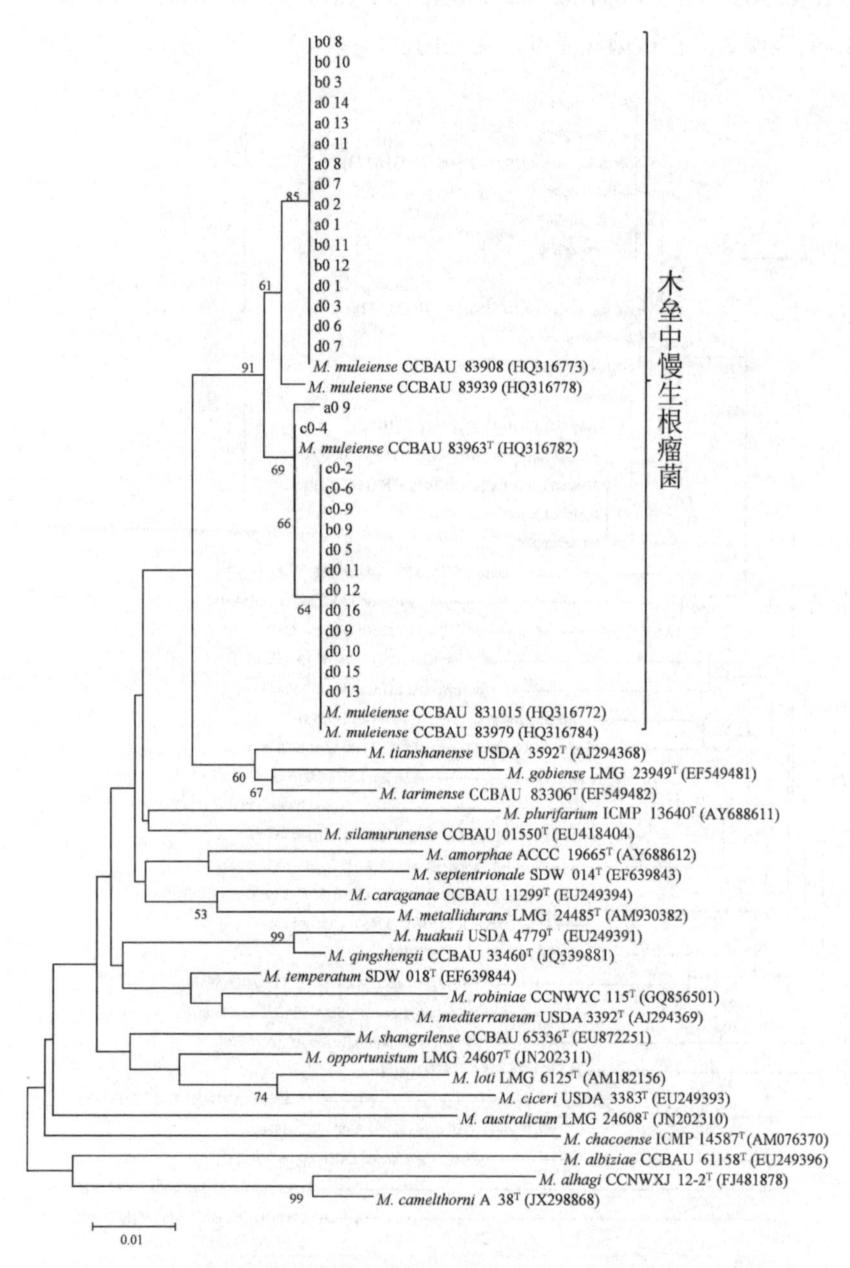

图4-2 从土壤捕捉到的鹰嘴豆根瘤菌的 *recA* 基因系统发育树

注:该系统发育树应用系统发育分析软件 MEGA 7.0,采用邻接法和 Kimura-2 参数模型,bootstrap 设值设为 1 000。

五、灭菌蛭石中根瘤菌与鹰嘴豆品种的匹配性分析

灭菌蛭石单接种情况下，3 株菌株都能较好地与鹰嘴豆共生结瘤，并且瘤多呈现粉红色，即为有效瘤，植株生长健壮，叶片呈现深绿色；而不接种的阴性对照则不结根瘤，且植株矮小，叶片发黄，如图 4 – 3 所示。

(a)　(b)

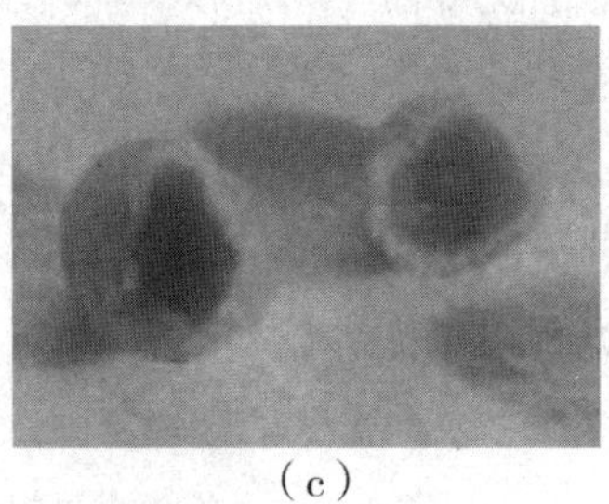
(c)

图 4 – 3　根瘤菌接种与否的鹰嘴豆植株生长情况及根瘤横切面

注：a：未接种的阴性对照；b：接种根瘤菌处理；c：根瘤横切面照片。

对各个单接种的处理各选取几个根瘤在 M – YMA 培养基平板上分离、纯化，其菌落呈现典型的根瘤菌形态；以所得菌落代替菌体 DNA 作模板，通过 PCR 扩增得到 *recA* 基因，并测定其序列，然后与接种菌的 *recA* 基因序列比对。结果表明，3 株菌株均与出发菌株的序列相同，表明所结根瘤分别为所接种的 3 株菌株共生得到的。图 4 – 3(c) 为部分根瘤的横切面照片，均为深红色，说明均为有效根瘤，但根瘤的固氮酶活性未做检测。另外，由于接种根瘤菌的各个处理中，植株的地上部干重及株高之间没有显著性差异，因此略去了这部分数据及其统计学分析。

六、灭菌土中鹰嘴豆根瘤菌的适应性

在经过伽马射线灭菌处理的新疆土壤样品与灭菌蛭石混合后的介质中 3 株菌株的单接种试验结果表明，3 株菌株在这些土壤的理化条件下均与鹰嘴豆结有效瘤，不接种的对照组均不结瘤。

七、灭菌蛭石和灭菌土壤中鹰嘴豆根瘤菌竞争结瘤

在灭菌蛭石和灭菌处理土样中的3株菌株的混合接种试验结果如表4-2所示，在两两混合接种中，*M. ciceri* 占瘤率较另外两株菌株占据明显优势，其中 *M. ciceri* 与 *M. muleiense* 的混合接种试验中，前者占瘤率全部为100%；*M. ciceri* 与 *M. mediterraneum* 的混合接种试验中，前者占瘤率也高达84.6%～100%；*M. mediterraneum* 与 *M. muleiense* 的混合接种试验中，*M. mediterraneum* 的占瘤率又以绝对的优势高于 *M. muleiense*，前者占瘤率高达73.33%以上。在3株菌株的混合接种试验中，仅在土样C中，*M. ciceri* 占瘤率为81.82%，*M. mediterraneum* 和 *M. muleiense* 占瘤率均为9.09%，其他土样中 *M. ciceri* 占瘤率均为100%。这充分说明了 *M. ciceri* 在灭菌蛭石和灭菌土壤中与其他两株菌株相比具有绝对的竞争结瘤优势。

表4-2　3株鹰嘴豆根瘤菌竞争结瘤及共生适应性试验结果

介质[T]	菌株[R]	接种根瘤菌的不同处理[S]							
		①	②	③	④	⑤	⑥	⑦	0
A	(1)	100%	—	—	0	5.88%	—	0	—
	(2)	—	100%	—	100%	—	84.60%	100%	—
	(3)	—	—	100%	—	94.12%	15.40%	0	—
B	(1)	100%	—	—	0	13.33%	—	0	—
	(2)	—	100%	—	100%	—	90%	100%	—
	(3)	—	—	100%	—	86.67%	10%	0	—
C	(1)	100%	—	—	0	26.67%	—	9.09%	—
	(2)	—	100%	—	100%	—	87.50%	81.82%	—
	(3)	—	—	100%	—	73.33%	12.50%	9.09%	—
D	(1)	100%	—	—	0	0	—	0	—
	(2)	—	100%	—	100%	—	100%	100%	—
	(3)	—	—	100%	—	100%	0	0	—

续表

介质[T]	菌株[R]	接种根瘤菌的不同处理[S]							
		①	②	③	④	⑤	⑥	⑦	0
V	(1)	100%	—	—	0	0	—	0	—
	(2)	—	100%	—	100%	—	100%	100%	—
	(3)	—	—	100%	—	100%	0	0	—
a	(1)	100%	90.91%	85.71%	42.30%	100%	58.30%	100%	100%
	(2)	0	9.09%	0	57.70%	0	41.70%	0	0
	(3)	0	0	14.29%	0	0	0	0	0
b	(1)	100%	100%	ND	87.50%	ND	ND	100%	100%
	(2)	0	0	ND	12.50%	ND	ND	0	0
	(3)	0	0	ND	0	ND	ND	0	0
c	(1)	100%	ND	100%	100%	100%	83.33%	45.45%	100%
	(2)	0	ND	0	0	0	16.67%	18.18%	0
	(3)	0	ND	0	0	0	0	36.37%	0
d	(1)	100%	66.67%	91.30%	80%	75.00%	75.00%	100%	100%
	(2)	0	33.33%	0	20%	0	12.50%	0	0
	(3)	0	0	8.70%	0	25.00%	12.50%	0	0

注:(1)R:3 株供试的鹰嘴豆根瘤菌菌株,(1)为菌株 *M. muleiense* CCBAU 83963[T];(2)为菌株 *M. ciceri* USDA 3378[T];(3)为菌株 *M. mediterraneum* USDA 3392[T]。

(2)S:不同的根瘤菌接种处理,0 为阴性不接菌对照;①为菌株(1)单接种;②为菌株(2)单接种;③为菌株(3)单接种;④为菌株(1)和(2)混合接种;⑤为菌株(1)和(3)混合接种;⑥为菌株(2)和(3)混合接种;⑦为菌株(1)、(2)和(3)混合接种。

(3)T:A、B、C、D 分别表示来自木垒县英格堡乡、老奇台镇洪水坝村、老奇台镇双大门村和木垒县西吉尔镇的土壤样品经过伽马射线辐射灭菌后分别与灭菌蛭石以 1:1(体积比)混合后得到的 4 个土壤样品处理;a、b、c、d 则分别表示采自 4 个地点的土壤样品不经过灭菌处理,直接分别与灭菌的蛭石以 1:1(体积比)混合后得到的 4 个土壤样品处理。V 表示灭菌的蛭石。

(4)—:无菌条件下,因未接种相应的根瘤菌,而没有这些根瘤菌形成的根瘤。

(5)ND 表示未检测。

八、未灭菌土壤中的竞争结瘤情况及占瘤率分析

未灭菌土样单接种处理中，*M. ciceri* 单接种的占瘤率≤33.33%，土著菌 *M. muleiense* 占瘤率≥66.67%；*M. mediterraneum* 单接种的占瘤率≤14.29%，土著菌 *M. muleiense* 占瘤率≥85.71%；*M. muleiense* 单接种情况下，占瘤率为100%。

在未灭菌土的混合接种处理中，在两两混合接种中，仅土样处理 a 中 *M. ciceri* 占瘤率高于 *M. muleiense*，为57.70%，其余处理中 *M. muleiense* 都占据着优势，占瘤率≥58.30%；在3株菌株的混合接种中，除了土样处理 c 中 *M. mediterraneum*、*M. ciceri* 和 *M. muleiense* 的占瘤率分别为36.37%、18.18%和45.45%，处理 a、b 和 d 中 *M. muleiense* 占瘤率均为100%。

第四节　结论

2009年，采集了新疆鹰嘴豆主产区木垒县和奇台县的鹰嘴豆根瘤样品和土壤样品，并对分离得到的鹰嘴豆根瘤菌进行多样性分析等研究，发现新疆鹰嘴豆根瘤菌种群单一，均属于 *M. muleiense*，对土样的理化性质测定后得知，土壤 pH 值均呈现碱性（pH = 8.24 ~ 8.45）。4年后，再次对原采样点进行了鹰嘴豆根瘤和土壤样品的采集。

通过对田间重采集鹰嘴豆根瘤的再分离和持家基因 *recA* 测序分析发现，重分离得到的鹰嘴豆根瘤菌依然属于 *M. muleiense*，且采集土壤样品中在温室条件下通过鹰嘴豆捕捉得到的根瘤菌也都属于该种群，并未发现其他鹰嘴豆根瘤菌种群的存在，这可能是由于新疆鹰嘴豆－根瘤菌共生系统经过长期的适应和进化，*M. muleiense* 已经完全适应了当地的土壤环境、气候条件和鹰嘴豆品种，属于自然选择生存下来的唯一适宜与新疆鹰嘴豆共生的根瘤菌。

通过对田间重采集土壤样品的理化性质再次测定，发现土壤的 pH 值、全氮、有机质和有效磷的含量均没有发生明显的变化，而有效钾的平均含量仅仅相当于4年前的约20%，导致了土壤电导率的降低，但钾含量和电导率的降低并没有影响到 *M. muleiense* 作为新疆鹰嘴豆优势共生种群的存在。这说明了土壤中钾和电导率等因素与鹰嘴豆根瘤菌的生物地理学分布之间可能没有直接

的关系,而土壤的 pH 值可能与新疆鹰嘴豆根瘤菌的生物地理学分布和 *M. muleiense* 在新疆土壤中的优势地位有较大相关性,碱性土壤对 *M. muleiense* 进行长期地自然选择,而 *M. muleiense* 又对土壤碱性条件进行了长期的生存适应。

通过 *M. muleiense* 和 *M. mediterraneum* 与 *M. ciceri* 的竞争结瘤试验发现:

(1)在灭菌蛭石及灭菌土壤的单接种处理中,3 株菌株都可以与鹰嘴豆有效地结瘤,不仅说明 3 株菌株与所选择的鹰嘴豆品种都是匹配的,而且说明在新疆土壤的理化条件下,3 株菌株都可以与鹰嘴豆有效地结瘤,并适应新疆当地土壤的理化环境。

(2)在灭菌蛭石和灭菌土壤样品的混合接种处理中,通过伽马射线灭菌消除了土壤中生物因素的影响,只保留了土壤样品的理化性质,3 株菌株的占瘤率大小关系为 *M. ciceri* > *M. mediterraneum* > *M. muleiense*,这说明在没有土壤生物因素的影响下,外来菌株较 *M. muleiense* 具有更强的竞争优势。

(3)在未灭菌土壤样品的接种处理中,保留了土壤样品自然的生物因素和非生物因素。在单接种的情况下,土著菌株 *M. muleiense* 较 *M. mediterraneum* 和 *M. ciceri* 具有更高的竞争结瘤优势,因为 *M. mediterraneum* 和 *M. ciceri* 在单接种中分别只有低于 14.29% 和 33.33% 的占瘤率;在混合接种中,除了一个处理中 *M. ciceri* 的占瘤率达到 57.70%,超过了土著菌 *M. muleiense*,在其他的所有处理中 *M. muleiense* 都是优势种群,占瘤率为 45.45%~100%。该结果与灭菌处理的结果相反,外来菌株 *M. ciceri* 和 *M. mediterraneum* 在未灭菌土壤中,竞争优势几乎丧失,而土著菌株 *M. muleiense* 表现出绝对明显的竞争结瘤优势。

根据之前的研究报道,有许多土壤因素会影响接种菌株的竞争优势,包括生物因素和非生物因素。生物因素包括土著根瘤菌的群体数量、细菌噬菌体、植物附生细菌等,它们可以影响到哪株菌株成为占瘤率最高的菌株。非生物因素包括土壤的 pH 值、土壤中硝态氮的含量以及植物的不同种植区域等,它们可以影响到土壤中菌株的竞争性。由此可以推测,新疆鹰嘴豆土著根瘤菌种群 *M. muleiense* 只有在当地特定土壤环境条件下,才可以发挥其竞争结瘤的优势,所以新疆鹰嘴豆根瘤菌的生物地理学分布可能不仅与土壤非生物因素相关,而且与土壤中的生物因素有较大的相关性。所以今后在研究根瘤菌的生物地理学分布时,不仅要研究非生物因素的影响,还要关注土壤中生物因素的影响,因为有时生物因素的影响可能会起到关键的作用。

另外,在做根瘤菌的选种和接种之前,要调查当地土壤中的根瘤菌优势种群,因为自然条件下,土著菌株将会有更加优势的竞争结瘤能力,同样的结果在研究中也有报道。因为如果土壤中已经存在优势的根瘤菌种群,在选种时需要将土著的优势种群也作为选种的一个重要参考对象,与其他供试菌株进行比较,方能选出真正的最佳接种用菌株。对于根瘤菌接种剂来说,能否战胜土著菌株从而获得更高的占瘤率,将是影响接种成败的关键因素。另外,Kamicker等研究大豆根瘤菌接种效果时发现,所选的543个根瘤中全部是土著大豆根瘤菌,而没有发现接种根瘤菌菌剂中的根瘤菌种群,由此可见研究土著根瘤菌的必要性。

竞争结瘤试验的结果对于今后在鹰嘴豆乃至其他豆科植物根瘤菌选种中有一定的启示,即:仅仅通过灭菌蛭石或者灭菌土壤样品进行根瘤菌选种所得到的优势菌株并不一定可靠,因为这两种环境均处于无菌的理想条件下,排除了生物因素的干扰,此时接种菌株所表现出来的竞争优势是在理想状态下的优势;而在不经过灭菌处理的土壤中进行高效菌株的筛选,既可以保持接种地土壤的理化性质,还可以保留土壤原始的微生物种群等生物因素的存在,这样筛选出的优势菌株才是真正适应当地土壤环境的优势菌株,才适宜应用在当地豆科植物根瘤菌菌剂的生产和接种应用中。

第五章　中国新疆鹰嘴豆根瘤菌随采样地点和时间变化的动态演变

目前为止,已经报道了3个主要的鹰嘴豆共生体——根瘤菌种:*M. ciceri*、*M. mediterraneum*(存在于许多国家,但在中国尚未有所报道)和 *M. muleiense*(目前仅在中国有所发现)。除此之外,在西班牙和葡萄牙发现的一些鹰嘴豆根瘤菌附属于各种未命名的 *Mesorhizobium* 基因型。然而,最近确定了一个新的 *Mesorhizobium* 基因型:发现于中国西北甘肃能特定与鹰嘴豆结瘤的根瘤菌。这些数据说明了在不同的生态地理区域中各种鹰嘴豆根瘤菌的进化情况。

在中国,新疆鹰嘴豆的种植已经有2500年的历史,而且在那个区域,它仅能与 *M. muleiense* 建立共生关系。除此之外,在两个采样年份(2009年和2013年)之间,*M. muleiense* 的种内组成和主要的基因型以及该区域的土壤特性发生了改变,通过对 *recA* 基因测序分析揭示了 *M. muleiense* 种群种内基因型的变化。

为了进一步研究过去在不同采样地点 *M. muleiense* 的动态演变,在2015年、2016年从先前研究同样的采样地点进一步收集鹰嘴豆根瘤菌和土壤。在本书中确定了所分离的根瘤菌和土壤样品特性,并且将这些数据与先前的报道进行比较,来说明在每个采样地点和年份种内群落结果的改变,同时检验土壤特性与根瘤菌基因型变化之间的相关性。

第一节　试验材料

一、土壤样品

于2015年6月28日和2016年7月3日(收获前20天),从中国新疆鹰嘴豆主要种植区的4个不同采样地点收集土样,保证样品具有相似的土壤湿度、空气温度和鹰嘴豆植物的覆盖。采样地点位于木垒县的英格堡乡和西吉尔镇以及奇台县老奇台镇的双大门村和洪水坝村,这与我们之前的研究保持一致。

二、根瘤菌

因为木垒县和奇台县两个县区相邻,区域面积有限,而且4个采样地点有着相似的气候和土壤特性,因此我们将同一年4个采样地点的土壤作为一个重复,用于进一步的研究。另外在之前的研究中也已经进行了土壤的理化性质分析(包括总氮量、有效钾元素、有效磷元素、pH值以及有机物质)。根据当地农业管理局记录:在过去数十年内,在所有的地点,用同样种类的大麦和鹰嘴豆进行庄稼轮作,在采样区域内使用很少的农药而且不灌溉。

在每个采样地点随机挑选5棵植物并收集植物根部附近地下10~20 cm深度的10 cm^2见方土块。将来自相同地点的土样以相同的体积完全混匀,以此作为一个地点的代表土样,然后将土样与无菌蛭石(1:5)混合,用来做根瘤菌在同样的鹰嘴豆种类植物上的诱捕试验。将鹰嘴豆在同样的温室条件下生长45天,所采用的条件与之前的研究保持一致。然后从每个植物上随机挑选5个根瘤用于分离根瘤菌。

第二节　试验方法

一、根瘤菌的分离、保藏和接瘤试验

用标准方法在YMA培养基上分离来自鹰嘴豆根瘤的根瘤菌。在根瘤菌分离之前用NaClO(2.5%)消毒5 min,所有分离菌株均接种至YMA斜面,在28 ℃

下生长，在 4 ℃下用于短期保藏，用 20% 甘油混合后在 -80 ℃下进行长期的保藏。为了证明根瘤菌的可信性，用标准方法检测了所分离菌株诱导鹰嘴豆结瘤的能力。

二、通过分析 recA 基因测序评估基因型的变化

用 Terefework 等人的方法纯化所有分离菌株的基因组 DNA。这些 DNA 作为 PCR 扩增的模板，并用以前报道中的方法对 *recA* 基因测序，将新的核酸序列保存到 GenBank 中。用 MEGA 6.0 比对新得到的序列以及相关的序列（包括我们之前研究中所用的序列以及通过 BLAST 比对从 GenBank 中得到的序列）。为了分析在不同采样地点和年份所分离菌株的基因型变化和系统发育关系，用邻接法重新构建系统发育树。

用公式 $d=(S-1)/\lg N$ 分析基因型的丰度，其中 S 是基因型的数目，N 是分离菌株的数目；用香农多样性指数 $H=2.3\times(N\lg N-\sum n_i \lg n_i)/N$ 分析基因型的多样性，其中 N 是分离菌株的总数目，n_i 是每个类型中菌株的数目。

三、土壤特性与基因型之间的相关性

用程序 CANOCO 4.54 对 5 个土壤因素、28 个根瘤菌基因型和 4 个采样地点冗余分析（RDA），并且检验 5 个土壤因素（氮含量、磷含量、钾含量、有机物质和 pH 值）、28 个根瘤菌基因型和 4 个采样年份之间的多重关系。对每个地点的 5 个土壤因素、28 个根瘤菌基因型和 4 个采样年份之间的相互关系进行分析，线性或单峰排序模型由 DCA（趋势对应分析）确定。4 个排序轴中梯度长度的最大值低于 3，表明线性梯度分析模型更合适，但单峰分析也必须作为参考。相关性分析要用到某一年或某个地点的土壤参数的平均值（$n=4$）以及在某一年或某个地点基因型的总数。使用 R 语言 vegan 程序包运行 adonis 函数，置换值 =999，使用距离矩阵进行置换多变量方差分析（PERMANOVA），以确定土壤因素对基因型分布的影响。

第三节　试验结果与分析

一、菌株分离与回接结瘤试验

本书中,在温室条件下进行诱捕,在2015年与2016年分别收获92株和166株鹰嘴豆根瘤菌,对所有纯化的菌株进行镜检,并储存于我们的菌种保藏库。通过回接结瘤试验,展现了它们与鹰嘴豆的结瘤能力,证明了菌株的可信性。此外,本书含有2009年在大田中分离得到的95株鹰嘴豆菌株以及2013年通过植物的诱捕试验在根瘤中分离得到的275株菌株。详细采样数据见图5-1。

二、土壤特性

不同年份收集的土样的土壤参数(氮含量、磷含量、钾含量、有机物质和pH值)的平均值见表5-1。简而言之,总氮量(TN)和有效磷(AP)随时间变化没有明显的变化,但是与其他年份相比,2013年有效钾(AK)含量明显降低,pH值明显升高。与2009年相比,2015年有机物质(OM)的含量明显更高,但是与2016年的有机物质含量基本一致。所有采样土壤的pH值都大于8,表明了土壤的碱性本质。

表5-1　取样年的土壤特征

特征	2009	2013	2015	2016
TN/($g \cdot kg^{-1}$)	0.93 ± 0.07a	0.96 ± 0.32a	1.05 ± 0.12a	0.78 ± 0.26a
OM/($g \cdot kg^{-1}$)	12.15 ± 2.04a	13.97 ± 4.73ab	17.59 ± 2.20b	14.22 ± 2.51ab
AP/($mg \cdot kg^{-1}$)	15.40 ± 10.20a	13.85 ± 4.38a	13.19 ± 4.93a	7.72 ± 4.28a
AK/($g \cdot kg^{-1}$)	0.35 ± 0.21a	0.06 ± 0.01b	0.28 ± 0.12a	0.23 ± 0.05a
pH	8.32 ± 0.06a	8.71 ± 0.31b	8.29 ± 0.26a	8.36 ± 0.21a
总分离数	95	275	92	166
总基因型	4	15	12	17
d 指数	1.52	5.74	5.60	7.21
H 指数	1.04	1.57	1.92	1.81

注:同行中每个数字后面的不同字母表示与Oneway统计数据有显著差异。

三、过去几年内不同采样地点根瘤菌的系统发育分析和基因型多样性

对所有新分离得到的鹰嘴豆根瘤菌进行 *recA* 系统发育分析。它们与参比菌株 *M. muleiense* 的相似度大于96%（96.3%~99.6%之间），而且与其他两个鹰嘴豆根瘤菌种的相似度小于95%，其中与 *M. ciceri* 的相似度小于93.1%，与 *M. mediterraneum* 的相似度小于94.3%。因此在研究期间，通过进行 *recA* 系统发育分析，所有分离自新疆的鹰嘴豆根瘤菌均被确定为 *M. muleiense*。由 3 个以上的基因突变（如替换、删除和插入）所导致的系统发育树的每一个分支均被视为一个不同的 *recA* 基因型，而且将分离自新疆的菌株共分为 28 个基因型。2009 年分离的 95 株菌株含有 4 个基因型，2013 年分离的 275 株菌株含有 15 个基因型，2015 年分离的 92 株菌株有 12 个基因型，2016 年分离的 166 株菌株有 17 个基因型。在采样年份分离得到的根瘤菌中，英格堡乡有 15 个基因型，西吉尔镇有 17 个基因型，洪水坝村有 10 个基因型，双大门村有 7 个基因型。分离自 2009 年的 4 个基因型 T12 ~ T15 在 4 个采样年份一直以较高的频率出现，出现的频率分别为 27.3%、6.8%、22.0% 和 18.4%，4 个基因型的菌株数量占据了研究中所有菌株的 74.5%。

然而，历年来 4 个常见的显性基因型在采样点的分布并不稳定。比如在采样点英格堡乡，年份不同，T12、T13 和 T14 菌株的分离频率也不同：2009 年没有发现 T12 菌株，但是在 2013、2015 和 2016 年分别得到了 34 株、8 株和 29 株 T12 菌株；2009 年与 2015 年均没有得到 T13 菌株，但是在 2013 年和 2016 年分别发现了 2 株和 8 株 T13 菌株；在 2009 年和 2013 年分别只分离出 1 株 T14 菌株，但是在 2015 年和 2016 年分别分离出 16 株和 18 株 T14 菌株。T12 和 T13 菌株在同一年分离频率的波动取决于采样地点：在 2016 年，已鉴定过的 T12 菌株中，29 株来自英格堡乡，16 株来自西吉尔镇，3 株来自双大门村，3 株来自洪水坝村；而发现的 T13 菌株中，8 株来自英格堡乡，15 株来自西吉尔镇，4 株来自双大门村，0 株来自洪水坝村。此外，在多个采样年份，均发现基因型 T1、T2、T4 和 T5，三个采样地点均有 T1（英格堡乡除外）；在木垒县的两个采样点英格堡乡和西吉尔镇均发现了 T5，但是在奇台县的两个采样点双大门村与洪水坝村却没有发现。其余的 20 种基因型仅在一个采样年份被检测到：2013 年检测到了 7 种

基因型(T3、T6 ~ T11),2015 年检测到了 4 种基因型(T16 ~ T19),2016 年检测到了 9 种基因型(T20 ~ T28),它们中的大部分来自于木垒县的英格堡乡和西吉尔镇,该县在 2009 年之后就已成为中国主要的鹰嘴豆种植区。同时,木垒县的两个地区英格堡乡和西吉尔镇的物种丰富度 d 指数均有增加;而奇台县的两个地区双大门村与洪水坝村 d 指数仅在 2013 年略微增加,2015 年和 2016 年均在减少。另外,在采样点英格堡乡与西吉尔镇 d 指数的平均值也高于采样点洪水坝村与双大门村 d 指数的平均值,这也符合更多的基因型起源于木垒县的英格堡乡与西吉尔镇这一事实。

从 d 值和 H 值(表 5 - 1 和表 5 - 2)可以看出,土壤中鹰嘴豆根瘤菌的基因型丰富度(d 值)在 2009 年后增加了,而鹰嘴豆根瘤菌多样性(H 值)除了在西吉尔镇地区之外增加得并不稳定。d 值和 H 值变化趋势中的差异反映了每个基因型相对丰度的差异,并且在 H 值计算中考虑基因型的数目,而在 d 值计算中仅考虑分离菌株的总数和基因型的数量。

表 5-2　*M. muleinense* 4 个采样年 4 个采样地点的种群结构(分离株数)比较

基因型	分离自木垒县英格堡乡				分离自木垒县西吉尔镇				分离自奇台县双大门村				分离自奇台县洪水坝村				总计
	2009	2013	2015	2016	2009	2013	2015	2016	2009	2013	2015	2016	2009	2013	2015	2016	
T1	0	0	0	0	0	0	0	1	0	4	1	0	0	2	0	0	8
T2	0	4	1	1	0	2	7	3	0	2	4	0	0	2	0	0	26
T3	0	0	0	0	0	1	0	0	0	0	0	0	0	0	0	0	1
T4	0	1	9	0	0	3	0	1	0	1	0	0	0	0	1	0	16
T5	0	1	2	0	0	1	0	4	0	0	0	0	0	0	0	0	8
T6	0	1	0	0	0	0	0	0	0	0	0	0	0	0	0	0	1
T7	0	0	0	0	0	0	0	0	0	0	0	0	0	1	0	0	1
T8	0	0	0	0	0	1	0	0	0	0	0	0	0	0	0	0	1
T9	0	1	0	0	0	0	0	0	0	0	0	0	0	0	0	0	1
T10	0	0	0	0	0	0	0	0	0	0	0	0	0	1	0	0	1
T11	0	0	0	0	0	0	0	0	0	0	0	0	0	2	0	0	2
T12	0	34	8	29	3	40	8	16	0	7	4	3	6	37	2	3	200
T13	0	2	0	8	0	9	5	15	4	2	0	4	1	0	0	0	50
T14	1	1	16	18	3	0	3	31	33	21	8	2	19	5	0	0	161
T15	8	6	6	6	3	56	1	8	13	17	0	0	1	7	2	1	135
T16	0	0	0	0	0	0	1	0	0	0	0	0	0	0	0	0	1
T17	0	0	0	0	0	0	1	0	0	0	0	0	0	0	0	0	1

续表

基因型	分离自木垒县英格堡乡				分离自木垒县西吉尔镇				分离自奇台县双大门村				分离自奇台县洪水坝村				总计
	2009	2013	2015	2016	2009	2013	2015	2016	2009	2013	2015	2016	2009	2013	2015	2016	
T18	0	0	1	0	0	0	0	0	0	0	0	0	0	0	0	0	1
T19	0	0	1	0	0	0	0	0	0	0	0	0	0	0	0	0	1
T20	0	0	0	1	0	0	0	0	0	0	0	0	0	0	0	0	1
T21	0	0	0	0	0	0	0	1	0	0	0	0	0	0	0	0	1
T22	0	0	0	0	0	0	0	4	0	0	0	0	0	0	0	0	4
T23	0	0	0	0	0	0	0	1	0	0	0	0	0	0	0	0	1
T24	0	0	0	0	0	0	0	1	0	0	0	0	0	0	0	0	1
T25	0	0	0	1	0	0	0	0	0	0	0	0	0	0	0	0	1
T26	0	0	0	0	0	0	0	1	0	0	0	0	0	0	0	0	1
T27	0	0	0	1	0	0	0	0	0	0	0	0	0	0	0	0	1
T28	0	0	0	1	0	0	0	0	0	0	0	0	0	0	0	0	1
按年合计	2/9	9/51	8/44	9/66	3/9	8/113	7/26	13/87	3/50	7/54	4/17	3/9	4/27	8/57	3/5	2/4	28/628
d 指数	1.05	4.68	4.26	4.40	2.10	3.41	4.24	6.19	1.18	3.46	2.44	2.10	2.10	3.99	2.86	1.66	9.65
H 指数	1.96	1.23	1.67	1.50	1.10	1.21	1.65	1.91	0.82	1.50	1.20	1.11	0.82	1.24	1.05	1.04	1.84
站点总数	15/170;d=6.28;H=1.74				17/235;d=6.75;H=1.82				7/130;d=2.84;H=1.43				10/93;d=4.57;H=1.38				—

续表

基因型		分离自木垒县英格堡乡				分离自木垒县西吉尔镇				分离自奇台县双大门村				分离自奇台县洪水坝村				总计
		2009	2013	2015	2016	2009	2013	2015	2016	2009	2013	2015	2016	2009	2013	2015	2016	
土壤性状	pH	8.24	8.46	8.31	8.47	8.31	9.16	8.64	8.20	8.35	8.66	8.22	8.58	8.38	8.58	8.01	8.35	—
	TN/(g·kg^{-1})	1.03	1.40	1.00	0.90	0.86	0.73	1.12	0.61	0.93	0.71	0.90	0.39	0.91	1.01	1.18	0.58	—
	OM/(g·kg^{-1})	14.80	20.50	16.53	15.93	10.10	9.68	20.23	11.65	11.10	11.5	15.20	8.47	12.58	14.20	18.40	10.75	—
	AP/(mg·kg^{-1})	28.20	13.60	8.85	10.07	3.60	9.10	19.10	4.20	12.86	13.00	15.40	1.33	16.94	19.70	9.40	7.20	—
	AK/(mg·kg^{-1})	646.00	69.60	228.25	248.67	290.00	52.60	422.00	212.50	198.00	43.80	334.00	146.00	240.00	65.00	152.00	456.33	—
位置	N	43(41(	43(43(	43(41(	43(44(	43(50(	43(49(	43(48(	43(48(	43(48(	43(48(	43(48(	43(48(	43(48(	43(48(	43(48(	43(48(	—
	E	89(56(	89(58(	89(56(	89(57(	90(00(	90(01(	90(01(	90(02(	89(57(	89(58(	89(58(	89(58(	89(57(	89(55(	89(57(	89(57(	—

注:(1)基因型是根据 *recA* 序列分析来定义的,数字是基因型/菌株。

(2)物种丰富度:$d=(S-1)/\log N$,其中 S = 基因型数和 N = 分离株或菌株数。

(3)在一些地点,由于鹰嘴豆种植面积的变化,地理位置略有变化。

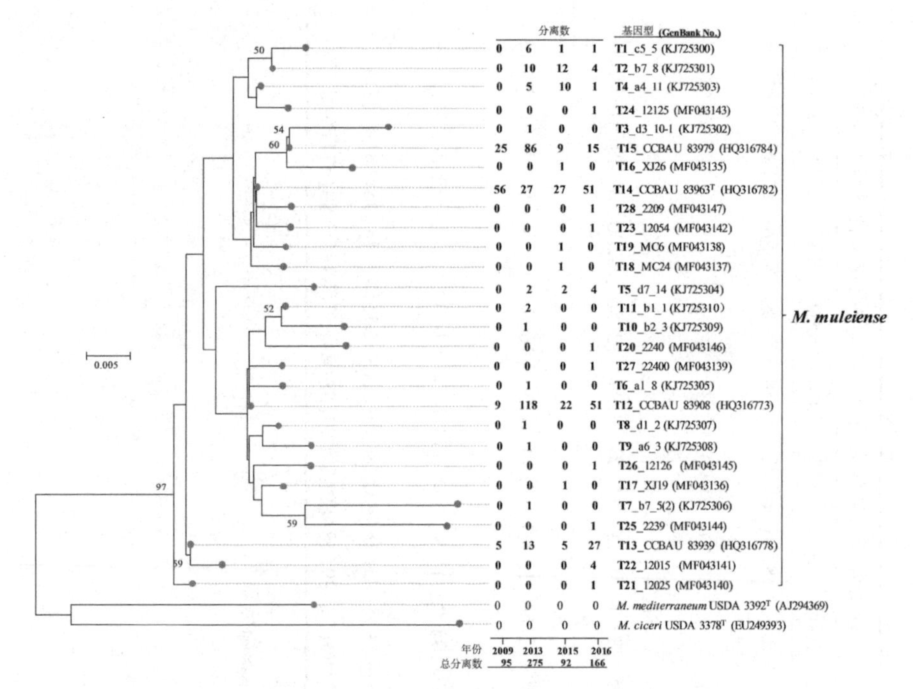

图 5-1　2009 年、2013 年、2015 年和 2016 年从根瘤中分离出的鹰嘴豆不同基因型的丰富度

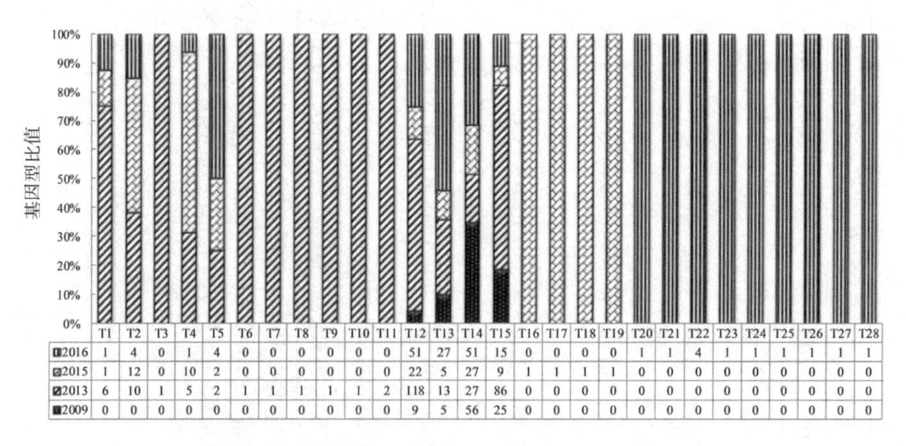

	T1	T2	T3	T4	T5	T6	T7	T8	T9	T10	T11	T12	T13	T14	T15	T16	T17	T18	T19	T20	T21	T22	T23	T24	T25	T26	T27	T28
2016	1	4	0	1	4	0	0	0	0	0	0	51	27	51	15	0	0	0	0	1	1	4	1	1	1	1	1	1
2015	1	12	0	10	2	0	0	0	0	0	0	22	5	27	9	1	1	1	1	0	0	0	0	0	0	0	0	0
2013	6	10	1	5	2	1	1	1	1	1	2	118	13	27	86	0	0	0	0	0	0	0	0	0	0	0	0	0
2009	0	0	0	0	0	0	0	0	0	0	0	9	5	56	25	0	0	0	0	0	0	0	0	0	0	0	0	0

图 5-2　分离株在不同年份的基因型分布的直方图

四、土壤特性与基因型的相关性

土壤特性与每年来自不同采样点的根瘤菌基因型之间的相关性如图5－3(a)所示。根据箭头的长度和它们之间的角度，TN、AK、AP的含量和pH值对根瘤菌的分布有强烈的影响，但是OM含量的影响较小。简而言之，pH值和取样时间2016年与11种基因型(T1～T3、T6～T12、T15)呈非常强烈的正相关；但与其他5种基因型呈负相关；而AK含量与取样时间2009年和2015年对基因型的相关性影响则与pH值对基因型的影响相反。TN和AP含量与T4有很强的正相关性，而与T5、T13和T20～T28呈负相关，同时与取样年份2016年呈正相关。此外，在4个普遍分布的基因型中，土壤pH值与T12和T13均呈正相关；AK含量与T14呈正相关；T15与pH值、TN和AP含量呈正相关。根据PERMANOVA的结果显示，土壤特性对根瘤菌基因型分布的影响(取4年的平均值)顺序分别为：pH值($R^2=0.41, P>0.05$)、AP($R^2=0.39, P>0.05$)、AK($R^2=0.34, P>0.05$)、TN($R^2=0.24, P>0.05$)和OM($R^2=0.21, P>0.05$)，符合图5－3(a)所示的RDA结果。

土壤特性与不同采样年份的根瘤菌基因型之间的相关性显示出清晰的地点特异性。在2013年、2015年和2016年，采样点英格堡乡与西吉尔镇与大多数新发现的基因型相关，与图5－4中基因型分布相一致。图5－3(b)的结果也表明土壤pH值与T2、T3、T5、T8、T13、T15～T17、T21～T24和T26呈强烈的正相关，这些基因型主要来自于采样点西吉尔镇；其次，AK，OM和TN含量与T4、T6、T9、T12、T18～T20、T25、T27和T28呈强烈的正相关，这些基因型主要来自于采样点英格堡乡；AP含量与T7、T10和T11呈正相关，这些基因型主要来自于采样点洪水坝村；还表明主要来自采样点双大门村的T1和T14与AK、OM和TN含量呈负相关，但同时也与土壤pH值呈微弱正相关。根据PERMANOVA的结果显示，土壤特性对根瘤菌基因型分布的影响(在不同的年份)顺序分别为：TN($R^2=0.56, P>0.05$)、pH($R^2=0.51, P>0.05$)、OM($R^2=0.27, P>0.05$)、AK($R^2=0.23, P>0.05$)和AP($R^2=0.17, P>0.05$)，这解释了采样点不同年份不同土壤特征对根瘤菌基因型分布的影响。

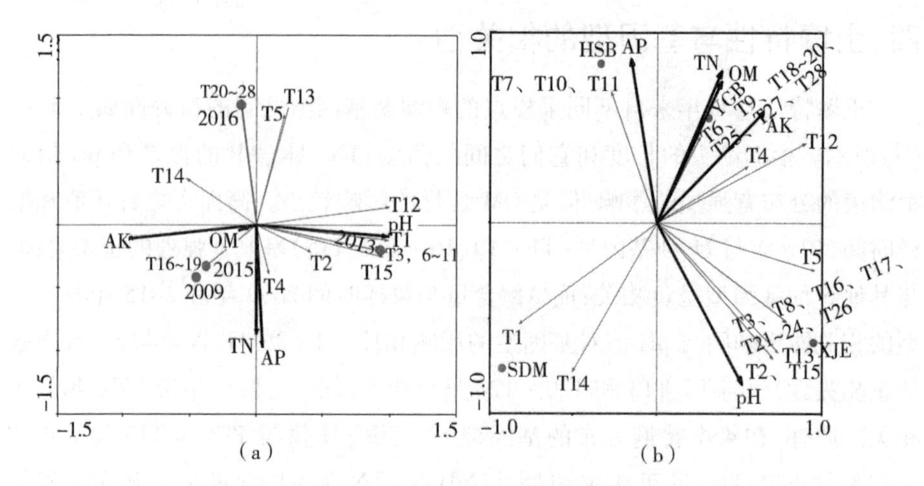

图 5－3　由 CANOCO 软件进行的冗余分析（RDA）双图

注：(a)为土壤特性与不同采样点的根瘤菌基因型之间的相关性；(b)为土壤特性与不同采样年份的根瘤菌基因型之间的相关性。

比较图 5－3(a)和图 5－3(b)中的结果，主要差异是：在图 5－3(a)中，土壤 pH 值正向影响基因型 T1～T13 和 T15，但是负向影响其他基因型 T14 和 T16～T28。而在图 5－3(b)中，T16、T17、T21～24 和 T26 也受土壤 pH 值的正面影响。所以，在 *M. muleiense* 基因型中基于空间的变化和基于时间的变化情况是相对独立的。

另外，4 年间在每个采样点根瘤菌基因型与土壤特性之间的 RDA 表明的结果与图 5－3(a)中在英格堡乡和西吉尔镇两个采样点采样期间大部分新发现的基因型的结果类似。这些结果意味着图 5－3(a)中的结果可以代表从 2009 年到 2016 年共 4 个采样点的种群。

第四节　结论

以先前的研究与现在的研究结果为基础，所有从新疆分离出的鹰嘴豆根瘤菌共生体均确定为 *M. muleiense*，然而，该物种种群内 *recA* 基因型的数量在 8 年内有所增加，从原来的 4 个增加到 28 个，表现出多年来不同采样点不均匀的分布和/或演化（图 5－2 和图 5－4）。这些结果也证明，*recA* 基因用于评估

*M. muleiense*种内变异与演化的作用,类似于以前对紫色色杆菌和紫色杆菌的研究。在木垒县英格堡乡和西吉尔镇的物种丰富度(d 值)和多样性(H 值)高于奇台县双大门村和洪水坝村(表 5 - 2),表明了这样一种可能性,即英格堡乡和西吉尔镇是 *M. muleiense* 多样化的热点地区,这可能与采样点西吉尔镇中土壤 pH 值较高,采样点英格堡乡土壤中 TN、OM 和 AK 含量较高有关。检测 4 个常见和通用基因型和 4 种年份 - 采样地点 - 相关基因型表明,在采样点八年间 *M. muleiense* 种群一直在不断进行多样化变化。另外,单一的根瘤菌种群 *M. muleiense* 和持久而优势的基因型 T12 ~ T15 在过去八年中非常稳定,在未来我们的研究中可能会找到这个物种相关基因型能够很好适应当地条件(土壤特性)和采样区鹰嘴豆品种(卡布里)的证据。

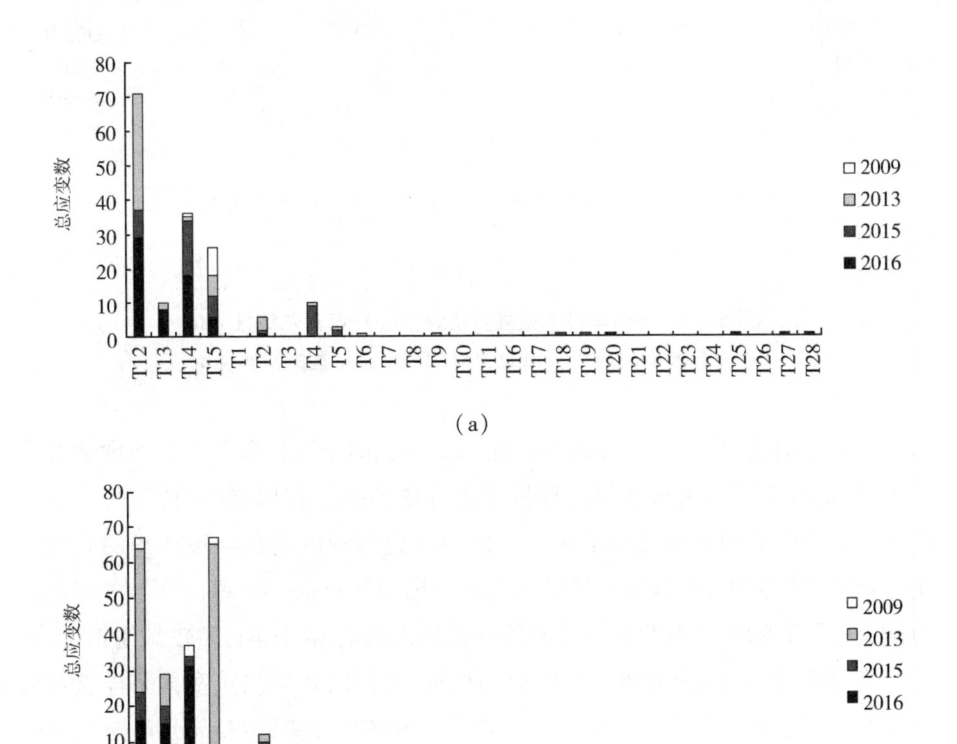

(a)

(b)

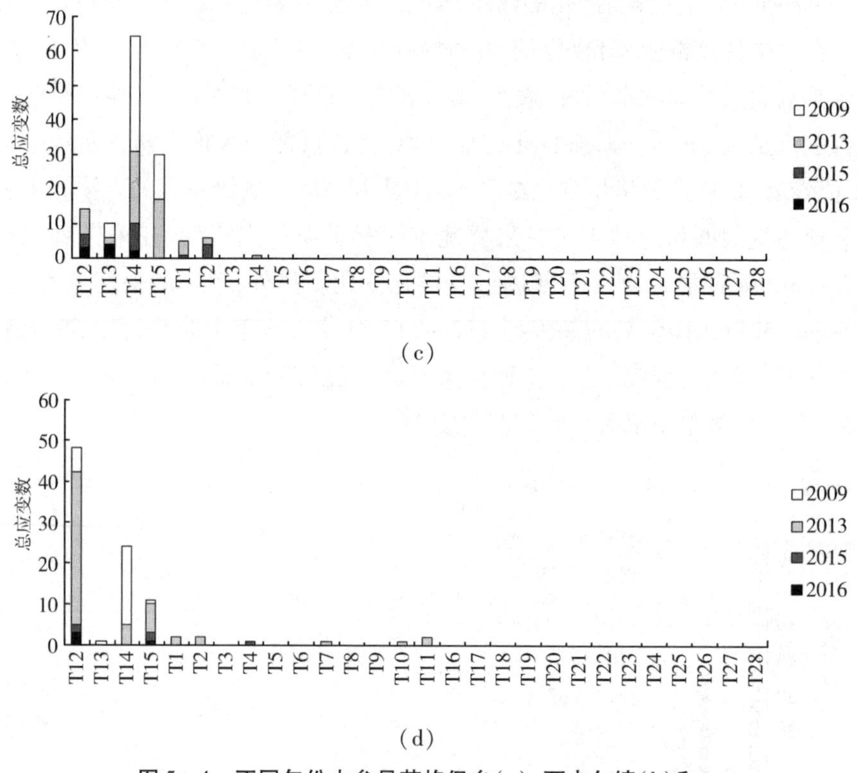

图5-4 不同年份木垒县英格堡乡(a)、西吉尔镇(b)和奇台县双大门村(c)、洪水坝村(d)的recA基因型的分布

据以前的报道,环境条件的多样性(如土壤pH值)是细菌生物地理学的决定因素,也可以用于在土壤细菌种群或物种中转换。在以前的研究中,从病人的痰标本中收集的铜绿假单胞菌分离株的进化与种内进化环境选择的影响有关。目前的研究中,在取样年份的研究区域内,*M. muleiense* 种内变异和演化也可能反映了鹰嘴豆根瘤菌对环境条件变化做出的适应,比如,相较其他年份,在2013年AK含量的显著减少与pH值的增加。另外,八年间木垒县采样点英格堡乡与西吉尔镇中更多的基因型分布表明了木垒县可能是 *M. muleiense* 进化的热点地区(图5-4)。这可能是由于该县历史上长期作为鹰嘴豆的主产地,因此这八年期间土壤特性并不是很稳定。

在这项研究中,2009年的根瘤菌菌株直接分离于大田采集的根瘤,而2013年、2015年和2016年的根瘤分离于生长在温室中用土壤和蛭石混合物种植的植物。此前,曾有过关于根瘤菌群落分离策略(来自天然田间和捕获植物)具有影响的有争议报道,Van Cauwenberghe 等人与 Harrison 等人表示这两个策略是相当的,只有在少数基因型和种群中出现差异,但还有其他几项研究证明,用两种不同策略分离的根瘤菌可能存在差异。因此,在将来需要对植物捕获与直接对新疆鹰嘴豆根瘤菌根瘤收集之间的差异进行试验。然而,仅 2013 年、2015 年和 2016 年通过捕获方法获得的菌株也是很可观的,结果并没有改变很多(数据未显示)。所以种群规模和分离策略造成的抽样偏差只会对 RDA 结果产生微弱影响,正如 Van Cauwenberghe 等人与 Harrison 等人揭示的那样。

土壤 pH 值与鹰嘴豆根瘤菌基因型之间有很强的相关性(图 5 – 3),该研究结果与以前的报道一致,例如中国北方地区新疆大豆根瘤菌、中国南部和北部栽培的豆类根瘤菌和野豌豆根瘤菌。因此,pH 值可能是一个影响不同根瘤菌群(物种或基因型)分布普遍的决定因素。一些鹰嘴豆根瘤菌基因型与 pH 值和 AK 含量等的波动相关性(表 5 – 1 和图 5 – 3)进一步支持这样的估计,即使环境特征的微小变化也可能导致 *M. muleiense* 种群结构的变化。可以估计,酸碱度适合的碱性土壤选择 *M. muleiense* 作为新疆鹰嘴豆的共生体,但碱性范围内的 pH 值变化逐年调节了其种内结构。以前,有报道认为盐浓度(由 EC 值表示)和土壤中的磷含量分别为决定新疆和其他地区大豆根瘤菌分布的关键因子,而氮含量在某些地区也是关键决定因素。

所有这些数据表明,营养成分对根瘤菌多样性和分布有重要影响。在目前的研究中,有证据表明 TN、AK 和 AP 含量作为影响因素,与 pH 值一样,对鹰嘴豆根瘤菌基因型的组成有影响,说明营养水平是 *M. muleiense* 在相对稳定的 pH 值下发生基因型改变的驱动力。因此,化肥的施用或土壤肥力的改性可能在驱动 *M. muleiense* 基因型改变的过程中扮演重要角色。在目前的研究中,时间差异对基因型的影响与土壤中 pH 值和营养水平差异是不同的(图 5 – 3)。这些结果表明 *M. muleiense* 基因型的演化可能受单一土壤特征的影响,也可能受多个其他因素的影响。

总之,从 2009 年到 2016 年的八年间,尽管 *M. muleiense* 是唯一与新疆碱性土壤中鹰嘴豆结瘤的根瘤菌,但是不同采样点 *M. muleiense* 的基因型逐年在发生变化和演化。共发现了 28 种基因型并且大部分是 2009 年以后获得的,说明了该地区鹰嘴豆根瘤菌的多样性;而在木垒县的采样点有着更高的物种丰度与多样性,说明了该地区可能是 *M. muleiense* 进化的热点地区。这个动态的过程可能与土壤特性的变化有关。此外,*recA* 基因已被当作一种分子标记,用来评估 *M. muleiense* 种群内部的特异性变异和连续性。

通过以上结论,可以推测新疆鹰嘴豆根瘤菌种群可能的进化模型,如图5-5所示。随着鹰嘴豆由地中海地区传入了中国新疆,种子也可能携带了一定数量的共生根瘤菌,引入中国新的土壤环境中之后,种子带入的根瘤菌尽管可以结出少量的根瘤,但是较难适应当地的环境,数量上并不占优势;与此同时,新疆的土壤中存在各种土著根瘤菌(没有与鹰嘴豆共生结瘤的能力)和其他的生物因子,如细菌、真菌、噬菌体等,它们与引入的根瘤菌相比,更加适应当地的土壤环境。之后有两种可能的进化途径:(1)某一种土著的根瘤菌通过基因的横向转移等途径获取了引入鹰嘴豆根瘤菌的共生基因(*nodC* 和 *nifH*),从而获得了与鹰嘴豆共生结瘤的能力,随着其种群的稳定遗传和进化,最终成为最优势的新疆土著鹰嘴豆根瘤菌种群木垒中慢生根瘤菌;(2)引入的鹰嘴豆根瘤菌通过遗传变异、代谢调控等自身调控手段改变自身生存状态,逐渐适应新疆当地的土壤环境,然后通过种群的扩大,最终成为最优势的新疆土著鹰嘴豆根瘤菌种群——木垒中慢生根瘤菌。

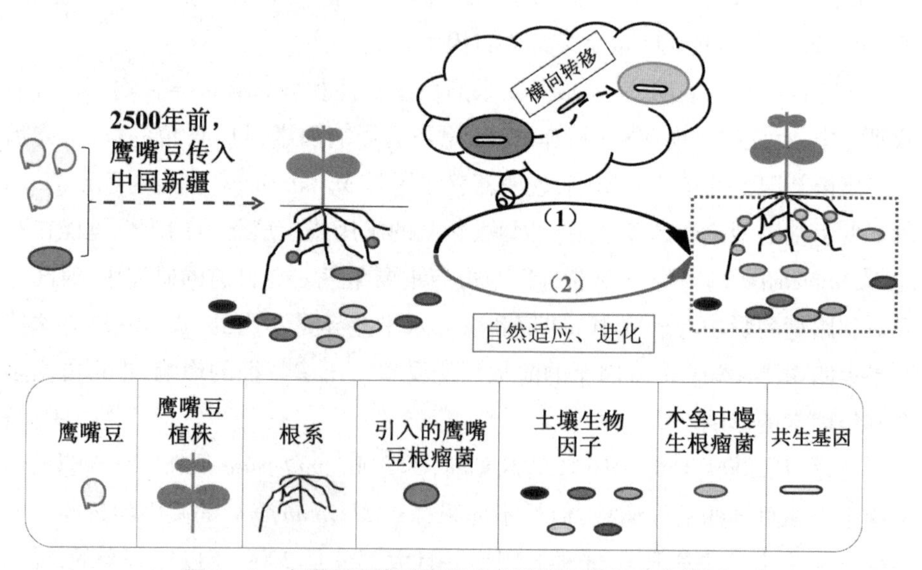

图5-5　中国新疆鹰嘴豆根瘤菌种群可能的进化模型

第六章　中国鹰嘴豆文新中慢生根瘤菌新种群的鉴定

本课题组在过去对甘肃会宁地区的鹰嘴豆根瘤菌多样性分析中发现3株根瘤菌是一个疑似的新种群，分别为 WYCCWR 10195、WYCCWR 10198 和 WYCCWR 10200，采用了包括16S rRNA 基因和持家基因的系统发育分析、DNA 同源性分析、细胞脂肪酸组成成分及含量的分析、数值分类等方法对甘肃会宁地区鹰嘴豆根瘤菌疑似新种群的代表菌株进一步鉴定，最终确定它们的分类学地位。

第一节　试验材料

一、供试菌株

供试菌株共有6株，包括3株疑似新种群的根瘤菌，分别为 *M. wenxiniae* sp. nov. WYCCWR 10195^{T}、*M. wenxiniae* sp. nov. WYCCWR 10198、*M. wenxiniae* sp. nov. WYCCWR 10200，还挑选了3株鹰嘴豆根瘤菌种群的模式菌株作为参比菌株，分别为 *M. temperatum* SDW 018^{T}、*M. mediterraneum* USDA 3392^{T}、*M. muleiense* CCBAU 83963^{T}。

二、培养基

YMA 培养基:称取 3 g 酵母粉,0.25 g K_2HPO_4,10 g 甘露醇,0.1 g 无水 $MgSO_4$,0.25 g KH_2PO_4,0.1 g NaCl,18 g 琼脂粉并溶于 1 000 mL 去离子水中(pH=6.8~7.2),然后 15 磅灭菌 30 min。

M-YMA 培养基:称取 1 g 酵母粉,10 g 甘露醇,0.5 g 谷氨酸钠,0.5 g K_2HPO_4,0.1 g 无水 $MgSO_4$,0.04 g $CaCl_3$,0.04 g $FeCl_3$,0.05 g NaCl,18 g 琼脂粉并溶于 1 000 mL 去离子水中(pH=6.8~7.2),然后 15 磅灭菌 30 min。

TY 培养基:称取 0.7 g $CaCl_2 \cdot 2H_2O$,5 g 胰蛋白胨,3 g 酵母粉并溶于 1 000 mL去离子水中(pH=6.8~7.2),然后 15 磅灭菌 30 min。

White 培养基:A 组分:称取 0.111 g $CaCl_2$,0.011 g $FeCl_3$,1.111 g KH_2PO_4,2.222 g K_2HPO_4,0.111 g NaCl,2.778 g $NaNO_3$,0.162 g $MgSO_4$,20 g 无氮琼脂粉并溶于1 000 mL 去离子水中,作为唯一碳源试验所用培养基的基础成分。

B 组分:a. 称取 20 μg 生物素,40 μg VB_{12} 并溶于 100 mL 去离子水中;b. 称取 10 mg 烟酸,10 mg 泛酸钙并溶于 100 mL 去离子水中。

三、试验试剂

提取 DNA 所用试剂:

(1) GUTC 提取溶液:4 mmol/L Guanidine thiocyanate(异硫氰酸胍),40 mmol/L Tris-HCl(pH=7.5),5 mmol/L CDTA(反式-1,2-环己二胺四乙酸,trans-1,2-Cyclohexanediaminetetraacetic acid)。

(2) 1×TES 缓冲液:5 mmol/L EDTA-Na_2,50 mmol/L NaCl,50 mmol/L Tris-HCl(pH=8.0~8.2)。

(3) GUTC 洗涤缓冲液:60% 乙醇,20 mmol/L Tris-HCl(pH=7.5),1 mmol/L EDTA,400 mmol/L NaCl。

(4) 生理盐水:称取 0.8 g NaCl 并溶于 100 mL 去离子水中,然后 15 磅灭菌 30 min。

(5) 硅藻土悬液:向硅藻土中加入 TE 缓冲液洗涤,之后去除缓冲液再重复洗涤两次,最终硅藻土与 TE 缓冲液以 1:1 混合备用。

数值分类相关试剂:

抗生素:硫酸链霉素(S)、氨苄青霉素(Amp)、氯霉素(Chl)和四环素(Tet)。

CS_7微量元素3%的H_2O_2溶液、1%的四甲基对苯二胺盐酸溶液、溴麝香草酚蓝配制0.5%的乙醇溶液、刚果红、0.1 mol/L的NaOH和HCl等。

革兰氏染色相关试剂:

(1)结晶紫染色液:将1 g结晶紫溶解到20 mL 95%乙醇溶液中,然后与80 mL 1%草酸铵溶液混匀。

(2)革兰氏碘液:准确称取1 g碘和2 g碘化钾,将两者混合后加入少量蒸馏水,充分振荡使其完全溶解,然后加蒸馏水定容至300 mL。

(3)沙黄复染液:准确称取0.25 g沙黄溶解于95%乙醇溶液中,然后加蒸馏水定容至100 mL。

第二节　试验方法

一、供试菌株的活化与保存

先从-80 ℃的超低温冰箱中取出含有供试菌株的甘油管,置于室温下使其稍微融化。在超净工作台内,用无菌枪头吸取少许冻存液于M-YMA培养基平板上活化。在28 ℃条件下培养至长出菌苔后,用接种环将其接种到新YMA培养基平板上3次划线进行纯化。若-80 ℃冻存菌体的活性比较低,可先接TY培养基试管摇至对数生长期,在超净工作台用无菌枪头吸取一定量涂布到M-YMA培养基平板上活化再进行上面步骤。对于纯化几次后长出单菌落的菌株,经革兰氏染色和显微镜镜检确认无污染后即可将菌株保存。保存有两种方法:若要长期保存,可将菌株在TY培养基中生长至对数生长期后,与50%的甘油以1∶1的比例充分混合加入无菌甘油管中,然后保存于超低温冰箱(-80 ℃)中;若保存时间较短,将菌株在YMA培养基试管斜面上划线然后保存于4 ℃冰箱即可。

二、根瘤菌基因组DNA的提取

(一)摇床培养

将纯化后的菌株接种于5 mL TY培养基试管中,在28 ℃的恒温摇床上振荡培养(180 r/min)至对数生长期。

(二)收集菌体

将离心机转速设置为12 000 r/min离心收集菌体,并用无菌的生理盐水洗涤离心3次。

(三)破碎细胞壁

在菌体中加入800 μL GUTC提取溶液和100 μL硅藻土悬液,充分振荡混匀后,在室温条件下静置一夜。

(四)离心洗涤

将放置过夜的菌体混匀后于13 000 r/min条件下离心4 min,弃去上清液,加入600 μL GUTC洗涤缓冲液在13 000 r/min条件下离心4 min,共洗涤两次,弃去上清液,再加入600 μL 75%乙醇溶液按同样的方法处理2次(最后一次弃上清并用无菌的枪头尽量吸取残留的液体为下步做准备)。

(五)真空冷冻干燥

把洗涤过菌体的离心管用封口膜封住管口,并用注射器针头扎孔放入真空冷冻干燥机内抽真空。当硅藻土呈现出白色的状态为干燥终点。

(六)获得DNA

加入100 μL超纯水振荡悬浮后于60 ℃条件下水浴20 min,最后在14 000 r/min转速下离心3 min,用无菌枪头吸取上层DNA到灭过菌的200 μL离心管内。

(七)DNA检测

将上样缓冲液以合适比例混合并点样于1%的琼脂糖凝胶上进行电泳(20 min,100 V),通过紫外分析仪观察结果。

(八)DNA保存

将亮度合格的DNA样品在-20 ℃条件下保存。

三、16S rRNA基因和持家基因的PCR扩增、系统发育分析及多位点序列分析

16S rRNA的PCR引物对、PCR反应体系及反应程序参照张俊杰博士论文。

按照参考方法扩增16S rRNA 基因，并用琼脂糖凝胶对 PCR 扩增产物进行检测，将合格的扩增产物联通双向引物 P1 和 P6 一起测序。获得测序结果后，在 DNAMAN 软件中拼接双向测序结果，提交完整的16S rRNA 序列并保存在 GenBank 数据库中。采用 Jukes - Cantor 模型计算序列距离矩阵的系数，用最大似然法和邻接法构建目的序列的系统发育树，*Rhizobium etli* CFN 42^T用作聚类树状图的外群，bootstrap 值设置为1 000。

本试验选择3个常用于区别不同根瘤菌种的持家基因，即 *recA*(DNA 重组和修复酶基因)、*glnII*(谷氨酰胺合成酶Ⅱ基因)、*atpD*(ATP 合成酶基因)分别进行 PCR 扩增。

对 PCR 产物进行琼脂糖凝胶电泳检测，吸取2 μL 的 PCR 产物与1 μL 的 Loading Buffer 混匀，点样于1% 琼脂糖凝胶，电泳条件设置为电压100 V，电泳时间20 min。电泳结束后，置于紫外分析仪上观察条带亮度。把合格的 PCR 产物暂时保存在 -20 ℃冰箱内。对于合格的 PCR 产物采用单向测序，分别用3个持家基因的正向引物和对应的 PCR 产物送到生物公司进行测序。

在获得测序结果后对获得的单项测序结果用 DNAMAN 软件拼接，把 PCR 结果提交至 NCBI 数据库，通过 BLASTn 功能进行在线序列同源比对，在 GenBank 数据库下载与供试菌株序列相似度高的序列，并用软件 MEGA 7.0 上的 Clustal W 功能进行序列比对，选用 Kimura -2 模型计算序列距离矩阵的系数并用邻接法构建目的序列的系统发育树。最后把得到的3个持家基因的序列串联进行多位点序列分析。

四、共生基因的 PCR 扩增及系统发育分析

本试验主要选取了根瘤菌的2个共生基因，即 *nodC*(结瘤基因)和 *nifH*(固氮基因)进行 PCR 扩增和系统发育树分析，包括正反向引物、反应体系和反应程序，详细内容参考张俊杰论文中的方法。对 PCR 产物进行琼脂糖凝胶电泳检测，吸取2 μL 的 PCR 产物与1 μL 的 Loading Buffer 混匀，点样于1% 琼脂糖凝胶，电泳条件设置为电压100 V，电泳时间20 min。电泳结束后，置于紫外分析仪上观察条带亮度。把合格的 PCR 产物暂时保存在 -20 ℃冰箱内。对于合格的 PCR 产物采用单向测序，分别用3个持家基因的正向引物和对应的 PCR 产物进行测序。

在获得测序结果后把 PCR 结果提交至 NCBI 数据库，通过 BLASTn 功能进行在线序列同源比对，在 GenBank 数据库下载与供试菌株序列相似度高的序列，并用软件 MEGA 7.0 上的 Clustal W 功能进行序列比对，并用 MEGA 软件做出系统发育树。

五、基因组 G + C 含量测定与 DNA 同源性分析

（一）菌体培养和收集

首先将保存于冰箱中的供试菌株 WYCCWR 10195^{T}接种至 YMA 培养基平板上活化，然后用无菌接种环挑取菌苔接种于 200 mL 的 TY 液体培养基中，在摇床上振荡培养，温度设为 28 ℃，转速设为 180 r/min。待菌体生长至对数生长期的中后期时，用无菌枪头吸取菌液进行镜检，以确认在摇菌过程中菌体是否被污染。经镜检确认无污染后，将菌液收集到已灭菌的离心管中，并置于 4 ℃离心机中离心 20 min，转速设为 5 000 r/min。离心后弃去上清液，加入已灭菌的生理盐水在旋涡振荡仪上充分振荡，用相同的方法洗涤菌体 3 次。

（二）根瘤菌基因组的提取、测序以及 ANI 值热图的构建

使用 TIANgel Midi 纯化试剂盒提取菌株 WYCCWR 10195^{T}的基因组 DNA，并采用 Illumina 新一代测序技术进行基因组测序。使用 SOAPdenovo 2.0 和 GapCloser 1.05 进行基因组装配和间隙填充。使用同源平均核苷酸鉴定工具（Orthologous Average Nucleotide Identity Tool，OAT）对所提取的基因组进行序列比对，利用非加权组平均法（GPGMA）计算 ANI 值，并根据 ANI 值构建 ANI 热图。通过 NCBI 程序对预测基因、tRNA、rRNA 和基因组的其他特征进行自动估算和注释。

六、表型特征的测定

试验主要选取了包括唯一碳源、抗生素浓度、不同 NaCl 浓度、不同生长温度、不同 pH 值、染料抗性、产酸产碱以及过氧化氢酶和氧化酶活性共计 73 项表型性状分析。

（一）唯一碳源利用

选用了 39 种不同的碳源用来测定供试菌株的相关表型特征，各种碳源均

配制为1%的溶液，即在5 mL的试管内加0.05 g对应的碳源。表6－1中除了不耐高温的C5（D－半乳糖）采用过滤除菌外，其余碳源溶液均8磅灭菌20 min。

表6－1　供试碳源列表

碳源名称	编号
酒石酸	C1
酒石酸钾钠	C2
苯甲酸	C3
苯甲酸钠	C4
D－半乳糖	C5
麦芽糖	C6
蔗糖	C7
D－棉子糖	C8
D－果糖	C9
D－纤维二糖	C10
DL－甲硫氨酸	C11
D－海藻糖	C12
二水柠檬酸钠	C13
丙二酸	C14
丙酮酸钠	C15
葡萄糖	C16
DL－苹果酸	C17
乙酸钠	C18
L(＋)－鼠李糖	C19

续表

碳源名称	编号
D－山梨醇	C20
乳糖	C21
DL－丙氨酸	C22
L－丙氨酸	C23
DL－酪氨酸	C24
L－酪氨酸	C25
L－半胱氨酸	C26
L－苏氨酸	C27
L－天冬氨酸	C28
L－异亮氨酸	C29
L－谷氨酸	C30
L－脯氨酸	C31
L－丝氨酸	C32
L－赖氨酸	C33
L－缬氨酸	C34
L－苯丙氨酸	C35
L－鸟氨酸	C36
L－异白氨酸	C37
L－羟基脯氨酸	C38
L－甘氨酸	C39

把 White 培养基按照 1 000:1 比例将 A 组分和 CS_7 微量元素混合均匀，并在 100 mL 的锥形瓶里分装 45 mL 的量灭菌。在无菌条件下把 0.25 mL White 培养基的 B 组分(White Ba 和 White Bb 两个组分各 0.125 mL)分别加 5 mL 含有不同碳源溶液的试管中并混匀，再加入到上述冷却至 55 ℃左右的灭过菌的 White 培养基的 A 组分(含 CS_7 微量元素液)中，最终使碳源浓度保持在0.1%。在超净工作台内混匀倒平板并标记区分不同碳源。将供试菌株在 TY 液体培养基内摇至对数生长期后离心并用生理盐水洗涤 3 次，然后用生理盐水制备菌悬

液使其浓度为每毫升10^8个。为了减轻数值分类的劳动强度，本试验用多点接种器将记录好顺序的试验菌株接种到各个碳源平板培养基上（过程类似平板影印法，盖印章），以基础培养基作为阳性对照，且每种碳源做3组平行，标记好日期，倒置培养在28 ℃恒温培养箱中，4天后每天观察长势，待长势合适取出观察并按照先前标记好的接种顺序记录。

（二）抗生素抗性测定

选取了4种不同的抗生素，包括四环素（Tet）、硫酸链霉素（S）、氨苄青霉素（Amp）和氯霉素（Chl），下设4个浓度梯度。除氯霉素溶解在乙醇中，其余抗生素均溶解在去离子水中，并过滤除菌备用。在无菌条件下，向已灭菌冷却至60 ℃的M－YMA培养基加入适量抗生素，加入的顺序是从低浓度到高浓度，使各种抗生素的终浓度为5 μg/mL、50 μg/mL、100 μg/mL、300 μg/mL，混匀倒板，标记抗生素的浓度和种类。将供试菌株在TY液体培养基内摇至对数生长期后离心，并用生理盐水洗涤3次，然后用生理盐水制备菌悬液使其浓度为每毫升10^8个。以基础培养基作为阳性对照，且每种抗生素浓度做3组平行，标记好日期，倒置培养在28 ℃恒温培养箱中，4天后每天观察长势，待长势合适取出观察并按照先前标记好的接种顺序记录。

（三）耐盐性的测定

测定了供试菌株对五种不同浓度NaCl（包括1%、2%、3%、4%和5%）的耐受性。所用基础培养基为M－YMA培养基，配制相应NaCl浓度的培养基，倒板并做好标记。将供试菌株在TY液体培养基内摇至对数生长期后离心，并用生理盐水洗涤3次，然后用生理盐水制备菌悬液使其浓度为每毫升10^8个。以正常的M－YMA平板培养基（NaCl浓度含量为0.005%）接种作为阳性对照，且每种NaCl浓度做3组平行，标记好日期，倒置培养在28 ℃恒温培养箱中，4天后每天观察长势，待长势合适取出观察并按照先前标记好的接种顺序记录。

（四）生长温度范围测定

一共进行了包括4 ℃、10 ℃、28 ℃、37 ℃、60 ℃在内的共计5个温度梯度的供试菌株生长状况测定，其中以28 ℃相同环境条件下培养作为阳性对照。每个温度梯度做3组平行试验，所用培养基为TY液体培养基。在超净工作台内把生长至对数生长期的供试菌株分别用移液器吸取50 μL的菌液到新的

5 mL TY 培养基试管内混合均匀,并记录好将要放置的温度、时间等。把需4 ℃条件培养与 10 ℃条件培养的试管分别放置在温度设置为 4 ℃和 10 ℃的冰箱内培养;需 28 ℃条件培养和 37 ℃条件培养的试管分别放置在对应的恒温培养箱内;需 60 ℃条件培养的试管在接种后先将试管在 60 ℃的水浴锅中热激 10 min,然后转移至 28 ℃恒温培养箱内培养。以上所有温度条件下的试管均为静置培养,培养两天后每天观察培养液浑浊情况,在合适条件下取出并记录结果。

(五)耐酸碱性检测

一共进行了 5 个梯度的不同酸碱度包括 pH 值为 4.0、5.0、7.0、9.0、10.0 条件下供试菌株生长状况的测定。每个 pH 值梯度做 3 组平行试验,把基础培养基用无菌的 HCl 或 NaOH 将 pH 值调节为 4.0、5.0、7.0、9.0、10.0。将供试菌株在 TY 液体培养基内摇至对数生长期后离心,并用生理盐水洗涤 3 次,然后用生理盐水制备菌悬液使其浓度为每毫升 10^8 个。为了减轻数值分类的劳动强度,本试验用多点接种器将记录好顺序的试验菌株接种到各个 pH 值的平板培养基上(过程类似平板影印法,盖印章),以 pH = 0 相同环境条件下培养作为阳性对照,标记好日期,倒置培养在 28 ℃恒温培养箱中,4 天后每天观察长势,待长势合适取出观察并按照先前标记好的接种顺序记录。

(六)染料抗性测定

选取刚果红作为 6 株供试鹰嘴豆根瘤菌染料抗性试验的染料。配制该试验所用的培养基需先配制刚果红溶液,由于刚果红在冷水里溶解速率较慢,可将其溶到热水中以加快溶解速率。待形成均一稳定的溶液后,与基础培养基混合均匀,使其最终浓度为 0.1%,然后灭菌、倒平板。将供试菌株在 TY 液体培养基内摇至对数生长期后离心,并用生理盐水洗涤 3 次,然后用生理盐水制备菌悬液使其浓度为每毫升 10^8 个。为了减轻数值分类的劳动强度,本试验用多点接种器将记录好顺序的试验菌株接种到各个平板培养基上(过程类似平板影印法),以基础培养基作为阳性对照,且做 3 组平行,标记好日期,倒置培养在 28 ℃恒温培养箱中,4 天后每天观察长势,待长势合适取出观察并按照先前标记好的接种顺序记录。

(七)过氧化氢酶的活性试验

将供试菌株接种到基础培养基上,培养一周后,对其滴加一滴浓度含量为

3%的 H_2O_2 溶液并计时，结果以 5 min 内有气泡产生的菌株为过氧化氢酶阳性，反之则为过氧化氢酶阴性，观察并记录相关结果。

（八）氧化酶的活性试验

将 6 株菌株在 M－YMA 培养基上活化，测试时菌苔最好处于幼龄期。在洁净的培养皿内放一张新滤纸片，滴加 1% 的四甲基对苯二胺盐酸溶液润湿滤纸片，最后用无菌的牙签挑取处于幼龄期的菌苔，在滤纸片上划线并计时，结果以 10 秒内变为紫色的菌株为氧化酶阳性，不变色的菌株则为氧化酶阴性。

（九）BTB 产酸产碱反应

用配制好的 0.5% 溴麝香草酚蓝的乙醇溶液以 0.5% 的最终浓度加入到基础培养基内，15 磅灭菌 30 min 并倒板。将供试菌株在 TY 液体培养基内摇至对数生长期后离心，并用生理盐水洗涤 3 次，然后用生理盐水制备菌悬液使其浓度为每毫升 10^8 个。为了减轻数值分类的劳动强度，本试验用多点接种器将记录好顺序的试验菌株接种到各个平板培养基上（过程类似平板影印法，盖印章），以基础培养基作为阳性对照，且做 3 组平行，标记好日期，倒置培养在 28 ℃恒温培养箱中，4 天后每天观察长势，待长势合适取出观察并按照先前标记好的接种顺序记录。观察变黄即为菌株产酸菌阳性，或者变蓝为菌株产碱菌阳性，不变色者记为阴性。

七、供试菌株脂肪酸含量的测定

（一）供试菌株的样品准备

首先将供试菌株包括鹰嘴豆根瘤菌新种和参比菌株在 YMA 培养基平板上活化，然后从平板接种到 TY 液体培养基中，在 28 ℃恒温摇床上振荡培养至对数生长中期，然后用无菌的 50 mL 离心管在 5 000 r/min 的转速下离心收集菌体，并用灭菌的生理盐水离心洗涤菌体 3 次，最终用无菌的移液器移除上清液。

（二）样品的皂化

取干燥、无菌且带有螺旋盖子的规格为 13 mm×100 mm 的玻璃试管，然后按照增量法用无菌的小铲子将上步得到的大约 40 mg 湿菌体转移到试管底部，然后加入 1 mL 的皂化试剂，拧紧试管盖并用漩涡仪振荡试管 5～10 秒，让菌体充分分散。待所有样品如上述步骤加好皂化试剂后，将盛有样品和皂化试剂的试管放入试管架上，并将试管架放入沸水浴中(95～100 ℃)加热 5 min，然后取出试管架，在室温下轻微冷却，再次振荡试管 5～10 s 并再次放入沸水浴中。此时，要检查试管是否密封完好，方法为：观察试管底部的液体中是否有气泡产生，如果产生气泡，需要检查螺旋盖是否拧紧；如果仍然产生气泡，则必须取出样品，室温下自然冷却后将样品用移液器转移到新的同样规格的干燥无菌的试管底部。检查全部试管密封性完好后，继续计时煮沸样品 25 min。样品一共在水浴中皂化 30 min，时间到后取出试管架，并在室温下自然冷却。

(三)样品的甲基化

当样品皂化并冷却至室温后，打开螺旋盖，向样品中加入 2.0 mL 甲基化试剂，然后拧紧螺旋盖并振荡 5～10 s 使其混匀，之后水浴加热 10 min，水浴温度设置为 80 ℃。事先需准备好盛有冷水的容器，待水浴结束后，快速将试管架取出并放入该容器内降温。为防止反应中生成的羟基酸和环式脂肪酸等遭到破坏，该步骤中水浴的温度和时间均需严格控制。

(四)样品的萃取

向冷却的甲基化样品中加入 1.25 mL 萃取剂，拧紧盖子并振荡 10 min，等到样品静置分层后，用洁净的移液管小心地移除掉下层的水相部分，留下上层的有机相。

(五)脂肪酸组分的测定

首先向剩余有机相中加入 3 mL 洗涤试剂和几滴饱和的 NaCl 水溶液，拧紧盖子振荡 5 min，并以 2 000 r/min 的转速离心 3 min，然后用无菌的移液器小心吸取和转移约 2/3 的上层有机相到洁净的 GC 样品小瓶子内(注意不能吸到下层水相，样品可以在 4 ℃冰箱中保存数日)。最后，使用 MIDI Sherlock 微生物鉴定系统分析供试菌株的脂肪酸组成成分及含量，将结果在数据库 TSBA6 中比对，从脂肪酸的角度提供细菌分类地位的相关信息。

八、革兰氏染色

菌株在基础培养基 M－YMA 上活化、长出单菌落后，挑取单菌落进行染色和观察。革兰氏染色方法参考国标 GB 4789.28—2013《食品安全国家标准 食品微生物学检验 培养基和试剂的质量要求》，具体操作如下：

(一)涂片

在载玻片上滴加一小滴蒸馏水,用无菌接种环挑取少量菌落于载玻片小水滴内并混匀抹开,涂抹直径约为1 cm的薄层。

(二)固定

用酒精灯火焰加速菌液蒸发,以载玻片快速通过不烫手为准,直至薄层变干。

(三)染色

滴加草酸铵结晶紫,并于1 min后水洗。

(四)媒染

滴加碘液,并于1 min后水洗。

(五)脱色

使用95%乙醇脱色,并于30 s后水洗,时间必须控制好。

(六)复染

使用0.5%番红染色,并于10~30 s后水洗。

(七)观察

菌体呈现紫色则为革兰氏阳性菌,红色则为革兰氏阴性菌。

九、扫描电镜观察

将供试菌株WYCCWR 10195^{T}在YMA培养基上于28 ℃培养5天后,在无菌环境下挑取菌苔接种至YMA培养基斜面。将存有供试菌株的斜面寄往中国农业大学生物学院,使用单一色谱柱在扫描电子显微镜(SEM)下观察细胞形态和大小。

十、交叉结瘤试验

选取了苜蓿(*Medicago*)、三叶草(*Trifolium*)、豌豆(*Pisum sativum*)、蚕豆(*Vicia faba*)、菜豆(*Phaseolus vulgaris*)、紫云英(*Astragalus sinicus*)、大豆(*Glycine max*)和豇豆(*Vigna unguiculata*)共8种豆科植物来检测疑似新种群代表菌株与它们的交叉结瘤状况,选择宿主鹰嘴豆作为阳性对照。种子的处理与

萌发以及植株的培养方法如下：

(一)鹰嘴豆种子的消毒与萌发

挑选大小均匀且颗粒饱满的迪西鹰嘴豆种子，将种子表面用无菌水冲洗干净，然后用95%乙醇溶液浸泡30 s，去除乙醇溶液，接下来用0.2%升汞溶液消毒5 min，去除升汞溶液后，用无菌水冲洗种子7次充分洗净升汞残留。用无菌镊子把已消毒的种子均匀排列在灭菌的水琼脂平板上，然后在28 ℃黑暗条件下培养使种子萌发。

(二)灭菌蛭石－玻璃回接管准备

将蛭石和低氮营养液均匀搅拌在一起，低氮营养液的添加量以将蛭石攥在手中有液滴渗出，但不往下滴水，松手后蛭石可以缓慢散开为宜。然后将拌好的蛭石装到玻璃回接管中，蛭石装填量以顶端离管口10～15 cm为宜，管口用封口膜封好。最后，15磅灭菌2 h，为了达到彻底灭菌的目的，需间歇灭菌两次。

(三)鹰嘴豆发芽种子的移种、根瘤菌的接种以及结果的观察

待鹰嘴豆种子在28 ℃黑暗条件下萌发至根的长度为1 cm左右，同时回接用的根瘤菌菌株培养至$OD_{600}=0.8\sim1.0$时，用无菌的长镊子将一粒萌发的种子根部朝下移种到灭菌的蛭石回接管中，然后，将培养好的根瘤菌用移液器接种到鹰嘴豆种子的根部，接种浓度为每粒种子上附着约10^6个菌，用蛭石覆盖好种子，并用封口膜封好管口。完成所有菌株的回接后，把回接管转移到光照培养箱内，将光照条件设定为25 ℃光照16 h与20 ℃黑暗8 h交替进行。待鹰嘴豆种子发芽后，剪开封口膜，观察蛭石的含水状态定时浇灌适量的无菌水。该条件下生长45天之后，取出鹰嘴豆观察结果。选取植株的叶子颜色、根瘤形状及根瘤剖面的颜色为主要考察指标，并以此为依据判断不同根瘤菌菌株回接鹰嘴豆宿主的有效性。

第三节　试验结果与分析

一、16S rRNA基因和持家基因的系统发育分析

16S rRNA基因在细菌进化过程中属于相对保守的基因序列，因此可以用

其快速确定菌株在属水平上的定位。从图 6 - 1 中可以看出，WYCCWR 10195^T 与模式菌株 *M. mediterraneum* 和 *M. temperatum* 的相似度达 100%，与 *M. muleiense* 和 *M. robiniae* 的相似度均为 99.9%。在用部分 16S rRNA 基因（1207 nt）重建的最大似然系统发育树中（图 6 - 2），3 个代表菌株显示相同的序列，系统发育关系与图 6 - 1 中 NJ 系统发育树的关系相同。这些结果表明 16S rRNA 基因分析不能用来区分亲缘关系较近的 *Mesorhizobium* 种类。

按照一定的顺序，把几个持家基因序列串联合并成一个新的长序列，再对该序列进行系统发育分析来分析细菌进化的方法，即为多位点序列分析（MLSA）法。MLSA 已被证明是一种有效区分根瘤菌的方法，因此在根瘤菌分类学与系统发育学的研究中得到广泛应用。在 MEGA 软件中，把得到的 3 个持家基因 *atpD*、*recA*、*glnII* 的序列进行多序列比对之后，截成相同的长度，然后合并成一个长序列进行多位点序列分析，并基于它们的连锁序列重构建了系统发育树，包含了从 NCBI 数据库中提取的所有中慢生根瘤菌物种的基因（图 6 - 3）。从 MLSA 系统发育树中可以看出，3 株代表菌株的序列相似度为 100%，与代表菌株距离最近的 3 株模式菌株的相似度分别为：与 *M. temperatum* SDW 018^T 的相似度为 97.0%；与 *M. muleiense* CCBAU 83963^T 的相似度为 96.6%；与 *M. mediterraneum* USDA 3392^T 的相似度为 95.7%；而与其他模式菌株的相似度不到 95.1%。因此，新种群中的 3 株代表菌株明显不同于其他已知的中慢生根瘤菌种群。分别用每个菌株 3 个持家基因对 3 株被测菌株进行个体系统发育重建，所呈现的系统发育关系与图 6 - 3 相同。

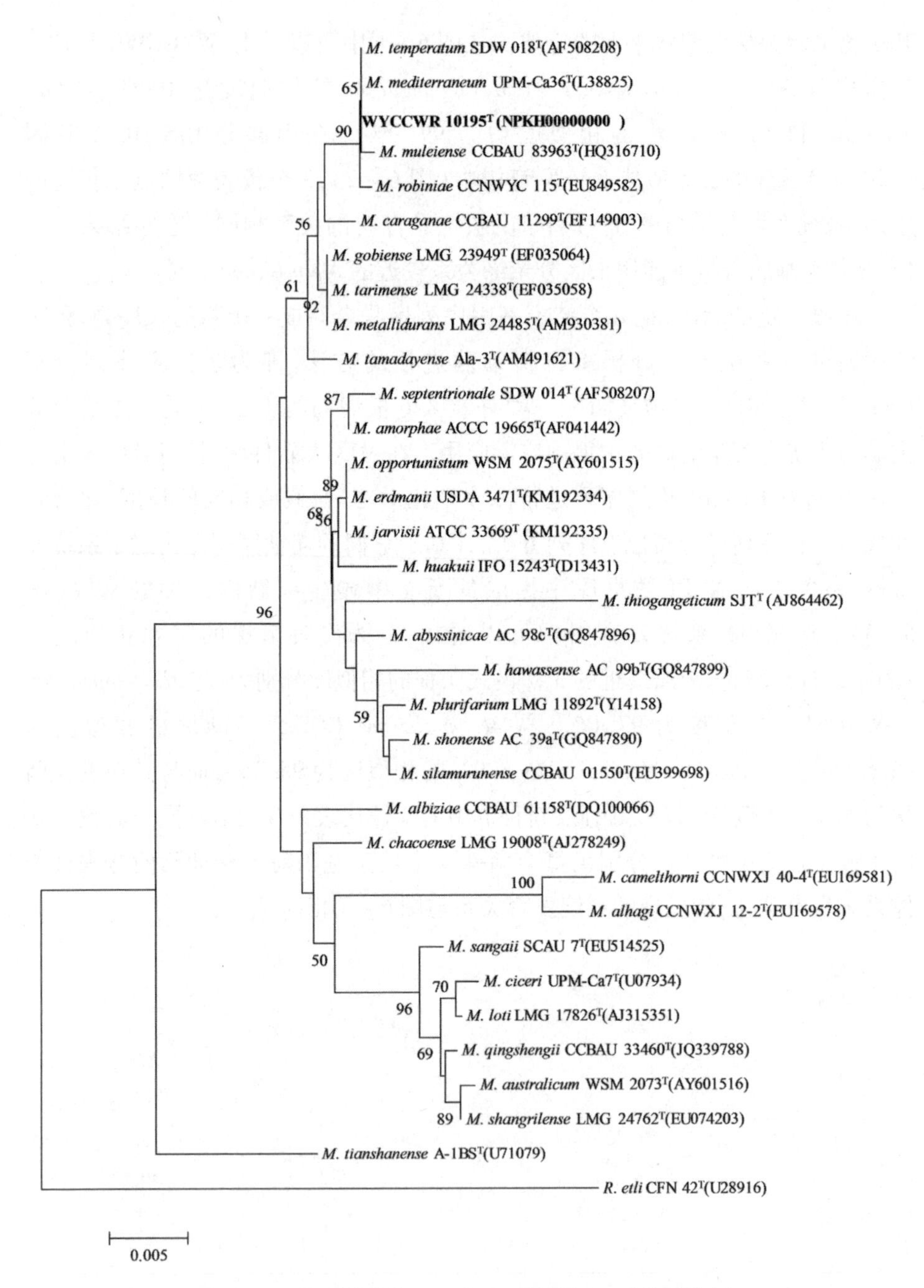

图 6-1 供试菌株的 16S rRNA 基因的 NJ 系统发育树

注:系统发育树由邻接法运算得到,选用 Jukes - Cantor 模型,*R. etli* CFN 42^{T}作为聚类树状图的外群,bootstrap 值为 1 000,相应节点仅显示大于 50% 的值,遗传距离图例为 0.005。

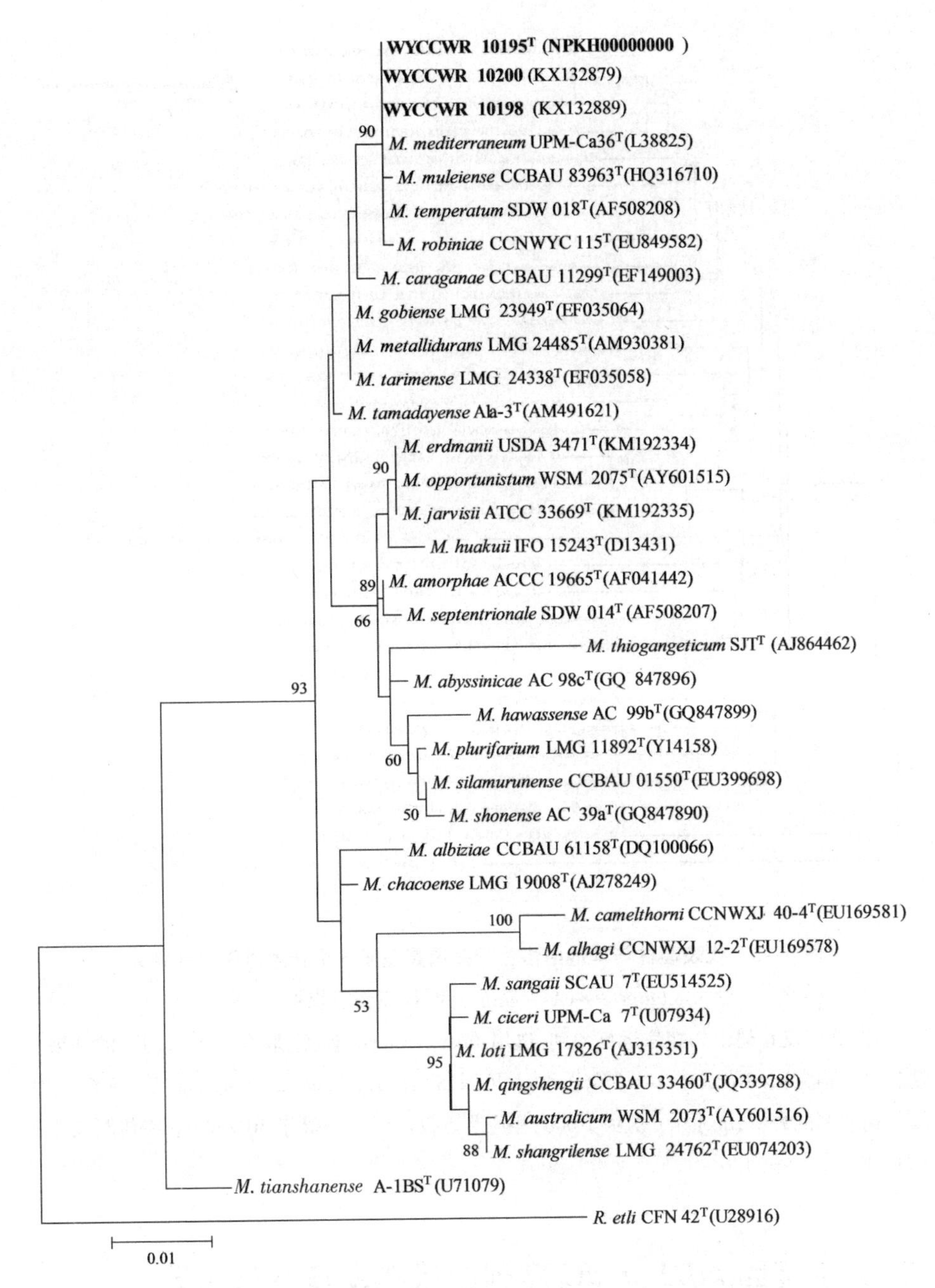

图 6－2　供试菌株的 16S rRNA 基因的 ML 系统发育树

注：用最大似然法运算得到，选用 Tamura－Nei 模型，*R. etli* CFN 42^{T} 作为聚类树状图的外群，bootstrap 值为 1 000，相应节点仅显示大于 50% 的值，遗传距离图例为 0.01。

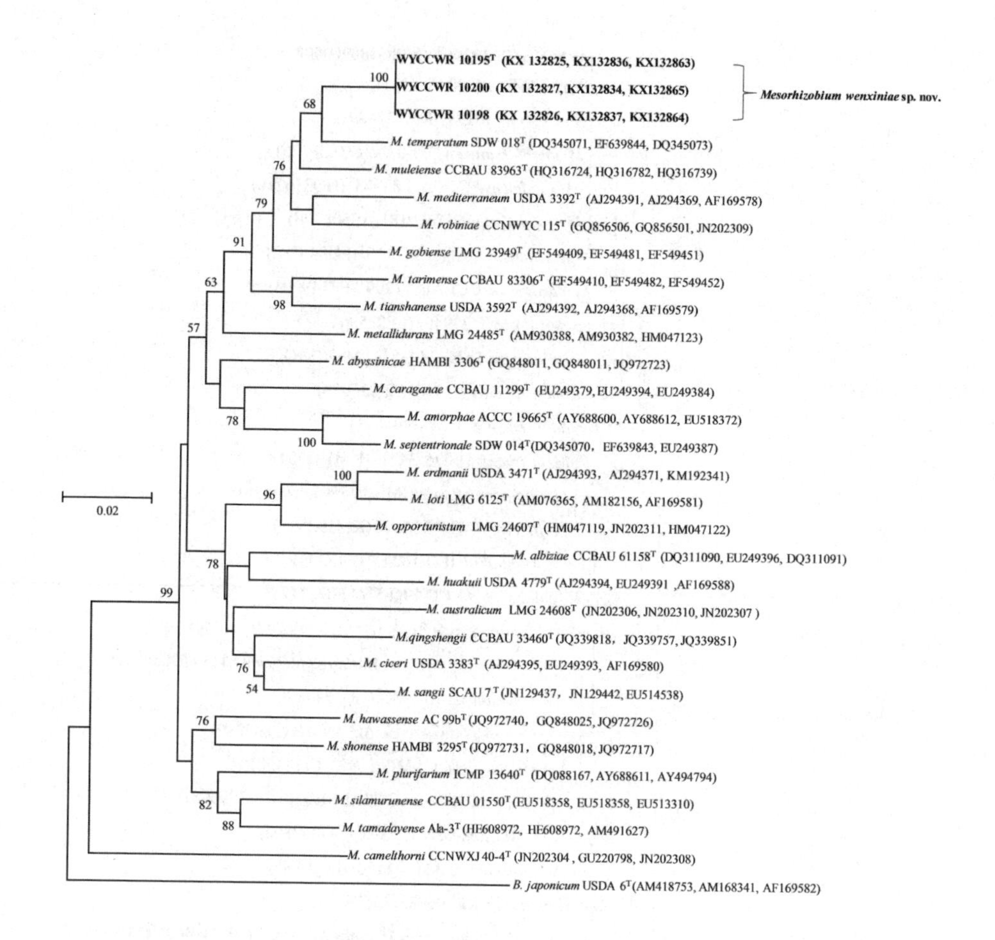

图 6－3 代表菌株与其他中慢生根瘤菌属基于 3 个持家基因合并序列（*atpD* － *recA* － *glnII*）的 NJ 系统发育树

注：系统发育树由邻接法运算得到，选用 Jukes－Cantor 模型，联合聚类所用到的基因长度（nt）分别为：*atp*D（333），*recA*（306）和 *glnII*（438），*Bradyrhizobium japonicum* USDA 6^{T} 作为聚类树状图的外群，bootstrap 值为 1 000，相应节点仅显示大于等于 50% 的值，遗传距离图例为 0.02。

二、共生基因 *nifH*、*nodC* 序列的系统发育分析结果

如图 6－4 所示，从构建的 *nodC* 基因的系统发育树中可以得出，3 株代表菌株的 *nodC* 基因和模式菌株 *M. mediterraneum* UPM－Ca36^{T}、*M. ciceri* UPM－

Ca7^T、*M. muleiense* CCBAU 83963^{T}聚为一个独立的结瘤基因型分支，相似度为99.0%～99.8%，形成了一个不同于可以与其他豆科植物结瘤菌株的一个特定的 *nodC* 基因分支。基于 *nifH* 基因序列的 ML 和 NJ 系统发育树（图 6－5、图 6－6）具有相同的拓扑结构并与 *nodC* 系统发育树一致。由此可见，目的菌株的共生基因在鹰嘴豆根瘤菌菌群中具有较高的保守性，因为无论是结瘤基因 *nodC* 还是固氮基因 *nifH* 在已知的 3 个鹰嘴豆根瘤菌种群和本书的目的菌株中均具有很高的相似度。*nodC* 和 *nifH* 的系统发育数据证明了这个新种群可能与 *M. ciceri*、*M. mediterraneum* 和 *M. muleiense* 的模式菌株相同。

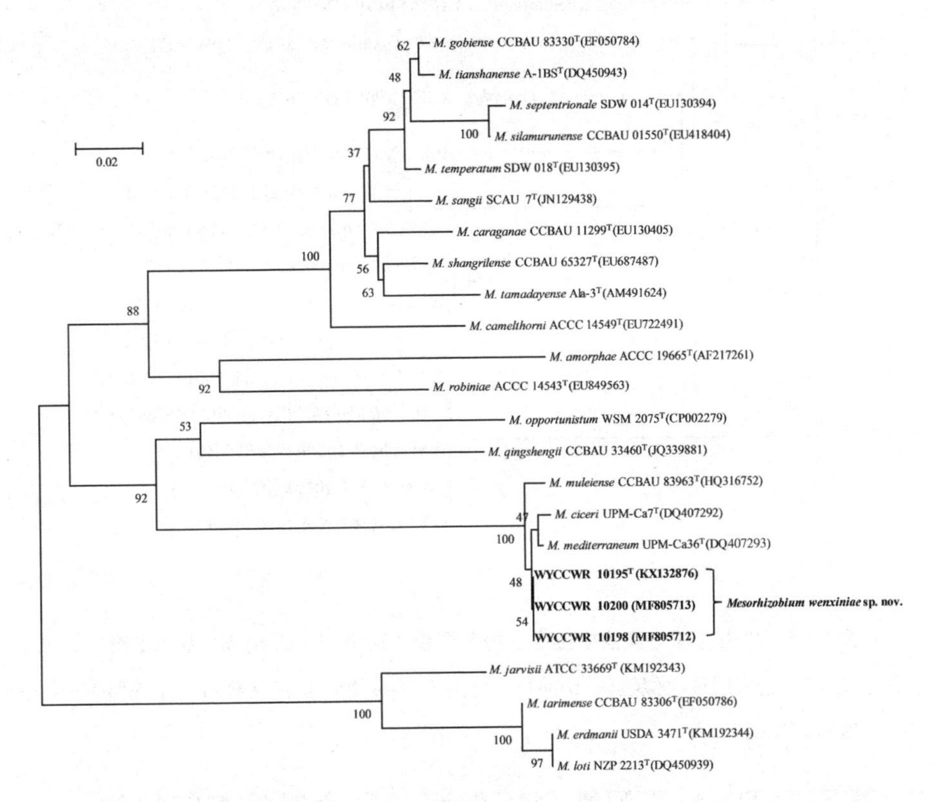

图 6－4　代表菌株与其他中慢生根瘤菌属模式菌株的 *nodC* 的 ML 系统发育树

注：建树方法采用最大似然法，bootstrap 值为 1 000，相应节点仅显示大于 50% 的值，遗传距离图例为 0.02。

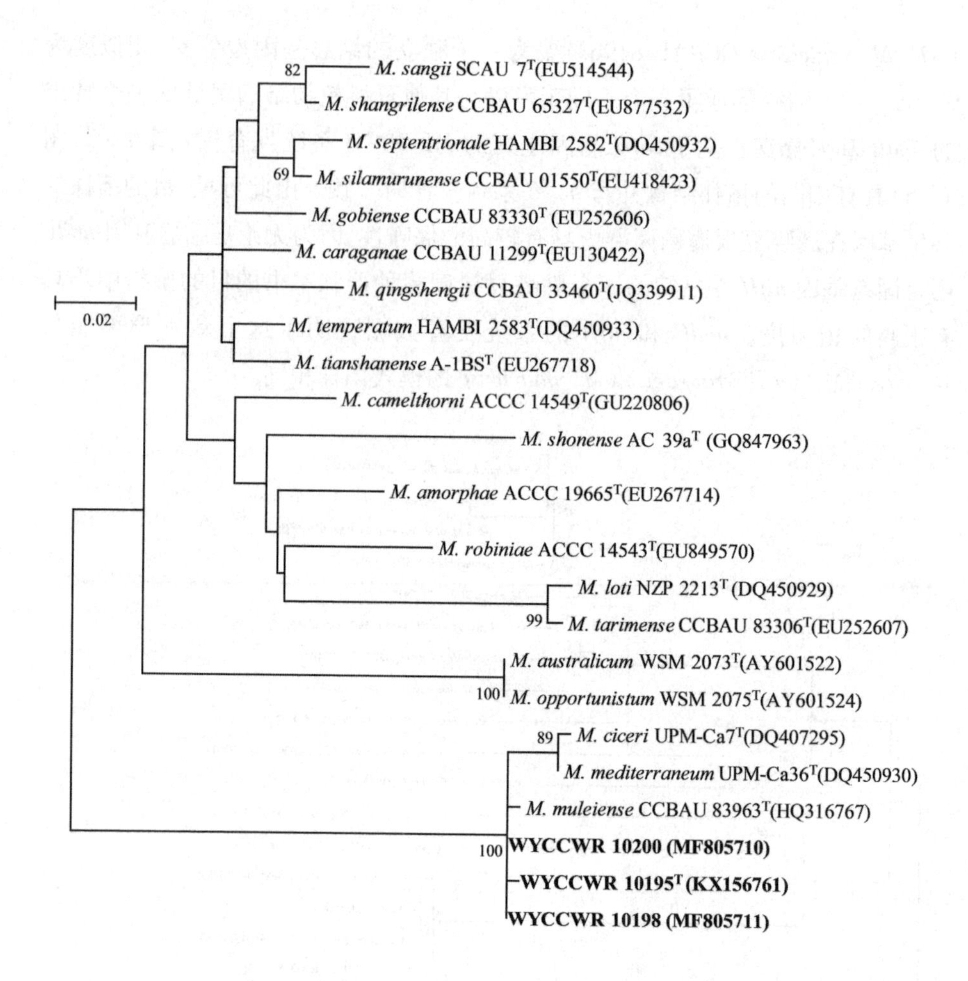

图6-5 代表菌株与其他中慢生根瘤菌属模式菌株的 *nifH* 的 ML 系统发育树

注:建树方法采用最大似然法,bootstrap 值为 1 000,相应节点仅显示大于 50% 的值,遗传距离图例为 0.02。

三、基因组 DNA 同源性分析与 G+C 含量的测定结果

我们选取了代表菌株 *M. wenxiniae* WYCCWR 10195^{T},并将其基因组特征与提取自 NCBI 的其他八种相关的鹰嘴豆根瘤菌模式菌株的基因组进行同源性分析比较与 G+C 含量的测定。从表 6-2 可以看出,参比菌株 *M. temperatum*、*M. mediterraneum* 和 *M. muleiense* 的假基因、tRNA 和 rRNA 基因数量范围分别为

370~434、49~57 和 4~7，与之相比，代表菌株 WYCCWR 10195^{T}的假基因、tRNA基因数量较多，分别为465 和60，而 rRNA 基因数量较少，仅为3。代表菌株 DNA G+C 含量为61.9%，而中慢生根瘤菌属的 G+C 含量范围为59%~64%，由此可以将代表菌株的属定为中慢生根瘤菌属。从图6-7可以看出菌株 WYCCWR 10195^{T}的 ANI 值为93.1%~91.9%，而其他5种参比菌株的 ANI 值为86.1%~81.0%，可知 WYCCWR 10195^{T}与已知种群基因组的相似度均小于95%。

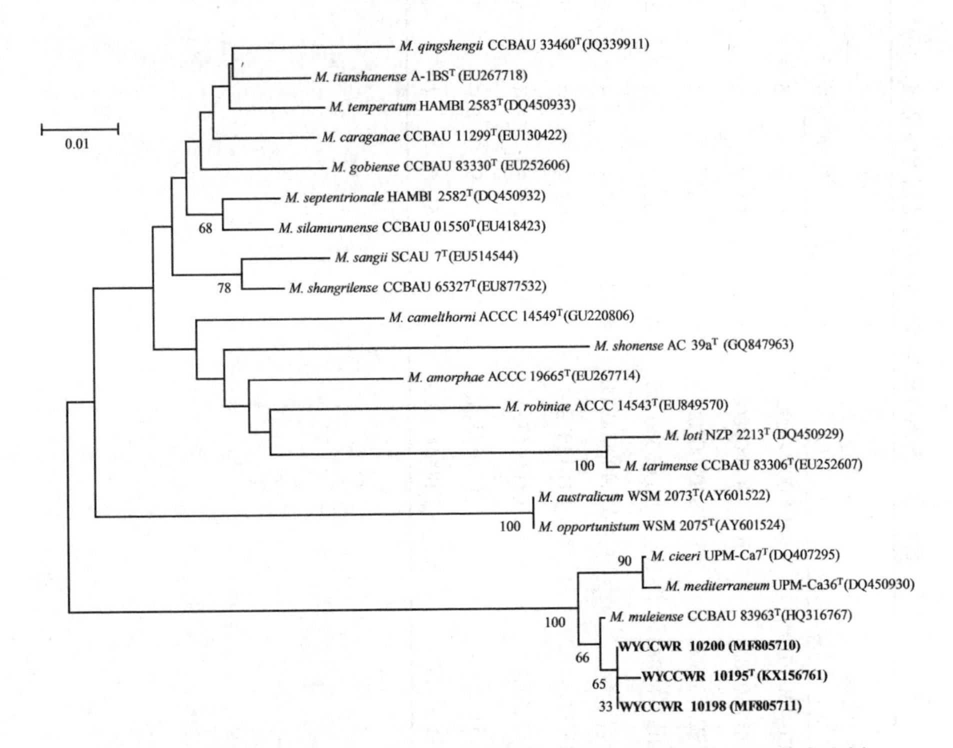

图6-6　代表菌株与其他中慢生根瘤菌属模式菌株的 *nifH* 的 NJ 系统发育树

注：建树方法采用邻接法，bootstrap 值为1 000，相应节点仅显示大于50%的值，遗传距离图例为0.01。

表6-2　代表菌株与参比菌株的基因组特征表

物种	菌株	登录号	长度/Mb	G+C含量	数量				假基因
					ncRNA	tRNA	rRNA	基因	
M. wenxiniae	WYCCWR 10195^{T}	NPKH00000000	6.37	61.9	5	60	3	6,633	465
M. temperatum	SDW 018^{T}	NPKJ00000000	6.83	61.9	5	57	6	7,065	434
M. mediterraneum	USDA 3392^{T}	NPKI00000000	6.86	62	4	53	4	7,092	370
M. muleiense	CCBAU 83963^{T}	NZ_FNEE01000000	6.81	62.3	4	49	7	6,671	418
M. metallidurans	STM 2683^{T}	NZ_CAUM00000000	6.23	62.4	4	45	3	6,218	432
M. amorphae	CCNWGS 0123	NZ_CP015318	6.27	63.4	4	53	6	6,958	263
M. huakuii	7653R	NZ_CP006581	6.36	63.3	4	51	4	6,839	505
M. opportunistum	WSM 2075^{T}	NC_015675	6.88	62.9	4	53	6	6,779	202
M. plurifarium	STM 8773	NZ_CCNB00000000	7.17	63.8	4	49	3	6,888	182

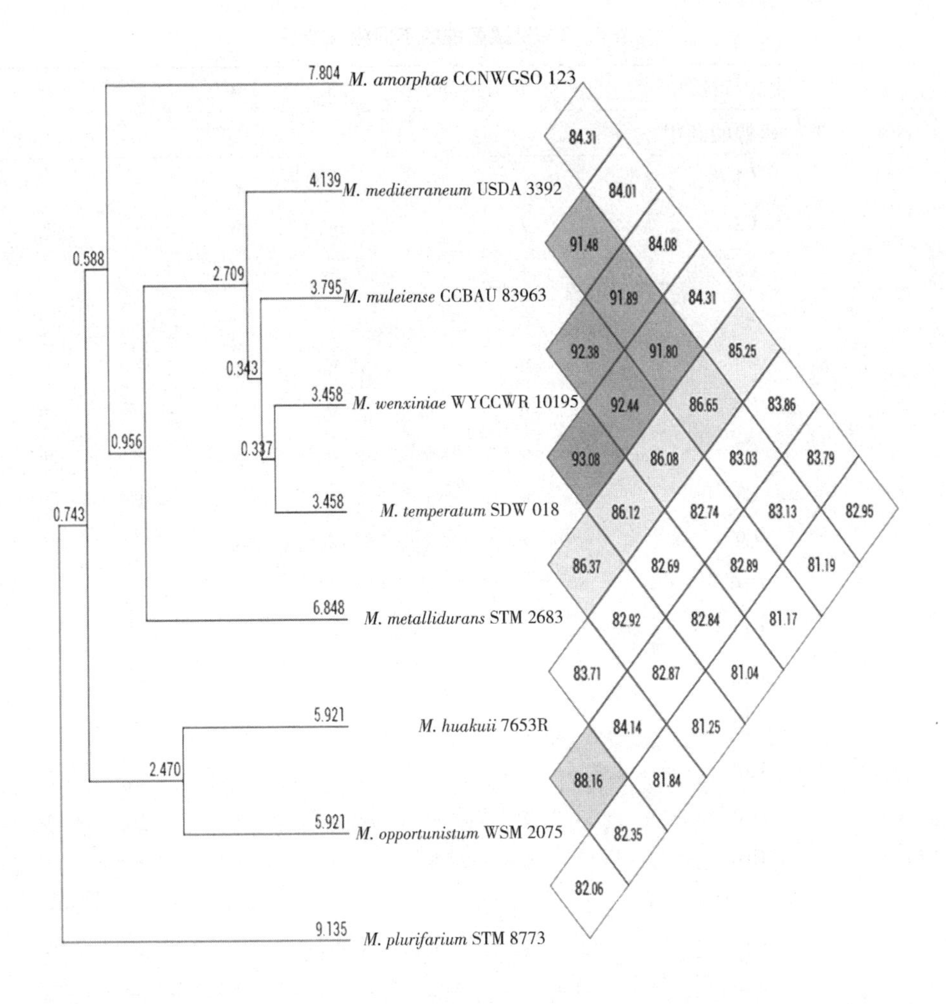

图 6－7　基因组序列 UPGMA 树

注:在 OAT 软件中采用非加权组平均法计算 ANI 值,基于基因组序列构建的 UPGMA 树。

四、数值分类分析结果

供试菌株的不同生长特征见表 6－3。

表6-3 供试菌株的不同生长特征

生长特征	1	2	3	4	5	6
唯一碳源的利用						
C1	–	–	–	–	–	–
C2	w	w	w	w	–	+
C3	–	–	–	–	–	–
C4	–	–	–	–	–	–
C5	w	w	w	+	+	+
C6	w	w	w	+	+	+
C7	w	w	w	+	+	+
C8	w	w	w	+	+	+
C9	w	w	w	+	+	+
C10	w	w	w	+	+	+
C11	–	–	–	–	–	–
C12	w	w	w	+	+	+
C13	–	–	–	–	–	–
C14	–	–	–	–	–	–
C15	w	w	w	+	+	+
C16	w	w	w	+	+	+
C17	–	–	–	–	–	–
C18	w	w	w	+	w	+
C19	–	–	–	+	+	+
C20	w	w	w	+	+	+
C21	w	w	w	+	+	+
C22	–	–	–	–	+	–
C23	w	w	w	+	+	+
C24	–	–	–	–	–	–
C25	+	+	+	+	+	+
C26	–	–	–	+	+	+
C27	w	w	w	+	+	+

续表

生长特征	1	2	3	4	5	6
C28	–	–	–	–	–	–
C29	w	w	w	+	w	+
C30	w	w	w	w	w	+
C31	w	w	w	+	w	+
C32	w	w	w	w	w	+
C33	w	w	w	w	+	+
C34	w	w	w	+	w	+
C35	w	w	w	+	+	+
C36	w	w	w	+	+	+
C37	w	w	w	+	+	+
C38	w	w	w	+	+	+
C39	–	–	–	–	w	–
对抗生素的抗性/($\mu g \cdot mL^{-1}$)						
四环素(5)	–	–	–	–	–	–
四环素(50)	–	–	–	–	–	–
四环素(100)	–	–	–	–	–	–
四环素(300)	–	–	–	–	–	–
氯霉素(5)	+	+	+	+	w	+
氯霉素(50)	w	w	w	+	–	w
氯霉素(100)	w	w	w	+	–	w
氯霉素(300)	–	–	–	–	–	–
硫酸链霉素(5)	–	–	–	–	–	–
硫酸链霉素(50)	–	–	–	–	–	–
硫酸链霉素(100)	–	–	–	–	–	–
硫酸链霉素(300)	–	–	–	–	–	–
氨苄青霉素(5)	–	–	–	–	–	–
氨苄青霉素(50)	–	–	–	–	–	–
氨苄青霉素(100)	–	–	–	–	–	–
氨苄青霉素(300)	–	–	–	–	–	–

续表

生长特征	1	2	3	4	5	6
对 NaCl 的抗性/%						
1	w	w	w	–	–	–
2	–	–	–	–	–	–
3	–	–	–	–	–	–
4	–	–	–	–	–	–
5	–	–	–	–	–	–
生长温度范围测定/℃						
4	–	–	–	–	–	–
10	–	–	–	–	–	–
28	+	+	+	+	+	+
37	–	–	–	–	–	–
60	–	–	–	–	–	–
对不同 pH 的耐受性						
4.0	–	–	–	–	–	–
5.0	–	–	–	–	–	–
7	+	+	+	+	+	+
9.0	w	w	w	+	+	+
10.0	w	w	w	+	+	+
对刚果红的抗性	w	w	w	+	+	+
过氧化氢酶活性	+	+	+	+	+	+
氧化酶活性	+	+	+	+	+	+
BTB 产酸产碱反应	+	+	+	+	+	+
硝酸盐还原反应	–	–	–	–	–	–
Voges – Proskauer 测定试验	–	–	–	–	–	–
甲基红试验	–	–	–	–	–	–
产 H_2S 试验	–	–	–	–	–	–
水解						
L – 酪氨酸	–	–	–	+	+	+

续表

生长特征	1	2	3	4	5	6
吐温 80	-	-	-	-	-	+
尿素	+	+	w	-	+	-
可溶性淀粉	+	-	+	-	+	+
酪蛋白	-	-	-	-	-	-

注：菌株 1—*M. wenxiniae* sp. nov. WYCCWR 10195^T；菌株 2—*M. wenxiniae* sp. nov. WYCCWR 10198；菌株 3—*M. wenxiniae* sp. nov. WYCCWR 10200；菌株 4—*M. temperatum* SDW 018^T；菌株 5—*M. mediterraneum* USDA 3392^T；菌株 6—*M. muleiense* CCBAU 83963^T。w：可在培养基上形成薄的菌苔，但生长状态不如阳性对照；+：与阳性对照（以甘露醇作为唯一碳源）生长状态相同；-：不生长。

表 6-3 汇总了所有数值分类的结果。从此表中可以看出 6 株供试菌株在 C1、C3、C4、C11、C13、C14、C17、C24、C28 作为唯一碳源下都不能生长，即它们无法在利用酒石酸、苯甲酸、苯甲酸钠、DL-甲硫氨酸、二水柠檬酸钠、丙二酸、DL-苹果酸、DL-酪氨酸、L-天冬氨酸作为唯一碳源的培养基下生长。除了在 C25（L-酪氨酸）6 株供试菌株长势良好和以上 9 种碳源下都不能生长外，其余共计 29 种碳源下目的菌株和参比模式菌株的生长状况均不一致。在这 29 种碳源中，3 株目的菌株在以 C19（L（+）-鼠李糖）、C22（DL-丙氨酸）、C26（L-半胱氨酸）、C39（L-甘氨酸）为唯一碳源的情况下不能生长，而在其余 25 种碳源为唯一碳源的情况下均表现为弱阳性，这与参比模式菌株生长性状均有所不同。

对抗生素的抗性，从表 6-3 可以看出 6 种供试菌株对于抗生素的抗性都比较弱，包括在 4 种浓度梯度下的四环素、硫酸链霉素、氨苄青霉素均不能生长，在较高浓度的氯霉素（300 μg/mL）下也均不能生长。在氯霉素浓度为 5 μg/mL、50 μg/mL 和 100 μg/mL 的情况下，目的菌株表现出与参比菌株不一样的生长状况，表现出其耐受这些浓度抗生素的差异。

关于对 NaCl 的抗性，由表 6-3 可以看出 3 株模式菌株均不能在 1%~5% 的 NaCl 浓度条件下生长，而只有 3 株目的菌株可以在 1% NaCl 浓度条件下微弱生长，如果 NaCl 浓度再提高也无法微弱生长，表现出比参比菌株更好的耐盐性。

由于各个温度条件下的 TY 培养基试管均为静置培养,因此以试管能出现浑浊作为检测到根瘤菌生长的标准。由表 6－3 可以看出,包括 4 ℃、10 ℃、37 ℃和在 60 ℃水浴热激 10 min 放置 28 ℃下培养的 TY 试管内均未出现浑浊,而放置在 28 ℃条件下静置培养 6 株供试菌株的 TY 试管内均出现了浑浊,供试根瘤菌比较适宜在 28 ℃条件下培养,温度过高或过低均不适宜其生长繁殖。

由表 6－3 可以看出供试菌株在酸性条件下即 pH＝4.0、5.0 时均不能生长,但对于碱性条件下 pH＝9.0、10.0 和中性条件下均能生长,只是目的菌株相对于模式菌株的生长较弱,体现出目的菌株与参比菌株耐受相应 pH 值的能力存在差异。6 株供试菌株均能在浓度为 0.1% 的刚果红培养基上生长,而目的菌株相对于模式菌株的生长较弱。6 株供试菌株均为过氧化氢酶阳性、氧化酶阳性、BTB 产酸产碱阳性且观察到培养基上菌落的颜色为黄色,即 6 株根瘤菌的供试菌株均为产酸菌。

五、脂肪酸结果分析

本书从 3 株目的菌株中选取了 WYCCWR 10195^{T}作为代表菌株和 3 株模式菌株即:*M. temperatum* SDW 018^T、*M. mediterraneum* USDA 3392^T、*M. muleiense* CCBAU 83963^{T}进行了细胞脂肪酸含量的测定,结果详见表 6－4。研究结果发现所有的菌株都含有 16:0、17:0 iso、17:0、19:0 cyclo ω8*c*、Summed Feature 8 等中慢生根瘤菌属特有的脂肪酸。而代表菌株 WYCCWR 10195^{T}又区别于 3 株参比模式菌株,其含有的如下脂肪酸种类:19:0 iso(1.08%)、19:0 cyclo ω8*c*(51.38%)和 20:2 ω6,9*c*(1.25%)均高于已知的 3 株模式菌株。结果表明代表菌株属于中慢生根瘤菌属但又不同于 3 个模式菌株,可能代表一个新的种群。

表 6-4　代表菌株及其相近的模式菌株的细胞脂肪酸相对含量分析列表

脂肪酸种类	相对含量/%			
	1	2	3	4
16:0	9.3	7.3	9.6	9.9
17:0 iso	4.6	3.4	2.9	6.5
17:1 ω8c	TR	2.5	1.5	ND
17:1 ω6c	ND	1.9	ND	ND
17:0 cyclo	1.1	ND	1.5	3.0
17:0	4.8	8.9	8.5	TR
18:0	3.6	5.9	3.6	1.9
18:1 ω7c 11-methyl	9.5	1.3	9.2	12.6
19:0 iso	1.1	TR	TR	TR
19:0 cyclo ω8c	51.4	33.8	43.1	50.4
20:2 ω6,9c	1.3	1.0	1.1	TR
20:1 ω7c	TR	TR	TR	1.0
Summed feature 8	6.6	27.6	13.4	6.0

Summed Feature 8 包括 18:1 ω6c。

注：1—*M. wenxiniae* sp. nov. WYCCWR 10195^T；2—*M. muleiense* CCBAU 83963^T；3—*M. temperatum* SDW 018^T；4—*M. mediterraneum* USDA 3392^T。TR：痕量变化范围为 0.2～0.9；ND：未检测到。

六、革兰氏染色结果

选取代表菌株 *M. wenxiniae* sp. nov. WYCCWR 10195^{T}进行革兰氏染色，并在油镜下进行观察并拍照（放大 1 000 倍），如图 6-8 所示，代表菌株经染色后呈现红色，为革兰氏阴性菌。

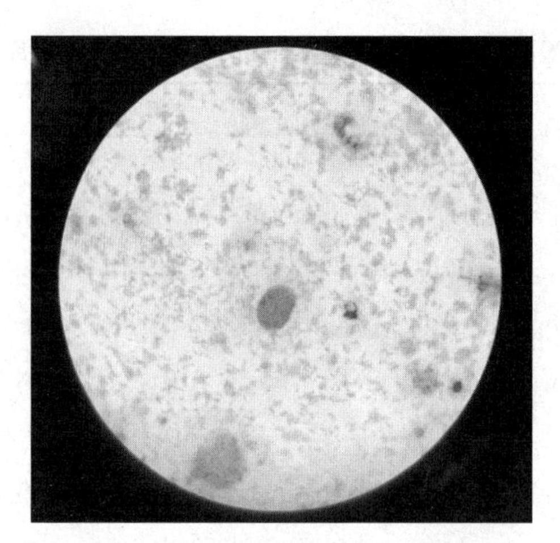

图 6-8　代表菌株革兰氏染色照片

七、电镜观察结果

如图 6-9 所示，将代表菌株 WYCCWR 10195^{T}放大 15 000 倍后，从扫描电子显微镜照片上可以观察到，菌体呈现短杆状，符合根瘤菌的形态特征，根据图中的标尺对其中一个菌体进行测量，长度约为 1.13 μm，直径约为 0.38 μm。

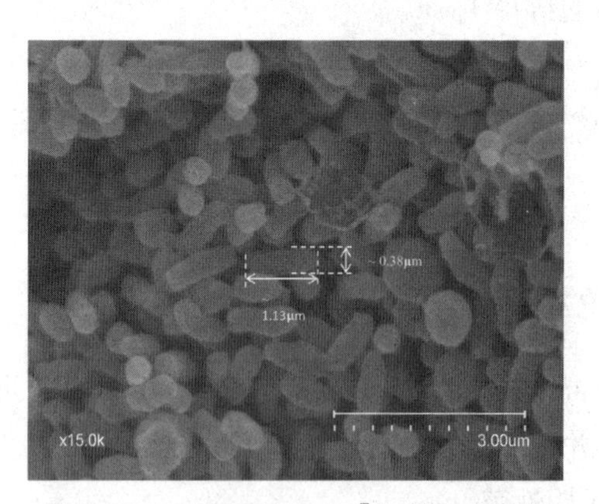

图 6-9　WYCCWR 10195^T 扫描电镜照片

注：图为在 YMA 固体培养基上于 28 ℃培养 5 天的单菌落细胞，在扫描电子显微镜（SEM）下所拍摄的照片。绘图比例为 3 μm，细胞扩增 15 000 次。选择一个菌体用于测量其长度和宽度，并且将值显示在图中。

八、交叉结瘤试验结果

交叉结瘤试验结果表明，所选代表菌株在本试验的培养条件下，无法与提供的8种豆科植物（苜蓿、三叶草、豌豆、蚕豆、菜豆、紫云英、大豆和豇豆）共生结瘤，仅可以与原宿主鹰嘴豆共生结瘤。这体现了鹰嘴豆根瘤对宿主豆科植物具有高度的专一性。

第四节　结论

本章对甘肃会宁地区鹰嘴豆根瘤菌疑似新种群进行了基于3种持家基因（*recA*、*glnII*、*atpD*）测序及MLSA分析、共生基因（*nodC*、*nifH*）系统发育分析、脂肪酸分析、数值分类及电镜观察等研究，将该新种群命名为 *Mesorhizobium wenxiniae*。进一步鉴定其分类学的地位，结论如下：

这种细菌为革兰氏阴性菌，需氧，不形成芽孢，大小约1.13 μm×0.38 μm。它的菌落在YMA培养基上呈圆形，凸起，白色，不透明，通常在最佳的生长温度28 ℃接种5~7天后，形成直径为2~3 mm的菌落。在4 ℃、10 ℃、37 ℃或在60 ℃下处理10 min，其生长会受到抑制。pH=4、pH=5、pH=7、pH=9和pH=10下其生长也被抑制（最适pH值为7）。在含有0.1%溴麝香草酚蓝的M-YMA培养基上产生酸。可以在含有以下物质的M-YMA培养基上成长：浓度为5 μg/mL、50 μg/mL和100 μg/mL的氯霉素，1% NaCl和0.1%的刚果红。过氧化氢酶和氧化酶活性均为阳性。可以利用D-半乳糖、麦芽糖、蔗糖、棉子糖、D-果糖、D-纤维二糖、D-海藻糖、丙酮酸钠、葡萄糖、醋酸钠、D-山梨醇、乳糖、L-丙氨酸、L-酪氨酸、L-苏氨酸、L-异亮氨酸、L-谷氨酸、L-脯氨酸、L-丝氨酸、L-赖氨酸、L-缬氨酸、L-苯丙氨酸、L-鸟氨酸和L-羟基脯氨酸作为唯一碳源，但无法利用酒石酸、苯甲酸、苯甲酸钠、DL-甲硫氨酸、二水柠檬酸钠、丙二酸、DL-苹果酸、L(+)-鼠李糖、DL-丙氨酸、DL-酪氨酸、L-半胱氨酸、L-天冬氨酸和L-甘氨酸。一些菌株能水解尿素和淀粉，但没有菌株可以水解吐温80和L-酪氨酸。代表菌株的交叉结瘤试验表明其只能和原宿主即鹰嘴豆上诱导固氮结瘤。

第七章　中国鹰嘴豆根瘤菌菌剂发酵工艺条件优化

在之前的研究中，我们用 *M. wenxiniae*、*M. muleiense*、*M. ciceri* 和 *M. mediterraneum* 4 个种群的鹰嘴豆根瘤菌进行大田试验，结果发现 *M. ciceri* USDA 3378 表现出了较强的竞争适应性，适合用于菌剂开发。

第一节　试验材料

一、供试菌株

选择 *M. ciceri* USDA 3378 作为供试菌株。

二、培养基

YMA 培养基与 TY 培养基是两种培养根瘤菌常用的培养基。而吴红慧之前已针对大豆根瘤菌对 YMA 培养基进行了优化(后文中简写为 YMAR)。为了筛选出最适合供试菌株 *M. ciceri* USDA 3378 生长的培养基，共选取以下 3 种培养基进行比较：

YMAR 培养基：称取 15 g 葡萄糖，4 g 酵母粉，0.5 g K_2HPO_4，2 g $MgSO_4 \cdot 7H_2O$，0.1 g NaCl，0.05 g $CaCl_2$并溶于 1000 mL 去离子水中($pH = 6.8 \sim 7.2$)，然后 15 磅灭菌 30 min。

YMA 培养基：称取 10 g 甘露醇，3 g 酵母粉，0.25 g KH_2PO_4，0.25 g

K_2HPO_4,0.1 g 无水 $MgSO_4$,0.1 g NaCl,18 g 琼脂粉并溶于 1 000 mL 去离子水中(pH =6.8 ~7.2),然后 15 磅灭菌 30 min。

TY 培养基:称取 3 g 酵母粉,0.7 g $CaCl_2 \cdot 2H_2O$,5 g 胰蛋白胨并溶于 1 000 mL去离子水中(pH =6.8 ~7.2),然后 15 磅灭菌 30 min。

第二节　试验方法

一、菌株的活化

将保存有供试菌株 *M. ciceri* USDA 3378 的甘油管从 -80 ℃冰箱中取出并放置于室温下,待稍稍融化后,用无菌枪头吸取 50 μL 含有供试菌株的甘油,在超净台内接种到 YMA 培养基平板上,然后于 28 ℃培养箱中培养。

待长出菌苔后,用无菌接种环挑取菌苔 3 次划线纯化菌种,然后于 28 ℃培养箱中培养。

二、发酵培养基的优化

(一)不同培养基中供试菌株生长情况比较

分别选择了 YMA 培养基、TY 培养基以及 YMAR 培养基培养供试菌株 *M. ciceri* USDA 3378。

种子液制备:挑取已纯化的供试菌株分别接入到含有 YMA、TY 以及 YMAR 液体培养基的 5 mL 试管中,置于 28 ℃恒温摇床上振荡培养 36 h,摇床转速为 180 r/min,得到种子液。

待摇菌摇到规定时间,用紫外分光光度计分别测量 3 种种子液的 OD_{600},并加入各自对应的空白培养基将 OD_{600} 调至相同数值。然后将培养好的种子液按照 1% 的接种比例分别接入 YMA、TY 和 YMAR 液体培养基(250 mL 的锥形瓶装 100 mL 液体培养基)中,置于 28 ℃恒温摇床上振荡培养 50 h,摇床转速为 180 r/min。每隔 2 h 测定对应培养基的 OD_{600},每种培养基做 3 组平行试验。

(二)单因素试验

种子液的制备参照不同培养基中供试菌株的生长情况。待种子液摇好后,分别按照一定的接种量接入不同碳源氮源浓度的 YMA 液体培养基(250 mL 的锥形瓶装 100 mL 液体培养基)中，置于 28 ℃恒温摇床上振荡培养 50 h，摇床转速为 180 r/min。每隔 2 h 测定对应培养基的 OD_{600}，每个梯度做 3 组平行试验。

碳源氮源是培养基中必不可少的两类营养物质。在微生物的生长代谢过程中，支撑细胞结构所需的碳架，细胞生命活动所需的能量以及合成产物的碳架均需要碳源来提供。而微生物菌体内细胞物质如氨基酸、蛋白质、核酸等的合成与产物合成均离不开氮源。缺少碳源和氮源会严重影响微生物在培养基上的正常生长代谢。因此，按照上述步骤，以 YMA 培养基为基础，保持其他成分浓度不变，选择其中的碳源和氮源，即甘露醇和酵母粉的浓度为试验变量。接种量对发酵时间也有很大影响，因此将接种量也作为试验变量之一。最后以 OD_{600} 作为试验指标，分别进行单因素试验，以分析各因素对供试菌株生长状况的影响。

以接种量为单因素时，培养基中酵母粉浓度为 3 g/L，甘露醇浓度为 10 g/L，将接种量的梯度设置为 1%、2%、3%、4% 和 5% 进行摇菌。

以酵母粉浓度为单因素时，培养基中甘露醇浓度为 10 g/L，接种量为 1%，将酵母粉浓度梯度设置为 1 g/L、3 g/L、5 g/L、7 g/L 和 9 g/L 进行摇菌。

以甘露醇浓度为单因素时，培养基中酵母粉浓度为 3 g/L，接种量为 1%，将甘露醇浓度梯度设置为 6 g/L、8 g/L、10 g/L 、12g/L 和 14 g/L 进行摇菌。

(三)响应面设计

在单因素试验的基础上，选取接种量、甘露醇浓度和酵母粉浓度 3 个因素，每个因素中选取 3 个对 OD_{600} 影响较大的水平，建立三因素三水平的 Box - Behnken中心组合试验，以 OD_{600} 为响应值，用 -1、0、1 分别编码各因素对应的 3 个水平，如表 7 - 1 所示。每个试验组合重复测定 3 次，取其平均值作为 OD_{600} 结果，试验结果采用 Design - Expert 软件分析，确定影响试验结果的主要因素。

表 7－1　Box － Behnken 试验设计因素及水平编码表

因素	编码水平		
	－1	0	1
接种量/%	2	3	4
酵母粉浓度/($g \cdot L^{-1}$)	5	7	9
甘露醇浓度/($g \cdot L^{-1}$)	8	10	12

(四)验证试验

根据响应面试验优化的最佳培养条件,进行 3 次重复试验,验证模型的准确性。

(五)数据处理

利用 OriginPro 9.0、Design－Expert 8.0.6 Trial 和 SPSS Statistics17.0.0.236 进行数据处理及分析。

(六)发酵罐发酵试验

为了进一步提高供试菌株在培养基中的生长情况,将供试菌株按照优化参数接种到发酵罐中进行发酵,同时,也将供试菌株采用未优化的 YMA 培养基在发酵罐上发酵。种子液的制备参考不同培养基中供试菌株的生长情况。待种子液摇好后,按照 4% 的接种量将种子液接种到总体积为 3L 的发酵体系中,温度控制为恒定 28 ℃,搅拌速率控制在 100 r/min,pH 值控制为 7.0,每隔 4 h 测定一次发酵体系的 OD_{600},绘制各自对应的生长曲线并进行比较。

第三节　试验结果与分析

一、培养基对供试菌株生长的影响

从图 7－1 中可以看出,*M. ciceri* USDA 3378 在不同培养基中生长情况差异显著:在 YMA 培养基中生长情况最好,OD_{600}最高可达 1.629;在 YMAR 培养基中生长情况次之,OD_{600}最高达到了 1.270;在 TY 培养基中生长情况最差,OD_{600}最高仅达到了 1.131。造成这种情况的原因可能是由于鹰嘴豆根瘤菌与大豆根瘤菌对营养物质的需求不同，因此参考文献中优化过的适合大豆根瘤菌的YMAR培养基反而不适合供试鹰嘴豆根瘤菌菌株的生长。而TY液体培养基本身是一种营养缺陷型培养基，所含营养物质类型没有YMA培养基丰富，导致供试菌株在其中生长情况不佳。因此，YMA液体培养基更适宜作为发酵USDA 3378菌株的培养基，并在其基础上做进一步优化。

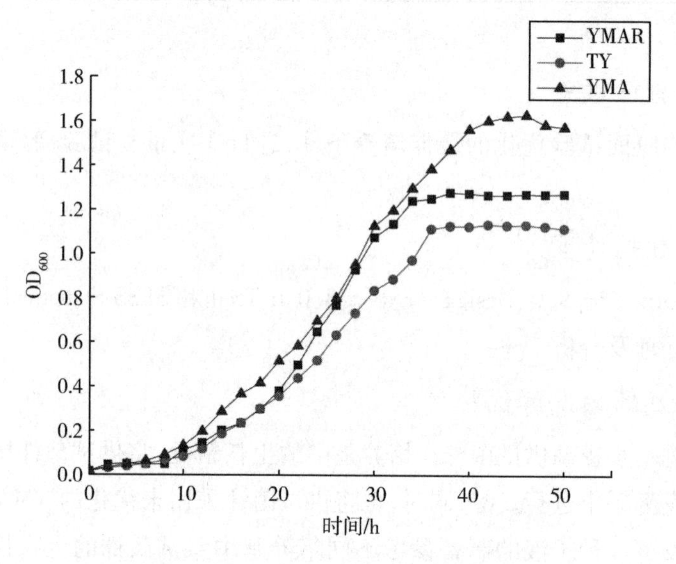

图7-1 USDA 3378在不同培养基中的生长曲线

二、单因素试验结果

(一)接种量对 OD_{600} 的影响

由图7-2可得，不同接种量下菌株生长进入对数生长期所需的时间不同。当接种量为1%和2%时，约在15 h菌株进入对数生长期；而当接种量为3%、4%和5%时，约在6 h菌株就进入对数生长期。达到稳定期时，接种量为1%时的 OD_{600} 最低，仅为1.683；接种量为3%时的 OD_{600} 最高，可达1.888。当接种量为最高的5%时，供试菌株最先进入对数生长期，在稳定期时 OD_{600} 反而低于接种量为2%、3%和4%的情况。这可能是由于营养物质较快被消耗完导致菌株在稳定期生长状况不佳。因此，确定最佳接种量为3%，在接下来的响应面试验中确定接种量的水平为2%、3%和4%。

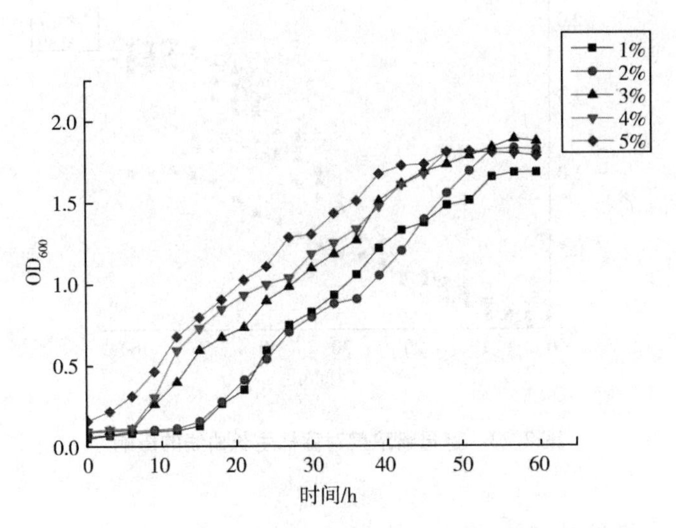

图7－2　接种量对菌株生长曲线的影响

（二）酵母粉浓度对 OD_{600} 的影响

由图7－3可得，菌株在酵母粉浓度过低的YMA液体培养基中生长情况不佳。当酵母粉浓度为1 g/L时，菌株的 OD_{600} 提升缓慢，进入稳定期后最高值仅达到1.038。在前20 h内，当酵母粉浓度为9 g/L时，OD_{600} 也相对较低，而菌株在酵母粉浓度为5 g/L、7 g/L和9 g/L的液体培养基中，OD_{600} 较为接近。进入稳定期后，菌株在酵母粉浓度为7 g/L的培养基中 OD_{600} 最高，可达1.873；在酵母粉浓度为5 g/L的液体培养基中次之，OD_{600} 最高为1.801。因此，确定最佳酵母粉浓度为7 g/L，在接下来的响应面试验中确定酵母粉浓度的水平为5 g/L、7 g/L和9 g/L。

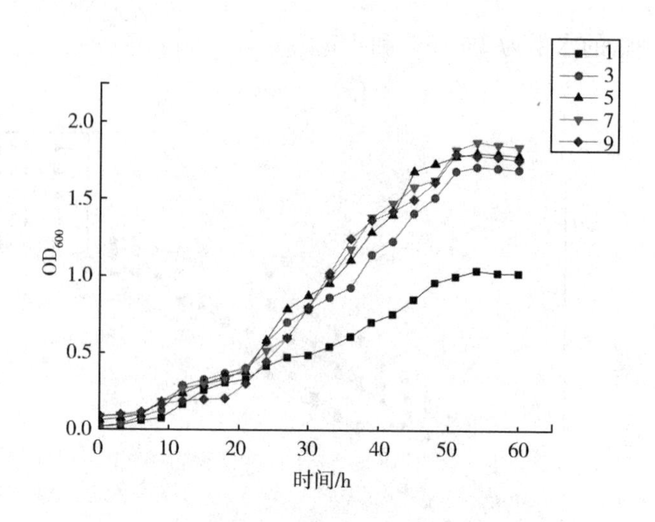

图 7-3　酵母粉浓度对菌株生长曲线的影响

（三）甘露醇浓度对 OD_{600} 的影响

由图 7-4 可得，在前 20 h 内，菌株在不同甘露醇浓度的 YMA 液体培养基中 OD_{600} 增长情况相近，生长曲线基本重合。进入 40 h 之后，生长曲线呈现出显著差异：菌株在甘露醇浓度为 6 g/L 的 YMA 液体培养基中的生长情况不佳，OD_{600} 远远小于在其他 4 种甘露醇浓度培养基中的数值。进入稳定期后，菌株在甘露醇浓度为 10 g/L 的培养基中 OD_{600} 最高，可达 1.537；在甘露醇浓度为 12 g/L 的培养基中次之，OD_{600} 最高为 1.473；而在甘露醇浓度为 6 g/L 的培养基中最低，OD_{600} 仅为 1.204。因此，确定最佳甘露醇浓度为 10 g/L，在接下来的响应面试验中确定甘露醇浓度的水平为 8 g/L、10 g/L 和 12 g/L。

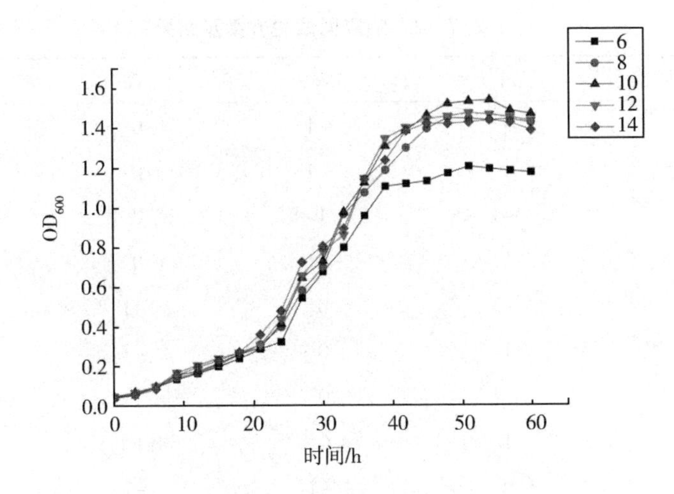

图 7－4　甘露醇浓度对菌株生长曲线的影响

三、响应面试验结果

（一）回归模型的建立及显著性检验

根据单因素试验结果，由 Design－Expert 8.0.6 Trial 统计分析软件设计出的试验方案及结果见表 7－2。以 OD_{600} 为响应值，以接种量（A）、酵母粉浓度（B）、甘露醇浓度（C）为自变量，建立三因素三水平中心组合试验设计，该设计内含 17 个试验方案。

对表 7－3 试验结果进行多元回归拟合，得到 OD_{600} 对接种量（A）、酵母粉浓度（B）和甘露醇浓度（C）的二次多项式回归模型为：

$$Y = 3.43032 - 0.56370A + 0.034675B - 0.16263C - 4.00000 \times 10^{-3}AB - 2.75000 \times 10^{-3}AC + 0.020562BC + 0.11058A^2 - 0.015169B^2 + 1.08125 \times 10^{-3}C^2$$

表 7－2 响应面试验方案及结果

试验号	*A*	*B*	*C*	OD_{600}
1	－1	－1	0	1.945
2	1	－1	0	2.041
3	－1	1	0	2.052
4	1	1	0	2.116
5	－1	0	－1	2.067
6	1	0	－1	2.175
7	－1	0	1	2.043
8	1	0	1	2.109
9	0	－1	－1	2.000
10	0	1	－1	1.872
11	0	－1	1	1.828
12	0	1	1	2.029
13	0	0	0	1.983
14	0	0	0	2.003
15	0	0	0	1.972
16	0	0	0	1.998
17	0	0	0	1.987

表 7－3 回归模型及方差分析

变异来源	平方和	自由度	均方	*F* 值	*p* 值	显著性
模型	0.12	9	0.013	34.69	<0.000 1	* *
A	0.016	1	0.016	41.96	0.000 3	* *
B	8.128 E－003	1	8.128 E－003	21.77	0.002 3	* *
C	9.031 E－004	1	9.031 E－004	2.42	0.163 8	
AB	2.560 E－004	1	2.560 E－004	0.69	0.434 9	
AC	1.210 E－004	1	1.210 E－004	0.32	0.586 9	
BC	0.027	1	0.027	72.49	<0.000 1	* *
A^2	0.051	1	0.051	137.92	<0.000 1	* *

续表

变异来源	平方和	自由度	均方	F值	p值	显著性
B^2	0.016	1	0.016	41.53	0.000 4	* *
C^2	7.876 E-005	1	7.876 E-005	0.21	0.659 9	
残差	2.613 E-003	7	3.733 E-004			
失拟项	2.008 E-003	3	6.692 E-004	4.22	0.092 4	
纯误差	6.052 E-004	4	1.513 E-004			
总和	0.12	16				

注：* 表示差异显著($p<0.05$)；* * 表示差异极显著($p<0.01$)。

从表7-3可知，以OD_{600}为响应值时，模型$p<0.000\,1$，表明该二次方程模型极显著。同时失拟项$p=0.092\,4>0.05$，失拟项不显著，说明非正常误差在所得方程与实际拟合中所占的比例非常小，可用该回归方程代替试验真实点对试验结果进行分析。其方程的决定系数$R^2=0.992\,7>0.800\,0$，说明模型能较好地反映响应值的变化，预测值和实测值之间具有较高的相关性，表明有99.27%的数据可用此方程解释。本试验的CV值为0.96%，说明试验有较高的置信度，真实的试验值也可以从模型方程中够较好地反映出来，可用此模型分析响应值的变化。由表7-3还可以看出，A、B、BC、A^2、B^2对OD_{600}的影响极显著($p<0.01$)，C、AB、AC、C^2对OD_{600}的影响不显著($p>0.05$)。影响OD_{600}的主次因素依次为$A>B>C$，即接种量>酵母粉浓度>甘露醇浓度。

（二）响应曲线分析

由图7-5(a)可知，甘露醇浓度为10 g/L，在接种量为较高水平时，代表菌株的OD_{600}随着酵母粉浓度的升高呈现出先升高后降低的趋势；由图7-5(b)可以看出，接种量为3%，在甘露醇浓度水平较高时，代表菌株的OD_{600}随着酵母粉浓度的升高同样呈现出先升高后降低的趋势。

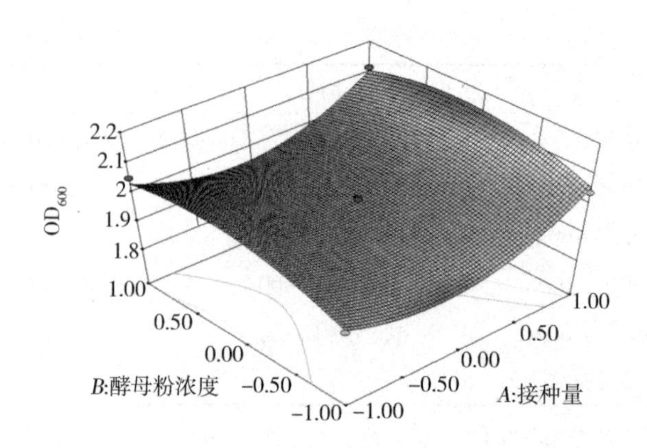
2.2
2.1
2
1.9
1.8
OD600
1.00
0.50
0.00
−0.50
−1.00
B:酵母粉浓度
1.00
0.50
0.00
−0.50
−1.00
A:接种量

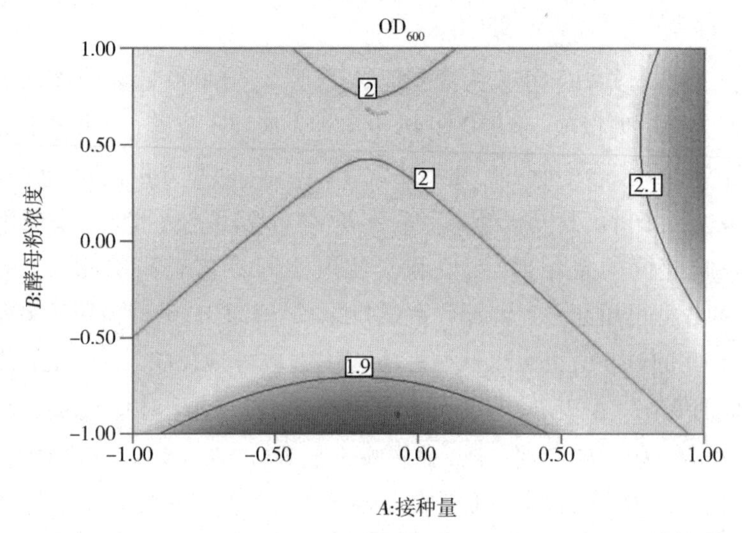
OD600
2
2
2.1
1.9
B:酵母粉浓度
A:接种量
1.00
0.50
0.00
−0.50
−1.00

(a)接种量和酵母粉浓度

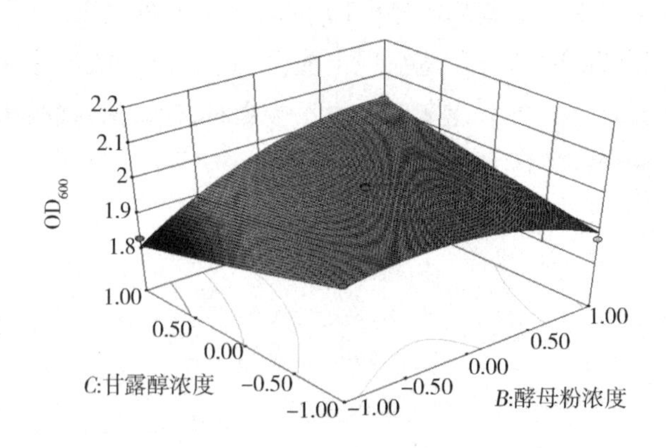
2.2
2.1
2
1.9
1.8
OD600
1.00
0.50
0.00
−0.50
−1.00
C:甘露醇浓度
1.00
0.50
0.00
−0.50
−1.00
B:酵母粉浓度

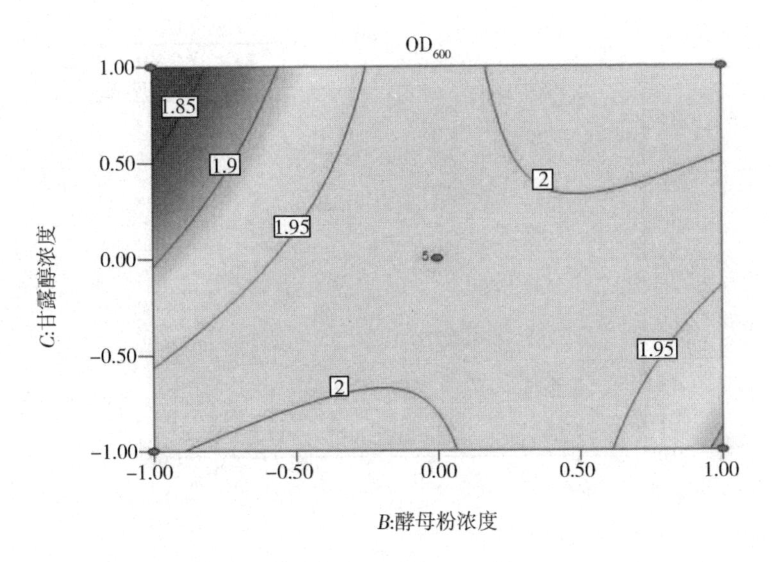

(b)酵母粉浓度和甘露醇浓度

固定水平:接种量3%,酵母粉浓度为7 g/L,甘露醇浓度为10 g/L

图7－5　两因素及其交互作用响应面图

(三)验证试验结果

通过软件分析计算得出理论最佳发酵条件:接种量为4%,酵母粉浓度为8.75 g/L,甘露醇浓度为12 g/L,该条件下3378菌液的OD_{600}理论值可达2.178。进行验证试验时对优化参数进行3次平行试验,所得菌液的平均OD_{600}为2.208±0.021。用SPSS软件进行显著性分析,得$p=0.210>0.05$,证明实际值与理论值无显著性差异。

(四)发酵罐试验结果

如图7－6所示,可以看出相较于在摇瓶中,供试菌株在发酵罐中的OD_{600}均有所提高。在优化后的YMA培养基中,供试菌株在各个时期的OD_{600}均高于优化前,且更早进入对数期和稳定期。培养基优化后供试菌株的OD_{600}最高值可达2.341,而在未优化的YMA培养基中OD_{600}最高值只有2.146。

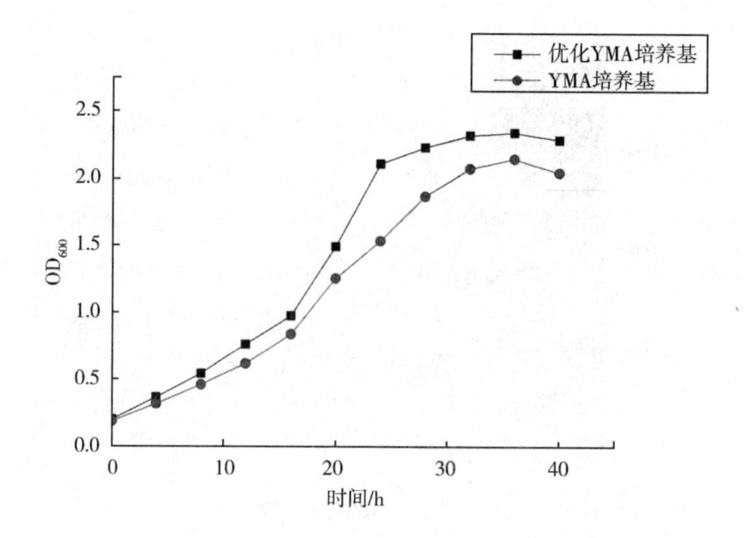

图7-6 供试菌株在不同培养基中发酵的生长曲线

第四节 结论

常规用于培养鹰嘴豆根瘤菌的培养基即为YMA培养基与TY培养基,但由于TY培养基中所含营养成分较少,供试菌株在其中生长状况不佳。参考文献中已优化的YMAR培养基主要针对大豆根瘤菌,且其中碳源为葡萄糖,供试菌株在其中同样生长状况不佳,说明鹰嘴豆根瘤菌更适合利用甘露醇作为碳源。

在单因素试验中,分别比较了接种量和碳氮源对供试菌株生长情况的影响。结果发现分别在接种量为3%,酵母粉浓度为7 g/L,甘露醇浓度为10 g/L时,供试菌株的生长情况最佳。在此基础上设计出响应面试验,结果表明在三因素两两交互作用的影响下,得出最佳发酵参数为接种量为4%,酵母粉浓度为8.75 g/L,甘露醇浓度为12 g/L,此条件下菌株3378菌液的OD_{600}理论值可达2.178。该结果得到了验证试验的证实。在发酵罐上采用该优化后的参数对供试菌株进行发酵,生长情况同样优于未优化的YMA培养基。

第八章　鹰嘴豆根瘤菌在产业中的应用

根瘤固氮菌的研究目前受到了普遍重视,其应用也十分普遍。鹰嘴豆根瘤菌菌剂不仅可以有效地提高鹰嘴豆的产量,而且还可以改良土壤的肥力,对农业生产具有积极的意义,引起了人们的极大兴趣和广泛关注,也已成为鹰嘴豆增产的主要研究方向。

第一节　鹰嘴豆根瘤菌菌剂的分类

目前市场上常见的根瘤菌菌剂,根据载体的状态和制备的工艺主要分为4种类型:固体菌剂、颗粒菌剂、液体菌剂、粉剂。其中粉剂是最早应用的菌剂,其生产工艺简单,但不便于运输和保存,而固体菌剂由于具有轻质、保质期长、便于运输等优点得到了较为广泛的应用。

固体菌剂是将根瘤菌菌液和一些粉状基质混拌均匀制成,制备高品质的固体根瘤菌剂最重要的是选择合适的吸附剂,对于吸附剂的要求是通气良好,持水量高,据此,提出4项初步的要求:通气良好、持水量高、有机质含量在30%以上、酸碱度中性。根瘤菌的吸附材料有很多,如草炭、蛭石、珍珠岩、煤炭、草炭和高岭土等,草炭、蛭石、珍珠岩由于营养与pH值适中、表面积比较大和吸附性好,有利于根瘤菌的存活及菌剂保存,是理想的吸附剂,另外,草炭和蛭石等资源丰富,价格低廉,适合于在根瘤菌菌剂生产中应用推广,已成为当代根瘤菌类肥料的主要类型,但是由于草炭是不可再生资源,在某种程度上影响了其使用。近年来,随着学科的交叉日益紧密,越来越多的新型高效吸附剂不断出现,如地方工业废料:海藻酸钠、草酸生产废料和飞灰等;食品行业吸附剂:多孔淀粉;医用吸附剂:离子交换树脂、吸附树脂、氧化淀粉和氧化纤维素等;最新研究又发现以蚯蚓粪及其水提物、牛尿等为基础的天然混合物、含有粉煤灰的土壤等都可以大辐度地提高根瘤菌的数量及保藏时间。这些吸附剂各具优点,它们的出现为根瘤菌菌剂的制备提供了丰富的原料,也为新型根瘤菌菌剂的开发提供了参考。

液体菌剂是国际上应用的主要菌剂类型。液体菌剂是根瘤菌液体发酵的直接产物,每毫升活菌数可达 $1\times10^{10}\sim1\times10^{11}$ 个,是所有菌剂类型中含活菌数最高的。使用时稀释到适当浓度,可以在播种时喷施到播种沟内或者进行种子表面喷洒(也叫根瘤菌包衣,阴干后播种),既适合大面积机械化液体喷施,也适合小面积人工包衣播种,被认为是根瘤菌菌剂应用效果最好的类型。

粉剂是将根瘤菌发酵液通过干燥设备干燥变成干粉,技术复杂,成本高,在干燥的过程中会导致大量的根瘤菌死亡,使用前再用水稀释成液体,优点就是干粉便于运输和保藏。

颗粒菌剂是颗粒化的固体菌剂,将根瘤菌液吸附在草炭、蛭石、细黏土等固体材料上,再经造粒、烘干而成,经过造粒制备的菌剂适台大规模机械播种,兼顾了固体菌剂和粉剂的优缺点。

除液体菌剂外,其他类型的根瘤菌含量一般达 $1\times10^{5}\sim1\times10^{8}$ 个菌体,远远低于液体菌剂活菌数。菌剂的制备过程都涉及到菌种的高密度培养。

第二节　鹰嘴豆根瘤菌菌剂的制备

目前国内外大都利用自动化发酵技术来获取制备鹰嘴豆根瘤菌菌剂所需的高密度细胞培养液,大致流程为:菌种的斜面活化、一级种子液培养、二级种子液培养、发酵罐内扩大培养、获得高密度菌剂。在此期间,发酵培养基种类繁多,有较为常用的以甘露醇-酵母粉为主的 YMA 培养基、较简单的 YA、TY 培养基等。发酵条件通常为:通气为 $0.4\sim0.8\ kg\cdot m^{-3}\cdot s^{-1}$,搅拌速度为 120~200 r/min,温度为 28~30 ℃,接种量为 1%~10%,种子液的装液量为 20%~60%。放罐时间则根据鹰嘴豆根瘤菌的生长状况而定。经过相应时间的培养,菌数大都超过 10^{10} CFU/mL。

第三节　鹰嘴豆根瘤菌菌剂的使用方法及注意事项

一、鹰嘴豆根瘤菌菌剂的使用方法

（一）拌种法

根据产品说明书要求的用量或按每粒鹰嘴豆种子接种 $1\times10^5\sim1\times10^6$ 个根瘤菌的用量。粉状根瘤菌菌剂要先用水拌匀，调成浆状，用水量不要过大，根据种子量而定，水少了粘不到种子上，水多了也不能全沾上，而且影响出苗。液体菌剂则直接喷洒在种子表面，将种子与菌剂混拌均匀，尽可能确保每粒豆种表面都粘上足够数量的菌剂，阴干后要及时播种。

（二）土壤接种

将根瘤菌菌剂喷/撒在垄沟内或种子下方 3 ~ 5 cm 处，这样种子萌发出幼根即可接触到菌剂，有利于提高接种根瘤菌的占瘤率，增加固氮量。土壤接种如结合机械进行，可获得更稳定的根瘤菌结瘤固氮效果。

（三）种子包衣

将根瘤菌菌剂和粘着剂拌合后包在种子外面，然后外面再拌上种子包衣材料，制成包衣种子。常用的粘着剂有 10% 糖溶液、阿拉伯胶和 40% 羧甲基纤维素溶液等。包衣材料可加入微量元素、钙镁磷肥、磷矿粉或碳酸钙等，不可加入酸、碱性强的肥料。适用于鹰嘴豆机械化作业种植区域，也适用于干旱地区。

二、注意事项

菌剂产品应贮存在阴凉、干燥、通风处，适宜温度为 4 ~ 30 ℃，不得露天堆放；菌剂开瓶前应轻轻摇动，开瓶后立即使用，一次用完；稀释菌剂时不能使用含有氯气的自来水；拌种过程中切忌将种皮碰破，否则容易造成烂种；拌好菌剂的种子避免阳光直射，置于阴凉干燥处，待完全干燥后，应立即播种。由于土壤条件不同，使用根瘤菌也要与施肥有机结合起来，要根据鹰嘴豆的长势，在生育后期叶面喷尿素和硫酸二氢钾，提高根瘤固氮酶的活性，补充氮素，防止后期脱肥，确保鹰嘴豆丰收。

第四节 鹰嘴豆根瘤菌菌剂的保存方法

菌剂的保藏具有极其重要的意义，保质期的长短直接关系到菌剂的运输和使用效果，进而关系到生产厂家的盈亏。因此，良好的保藏方法是菌剂制备结束后一项重要的工作。针对菌剂的保藏，固体菌剂主要采取常温保藏法，利用珍珠岩为主要吸附剂制备的固体菌剂，置于室温保藏6个月后，菌剂中活菌数仍大于1×10^{9} ind · g^{-1}。液态、浓缩菌剂主要采取低温及冷冻干燥法，其中低温可以有效地降低菌体的代谢，增加菌剂的保质期。为了增加液态菌剂中菌体的存活率，常需添加诸如硅藻土、琼脂等悬浮剂。冷冻干燥保藏法较液态保藏法效果更佳，利用冷冻干燥保藏4~25年的根瘤菌进行试验，发现其仍然具有很好的结瘤固氮能力，但由于在低温的情况下细胞容易冻伤，因此需加入适当的保护剂，保护剂不仅可以与细胞内或细胞外的水牢固结合，减少冷冻过程中水分的丢失，还可减少盐类物质对细胞的损害，防止细胞内形成太大的冰晶而损害细胞，进而使菌体的存活率大大提高。使用甘油做保护剂，甘油含量为2%~55%时对细菌都有保藏效果，具体浓度因细菌种类不同而不同，一般选用10%。将石蜡封存的根瘤菌进行活化，发现其存活率仍为50.6%。除此之外，用作食品保鲜的山梨酸、苯甲酸钠、脱脂牛奶等也常作为保护剂。

第五节 鹰嘴豆根瘤菌菌剂的开发现状及前景

鹰嘴豆根瘤菌菌剂作为一种有效提高鹰嘴豆产量和质量的微生物菌剂，已经得到了较为全面的开发，目前市售的根瘤菌菌剂主要有液态、固态和颗粒3种。从2012年试验至今已收到很好的效果，每公顷平均增产鹰嘴豆750 kg，每公顷平均增加收益7 000元，减少尿素投入达500 kg。使用根瘤菌菌剂不仅可以增加鹰嘴豆的产量，而且由于鹰嘴豆根瘤菌菌剂耐污染能力强，可以减少因长期使用化肥对土壤造成的破坏、水源污染，可以节省能源并改善土壤生态环境等。尽管如此，由于我国根瘤菌菌剂产业起始阶段存在发酵水平低、保质期短和技术不成熟、质量不过关等问题，根瘤菌菌剂的产业化和大面积推广应用受到限制。

现阶段我国制备根瘤菌菌剂的技术已非常成熟，鹰嘴豆根瘤菌菌剂已在新疆、吉林、宁夏等地推广，使鹰嘴豆增产7%~15%，我国的鹰嘴豆根瘤菌产业正面临一个好时机，但是由于存在竞争性能不如土著根瘤菌、菌剂施用广谱性能不佳、菌剂施用存在地域和环境差异等，根瘤菌剂的进一步开发和大面积推广使用还需从以下几方面进行努力：

(1)加大基础研究提高菌剂的竞争及结瘤能力；

(2)重视相关生物技术的利用，加强根瘤菌对宿主的侵染及宿主对根瘤菌的接纳能力，增加菌剂的广谱性能，增强菌种对地域和各种环境的适应能力，为根瘤菌菌剂的大规模生产和使用提供技术支持；

(3)以试验示范为基础，以宣传培训为重要手段，改变农户传统种植观念，推行新的农技推广模式；

(4)国家给予政策支持，加大研发和推广经费投入，为高效根瘤菌菌剂的制备和推广提供政策支持；

(5)鹰嘴豆根瘤菌菌剂市场的发展对氮肥产业有所冲击，建议化肥产业改变现有产品结构，向环保、节能型方向转化。

第六节　结论

鹰嘴豆根瘤菌菌剂能大量减少氮肥的使用量，改善农产品品质，有效提高农作物的产量和品质；无任何不良副作用，不构成重金属污染；施用成本只有化肥的十分之一。根瘤菌菌剂还具有培肥地力、改良土壤结构、肥地养地的功能，所以根瘤菌在豆科作物种植中的作用是其他技术措施无法替代的，具有十分重要的地位。近年来，随着新技术特别是分子生物学技术的发展，各种高效菌种不断地被选育或者改造出来，制备菌剂的工艺、保藏菌剂的方法也在不断地完善和发展，配制成的菌剂效果越来越好，在农业生产中得到了越来越广泛的利用。

参考文献

[1]ABEL K, DESCHMERTZING H, PETERSON J I. Classification of microorganisms by analysis of chemical composition. I. feasibility of utilizing gas chromatography[J]. Journal of Bacteriololgy, 1963, 85: 1039 - 1044.

[2] ACHTMAN M, WAGNER M. Microbial diversity and the genetic nature of microbial species[J]. Nature Reviews Microbiology, 2008, 6(1): 431 - 440.

[3] ACINAS S G, KLEPAC - CERAJ V, HUNT D E, et al. Fine - scale phylogenetic architecture of a complex bacterial community[J]. Nature, 2004, 430(6999): 551 - 554.

[4] ALEXANDRE A, BRIGIDO C, LARANJO M, et al. Survey of chickpea rhizobia diversity in Portugal reveals the predominance of species distinct from *Mesorhizobium ciceri* and *Mesorhizobium mediterraneum*[J]. Microbial Ecology, 2009, 58(4): 930 - 941.

[5]ALEXANDRE A, LARANJO M, OLIVEIRA S. Natural populations of chickpea rhizobia evaluated by antibiotic resistance profiles and molecular methods[J]. Microbial Ecology, 2006, 51(1): 128 - 136.

[6] ALEXANDRE A, LARANJO M, YOUNG J P, et al. DnaJ is a useful phylogenetic marker for alphaproteobacteria [J]. International Journal of Systematic and Evolutionary Microbiology, 2008, 58(12): 2839 - 2849.

[7] ALEXANDRE A, OLIVEIRA S. Most heat - tolerant rhizobia show high induction of major chaperone genes upon stress [J]. FEMS Microbiology

Ecology, 2011, 75(1): 28 –36.

[8] ALLEN E E, TYSON G W, WHITAKER R J, et al. Genome dynamics in a natural archaeal population [J]. Proceedings of the National Academy of Sciences of the United States of America, 2007, 104(6): 1883 – 1888.

[9] ARSAC J F, CLEYET – MAREL J C. Serological and ecological studies of *Rhizobium* spp. (*Cicer arietinum* L.) by immunofluorescence and ELISA technique: Competitive ability for nodule formation between *rhizobium* strains [J]. Plant and Soil, 1986, 94(3): 411 –423.

[10] BABBER S, SHEOKAND S, MALIK S. Nodule structure and functioning in chickpea(*Cicer arietinum*) as affected by salt stress[J]. Biologia Plantarum, 2000, 43(2): 269 –273.

[11] BALDY – CHUDZIK K. Rep – PCR – a variant to RAPD or an independent technique of bacteria genotyping? A comparison of the typing properties of rep – PCR with other recognised methods of genotyping of microorganisms[J]. Acta Microbiology Polonica, 2001, 50(3 –4): 189 –204.

[12] BECRAFT E D, COHAN F M, KÜHL M, et al. Fine – scale distribution patterns of *Synechococcus ecological* diversity in microbial mats of Mushroom Spring, Yellowstone National Park [J]. Applied and Environmental Microbiology, 2011, 77(21): 7689 –7697.

[13] BRADLEY D J, BUTCHER G W, GALFRE G, et al. Physical association between the peribacteroid membrane and lipopolysaccharide from the bacteroid outer membrane in *Rhizobium* – infected pea root nodule cells[J]. Journal of Cell Science, 1986, 85: 47 –61.

[14] BRENCIC A, WINANS S C. Detection of and response to signals involved in host – microbe interactions by plant – associated bacteria[J]. Microbiology and Molecular Biology Reviews, 2005, 69(1): 155 – 194.

[15] BREWIN N J. Plant cell wall remodelling in the *Rhizobium* – legume symbiosis [J]. Critical Reviews in Plant Sciences, 2005, 23(4): 293 –316.

[16] BRPGIDO C, ALEXANDRE A, LARANJO M, et al. Moderately acidophilic mesorhizobia isolated from chickpea [J]. Letters in Applied Microbiology,

2007, 44(2): 168 - 174.

[17] BRPIGIDO C, OLIVEIRA S. Most acid - tolerant chickpea mesorhizobia show induction of major chaperone genes upon acid shock[J]. Microbial Ecology, 2013, 65(1): 145 - 153.

[18] CADAHÍA E, LEYVA A, RUIZ - ARGÜESO T. Indigenous plasmids and cultural characteristics of rhizobia nodulating chickpeas (*Cicer arietinum* L.) [J]. Archives of Microbiology, 1986, 146(3): 239 - 244.

[19] CADILLO - QUIROZ H, DIDELOT X, HELD N L, et al. Patterns of gene flow define species of thermophilic Archaea[J]. PLOS Biology, 2012, 10(2): e1001265.

[20] CAI T, CAI W T, ZHANG J, et al. Host legume - exuded antimetabolites optimize the symbiotic rhizosphere[J]. Molecular Microbiology, 2009, 73(3): 507 - 517.

[21] CAMPBELL G R O, REUHS B L, WALKER G C. Chronic intracellular infection of alfalfa nodules by *Sinorhizobium meliloti* requires correct lipopolysaccharide core[J]. Proceedings of the National Academy of Sciences of the United States of America, 2002, 99(6): 3938 - 3943.

[22] CATALANO C M, LANE W S, SHERRIER D J. Biochemical characterization of symbiosome membrane proteins from *Medicago truncatula* root nodules[J]. Electrophoresis, 2004, 25(3): 519 - 531.

[23] CEBOLLA A, VINARDELL J M, KISS E, et al. The mitotic inhibitor ccs52 is required for endoreduplication and ploidy - dependent cell enlargement in plants[J]. EMBO Journal, 1999, 18(16): 4476 - 4484.

[24] CHEN W F, GUAN S H, ZHAO C T, et al. Different *Mesorhizobium* species associated with *Caragana carry* similar symbiotic genes and have common host ranges[J]. FEMS Microbiology Letters, 2008, 283(2): 203 - 209.

[25] RAMU C, HIDEAKI S, TADASHI K, et al. Multiple sequence alignment with the Clustal series of programs[J]. Nucleic Acids Research, 2003, 31(13): 3497 - 3500.

[26] COHAN F M. Towards a conceptual and operational union of bacterial

systematics, ecology, and evolution [J]. Philosophical transactions of the Royal Society of London. Series B, Biological sciences, 2006, 361(1475): 1985 - 1996.

[27] COHAN F M, KOEPPEL A F. The origins of ecological diversity in prokaryotes[J]. Current Biology, 2008, 18(21): 1024 - 1034.

[28] COOPER J E. Early interactions between legumes and rhizobia: Disclosing complexity in a molecular dialogue [J]. Journal of Applied Microbiology, 2007, 103(5): 1355 - 1365.

[29] DAVIES B W, WALKER G C. Disruption of sitA compromises *Sinorhizobium meliloti* for manganese uptake required for protection against oxidative stress [J]. Journal of Bacteriology, 2007, 189(5): 2101 - 2109.

[30] DAY D A, POOPLE P S, TYERMAN S D, et al. Ammonia and amino acid transport across symbiotic membranes in nitrogen - fixing legume nodules[J]. Cellular and Molecular Life Sciences, 2001, 58(1): 61 - 71.

[31] DE BRUIJIN F J. Use of repetitive (repetitive extragenic palindromic and enterobacterial repetitive intergeneric consensus) sequences and the polymerase chain reaction to fingerprint the genomes of *Rhizobium meliloti* isolates and other soil bacteria [J]. Applied and Environmental Microbiology, 1992, 58 (7): 2180 - 2187.

[32] DE BRUIJIN F J, ROSSBACH S, SCHNEIDER M, et al. *Rhizobium meliloti* 1021 has 3 differentially regulated loci involved in glutamine biosynthesis, none of which is essential for symbiotic nitrogen fixation [J]. Journal of Bacteriololgy, 1989, 171(3): 1673 - 1682.

[33] DE LEY J. Reexamination of the association between melting point, buoyant density, and chemical base composition of deoxyribonucleic acid[J]. Journal of Bacteriololgy, 1970, 101(3): 738 - 754.

[34] DIDELOT X, MAIDEN M C. Impact of recombination on bacterial evolution [J]. Trends in Microbiology, 2010, 18(7): 315 - 322.

[35] DIOUF A, DE LAJUDIE P, NEYRA M, et al. Polyphasic characterization of rhizobia that nodulate *Phaseolus vulgaris* in West Africa (Senegal and Gambia)

[J]. International Journal of Systematic and Evolutionary Microbiology, 2000, 50(1): 159-170.

[36] DONATE-CORREA J, LEÓN-BARRIOS M, HERNÁNDEZ M, et al. Different *Mesorhizobium* species sharing the same symbiotic genes nodulate the shrub legume *Anagyris latifolia* [J]. Systematic and Applied Microbiology, 2007, 30(8): 615-623.

[37] DOROGHAZI J R, BUCKLEY D H. Widespread homologous recombination within and between *Streptomyces species* [J]. ISME Journal, 2010, 4(9): 1136-1143.

[38] DUGHRI M H, BOTTOMLEY P J. Effect of acidity on the composition of an indigenous soil population of *Rhizobium trifolii* found in nodules of *Trifolium subterraneum* L. [J]. Applied and Environmental Microbiology, 1983, 46(5): 1207-1213.

[39] ELHADI E A, ELSHEIKH E A E. Effect of *Rhizobium* inoculation and nitrogen fertilization on yield and protein content of six chickpea (*Cicer arietinum* L.) cultivars in marginal soils under irrigation[J]. Nutrient Cycling in Agroecosystems, 1999, 54(3): 57-63.

[40] ELSHEIKH E A E, WOOD M. Salt effects on survival and multiplication of chickpea and soybean rhizobia[J]. Soil Biology and Biochemistry, 1990, 22(3): 343-347.

[41] ELSHEIKH E A E, Wood M. Effect of salinity on growth, nodulation and nitrogen yield of chickpea (*Cicer arietinum* L.) [J]. Journal of Experimental Botany, 1990, 41(10): 1263-1269.

[42] ESECHIE H A, AL-SAIDI A, AL-KHANJARI S. Effect of sodium chloride salinity on seedling emergence in chickpea[J]. Journal of Agronomy and Crop Science, 2002, 188(3): 155-160.

[43] EVANS J, BARNET Y M, VINCENT J M. Effect of a bacteriophage on the colonisation and nodulation of clover roots by a strain of *Rhizobium trifolii*[J]. Canadian Journal of Microbiology, 1979, 25(9): 968-973.

[44] FALUSH D, TORPDAHL M, DIDELOT X, et al. Mismatch induced

speciation in *Salmonella*: Model and data[J]. Philosophical Transactions: Biological Sciences, 2006, 361(1475): 2045 -2053.

[45] FERGUSON G P, DATTA A, BAUMGARTNER J, et al. Similarity to peroxisomal - membrane protein family reveals that *Sinorhizobium* and *Brucella* BacA affect lipid - A fatty acids[J]. Proceedings of the National Academy of Sciences of the United States of America, 2004, 101(14): 5012 -5017.

[46] FIRMIN J L, WILSON K E, CARLSON R W, et al. Resistance to nodulation of cv. Afghanistan peas is overcome by *nodX*, which mediates an O - acetylation of the *Rhizobium leguminosarum* lipo - oligosaccharide nodulation factor[J]. Molecular Microbiology, 1993, 10, 351 -360.

[47] FISCHER H M. Genetic regulation of nitrogen fixation in rhizobia[J]. Microbiological Research, 1994, 58(3): 352 -386.

[48] FISCHER H M , BABST M, KASPAR T, et al. One member of a gro - ESL - like chaperonin multigene family in *Bradyrhizobium japonicum* is co - regulated with symbiotic nitrogen fixation genes[J]. The EMBO Journal, 1993, 12(7): 2901 -2912.

[49] FLOWERS T J, GAUR P M, GOWDA C L, et al. Salt sensitivity in chickpea [J]. Plant Cell Environment, 2010, 33(4): 490 -509.

[50] FOUCHER F, KONDOROSI E. Cell cycle regulation in the course of nodule organogenesis in *Medicago*[J]. Plant Molecular Biology, 2000, 43(5 -6): 773 -786.

[51] FRASER C, HANAGE W P, SPRATT B G. Recombination and the nature of bacterial speciation[J]. Science, 2007, 315(5811): 476 -480.

[52] GAGE D J. Analysis of infection thread development using Gfp - and DsRed - expressing *Sinorhizobium meliloti*[J]. Journal of Bacteriololgy, 2002, 184 (24): 7042 -7046.

[53] GAGE D J. Infection and invasion of roots by symbiotic, nitrogen - fixing rhizobia during nodulation of temperate legumes[J]. Microbiology and Molecular Biology Reviews, 2004, 68(2): 280 -300.

[54] GALITSKI T, SALDANHA A J, STYLES C A, et al. Ploidy regulation of gene

expression[J]. Science, 1999, 285(5425): 251 - 254.

[55] GAO J L, SUN J G, LI Y, et al. Numerical taxonomy and DNA relatedness of tropical rhizobia isolated from Hainan province, China [J]. International Journal of Systematic Bacteriology, 1994, 44(1): 151 - 158.

[56] GAO J L, TEREFEWORK Z D, CHEN W X, et al. Genetic diversity of rhizobia isolated from *Astragalus adsurgens* growing in different geographical regions of China[J]. Journal of Biotechnology, 2001, 91: 155 - 168.

[57] GAO J L, TURNER S L, KAN F L, et al. *Mesorhizobium septentrionale* sp. nov. and *Mesorhizobium temperatum* sp. nov., isolated from *Astragalus adsurgens* growing in the northern regions of China[J]. International Journal of Systematic and Evolutionary Microbiology, 2004, 54(6): 2003 - 2012.

[58] GARG N, SINGLA R. Growth, photosynthesis, nodule nitrogen and carbon fixation in the chickpea cultivars under salt stress [J]. Brazilian Journal of Plant Physiology, 2004, 16(3): 137 - 146.

[59] GEVERS D, COHAN F M, LAWRENCE J G, et al. Opinion: Re - evaluating prokaryotic species [J]. Nature Reviews Microbiology, 2005, 3 (9): 733 - 739.

[60] GILLES - GONZÄLEZ M A, DITTA G S, HELINSKI D R. A haemoprotein with kinase activity encoded by the oxygen sensor of *Rhizobium meliloti*[J]. Nature, 1991, 350(6314): 170 - 172.

[61] GILSON E, CLEMENT J M, BRUTLAG D, et al. A family of dispersed repetitive extragenic palindromic DNA sequences in *E. coli*[J]. The EMBO Journal, 1984, 3(6): 1417 - 1421.

[62] GLAZEBROOK J, ICHIGE A, WALKER G C. A *Rhizobium meliloti* homolog of the Escherichia coli peptide - antibiotic transport protein SbmA is essential for bacteroid development[J]. Genes and Development, 1993, 7(8): 1485 - 1497.

[63] GRAHAM P H. The application of computer techniques to the taxonomy of the root - nodule bacteria of legumes[J]. Journal of General Microbiology, 1964, 35(3): 511 - 517.

[64] GRAHAM P H. Stress tolerance in *Rhizobium* and *Bradyrhizobium*, and nodulation under adverse soil conditions [J]. Canadian Journal of Microbiology, 1992, 38(6): 475 -484.

[65] GRAHAM P H, DRAEGER K J, FERREY M L, et al. Acid pH tolerance in strains of *Rhizobium* and *Bradyrhizobium*, and initial studies on the basis for acid tolerance of *Rhizobium trpici* UMR1899 [J]. Canadian Journal of Microbiology, 1994, 40(3): 198 -207.

[66] GRAHAM P H, SADOWSKY M J, KEYSER H H, et al. Proposed minimal standards for the description of new genera and species of root - and stem - nodulating bacteria [J]. International Journal of Systematic and Evolutionary Microbiology, 1991, 41(4): 582 -587.

[67] GROTHUESI D, TÜMMLER B. New approaches in genome analysis by pulsed - field gel electrophoresis: Application to the analysis of *Pseudomonas species* [J]. Molecular Microbiology, 1991, 5(11): 2763 -2776.

[68] GU C T, WANG E T, TIAN C F, et al. *Rhizobium miluonense* sp. nov., a symbiotic bacterium isolated from *Lespedeza root* nodules [J]. International Journal of Systematic and Evolutionary Microbiology, 2008, 58 (6): 1364 -1368.

[69] GUAN S H, CHEN W F, WANG E T, et al. *Mesorhizobium caraganae* sp. nov., a novel rhizobial species nodulated with *Caragana* spp. in China [J]. International Journal of Systematic and Evolutionary Microbiology, 2008, 58 (11): 2646 -2653.

[70] GURTLER V, STANISICH V A. New approaches to typing and identification of bacteria using the 16S -23S rDNA spacer region [J]. Microbiology, 1996, 142(1): 3 -16.

[71] HAN L L, WANG E T, HAN T X, et al. Unique community structure and biogeography of soybean rhizobia in the saline - alkaline soils of Xinjiang, China [J]. Plant and Soil, 2009, 324(1): 291 -305.

[72] HAN T X, HAN L L, WU L J, et al. *Mesorhizobium gobiense* sp. nov. and *Mesorhizobium tarimense* sp. nov., isolated from wild legumes growing in desert

soils of Xinjiang, China [J]. International Journal of Systematic and Evolutionary Microbiology, 2008, 58(11): 2610-2618.

[73] HAN T X, WANG E T, HAN L L, et al. Molecular diversity and phylogeny of rhizobia associated with wild legumes native to Xinjiang, China[J]. Systematic and Applied Microbiology, 2009, 31(4): 287-301.

[74] HAN T X, WANG E T, WU L J, et al. *Rhizobium multihospitium* sp. nov., isolated from multiple legume species native of Xinjiang, China [J]. International Journal of Systematic and Evolutionary Microbiology, 2008, 58(7): 1693-1699.

[75] HANAGE W P, FRASER C, SPRATT B G. Fuzzy species among recombinogenic bacteria[J]. BMC Biology, 2005, 3(1): 6.

[76] HANAGE W P, SPRATT B G, TURNER K M, et al. Modelling bacterial speciation[J]. Philosophical Transactions of the Royal Society B: Biological Sciences, 2006, 361(1475): 2039-2044.

[77] HANDELSMAN J, BRILL W J. Erwinia herbicola isolates from alfalfa plants may play a role in nodulation of alfalfa by *Rhizobium meliloti*[J]. Applied and Environmental Microbiology, 1985, 49(4): 818-821.

[78] HARRISON S P, MYTTON L R, SKOT L, et al. Characterisation of *Rhizobium* isolates by amplification of DNA polymorphisms using random primers[J]. Canadian Journal of Microbiology, 1992, 38(10): 1009-1015.

[79] HARTL F U, HAYER-HARTL M. Converging concepts of protein folding in vitro and in vivo[J]. Nature Structural and Molecular Biology, 2009, 16(6): 574-581.

[80] HEIDSTRA R, YANG W C, YALCIN Y, et al. Ethylene provides positional information on cortical cell division but is not involved in Nod factor-induced root hair tip growth in *Rhizobium*-legume interaction[J]. Development, 1997, 124(9): 1781-1787.

[81] HEIRRIDGE D F, PEOPLES M B, BODDEY R M. Global inputs of biological nitrogen fixation in agricultural systems[J]. Plant and Soil, 2008, 311(1-2): 1-18.

[82] HIGGINS C F, AMES G F, BARNES W M, et al. A novel intercistronic regulatory element of prokaryotic operons[J]. Nature, 1982, 298(5876): 760-762.

[83] HOU B C, WANG E T, LI Y, et al. *Rhizobium tibeticum* sp. nov., a symbiotic bacterium isolated from *Trigonella archiducis - nicolai* (Sirj.) Vassilcz [J]. International Journal of Systematic and Evolutionary Microbiology, 2009, 59(12): 3051-3057.

[84] HUBER I, SELENSKA - POBELL S. Pulsed - field gel electrophoresis - fingerprinting, genome size estimation and rrn loci number of *Rhizobium galegae*[J]. Journal of Applied Microbiology, 1994, 77(5): 528-533.

[85] HULTON C S, HIGGINS C F, SHARP P M. ERIC sequences: A novel family of repetitive elements in the genomes of *Escherichia coli*, *Salmonella typhimurium* and other enterobacteria[J]. Molecular Microbiology, 1991, 5(4): 825-834.

[86] HUNGRIA M, VARGAS M A T. Environmental factors affecting N_2 fixation in grain legumes in the tropics, with an emphasis on Brazil[J]. Field Crops Research, 2000, 65(2): 151-164.

[87] HUNT D E, DAVID L A, GEVERS D, et al. Resource partitioning and sympatric differentiation among closely related bacterioplankton[J]. Science, 2008, 320(5879): 1081-1085.

[88] HUNT S, LAYZELL D B. Gas exchange of legume nodules and the regulation of nitrogenase activity[J]. Annual Review of Plant Physiology and Plant Molecular Biology, 1993, 44(1): 483-511.

[89] JARVIS B D W, VAN BERKUM P, CHEN W X, et al. Transfer of *Rhizobium loti*, *Rhizobium huakuii*, *Rhizobium ciceri*, *Rhizobium mediterraneum*, and *Rhizobium tianshanense* to *Mesorhizobium* gen. nov[J]. International Journal of Systematic and Evolutionary Microbiology, 1997, 47(3): 895-898.

[90] JONES K M, KOBAYASHI H, DAVIES B W, et al. How rhizobial symbionts invade plants: the *Sinorhizobium - Medicago* model[J]. Nature Reviews Microbiology, 2007, 5(8): 619-633.

[91] JUKANTI A K, GAUR P M, GOWDA C L, et al. Nutritional quality and health benefits of chickpea(*Cicer arietinum* L.): A review[J]. British Journal of Nutrition, 2012, 108(S1): S11 - S26.

[92] KAMICKER B J, BRILL W J. Identification of *Bradyrhizobium japonicum* Nodule Isolates from Wisconsin Soybean Farms [J]. Applied and Environmental Microbiology, 1986, 51(3): 487 - 492.

[93] KAMST E, PILLING J, RAAMSDONK L M, et al. *Rhizobium* nodulation protein NodC is an important determinant of chitin oligosaccharide chain length in Nod factor biosynthesis [J]. Journal of Bacteriology, 1997, 179 (7): 2103 - 2108.

[94] KAMST E, VAN DER K M G M, THOMAS - OATES J E, et al. Mass spectrometric analysis of chitin oligosaccharides produced by *Rhizobium* NodC protein in *Escherichia coli* [J]. Journal of Bacteriology, 1995, 177 (21): 6282 - 6285.

[95] KERESZT A, SLASKA - KISS K, PUTNOKY P, et al. The *cycHJKL* genes of *Rhizobium meliloti* involved in cytochrome *c* biogenesis are required for "respiratory" nitrate reduction *ex planta* and for nitrogen fixation during symbiosis[J]. Molecular and General Genetics, 1995, 247(1): 39 - 47.

[96] KOEPPEL A, PERRY E B, SIKORSKI J, et al. Identifying the fundamental units of bacterial diversity: A paradigm shift to incorporate ecology into bacterial systematics[J]. Proceedings of The National Academy of Sciences of the United States of America, 2008, 105(7): 2504 - 2509.

[97] KUMAR S, PROMILA K. Effects of chloride and sulfate types of salinization and desalinization on nodulation and nitrogen - fixation in chickpea[J]. Indian Journal of Plant Physiology, 1983, 26(4): 396 - 401.

[98] L' TAIEF B, SIFI B, GTARI M, et al. Phenotypic and molecular characterization of chickpea rhizobia isolated from different areas of Tunisia [J]. Canadian Journal of Microbiology, 2007, 53(3): 427 - 434.

[99] LAGUERRE G, ALLARD M R, REVOY F, et al. Rapid identification of rhizobia by restriction fragment length polymorphism analysis of PCR -

amplified 16S rRNA genes [J]. Applied and Environmental Microbiology, 1994, 60(1): 56 -63.

[100] LAGUERRE G, LOUVRIER P, ALLARD M R, et al. Compatibility of rhizobial genotypes within natural populations of *Rhizobium leguminosarum* biovar viciae for nodulation of host legumes[J]. Applied and Environmental Microbiology, 2003, 69(4): 2276 -2283.

[101] LAGUERRE G, MAVINGUI P, ALLARD M R, et al. Typing of rhizobia by PCR DNA fingerprinting and PCR - restriction fragment length polymorphism analysis of chromosomal and symbiotic gene regions: Application to *Rhizobium leguminosarum* and its different biovars [J]. Applied and Environmental Microbiology, 1996, 62(6): 2029 -2036.

[102] LAGUERRE G, NOUR S M, MACHERET V, et al. Classification of rhizobia based on nodC and nifH gene analysis reveals a close phylogenetic relationship among *Phaseolus vulgaris* symbionts [J]. Microbiology, 2001, 147(4): 981 -993.

[103] LAGUERRE G, VAN BERKUM P, AMARGER N, et al. Genetic diversity of rhizobial symbionts isolated from legume species within the genera *Astragalus*, *Oxytropis*, and *Onobrychis* [J]. Applied and Environmental Microbiology, 1997, 63(12): 4748 -4758.

[104] LAN R T, REEVES P R, LAN R T. Intraspecies variation in bacterial genomes: The need for a species genome concept [J]. Trends in Microbiology, 2000, 8(9): 396 -401.

[105] MARTA L, ANA A, R RAŪL, et al. Chickpea rhizobia symbiosis genes are highly conserved across multiple *Mesorhizobium* species [J]. FEMS Microbiology Ecology, 2008, 66(2): 391 -400.

[106] LARANJO M, BRANCO C, SOARES R, et al. Comparison of chickpea rhizobia isolates from diverse Portuguese natural populations based on symbiotic effectiveness and DNA fingerprint [J]. Journal of Applied Microbiology, 2002, 92(6): 1043 -1050.

[107] LARANJO M, MACHADO J, YOUNG J P, et al. High diversity of chickpea

Mesorhizobium species isolated in a Portuguese agricultural region[J]. FEMS Microbiology Ecology, 2003, 48(1): 101 - 107.

[108] LARANJO M, RODRIGUES R, ALHO L, et al. Rhizobia of chickpea from southern Portugal: Symbiotic efficiency and genetic diversity[J]. Journal of Applied Microbiology, 2001, 90(4): 662 - 667.

[109] LARANJO M, YOUNG J P, OLIVEIRA S. Multilocus sequence analysis reveals multiple symbiovars within *Mesorhizobium* species[J]. Systematic and Applied Microbiology, 2012, 35(6): 359 - 367.

[110] LU Y L, CHEN W F, HAN L L, et al. *Rhizobium alkalisoli* sp. nov., isolated from *Caragana intermedia* growing in saline - alkaline soils in the north of China[J]. International Journal of Systematic and Evolutionary Microbiology, 2009, 59(12): 3006 - 3011.

[111] LIBRADO P, ROZAS J. DnaSP v5: A software for comprehensive analysis of DNA polymorphism data[J]. Bioinformatics, 2009, 25(11): 1451 - 1452.

[112] LIE T A, GÖKTAN D, ENGIN M, et al. Co - evolution of the legume - *Rhizobium* association[J]. Plant and Soil Interfaces and Interactions, 1987, 28: 171 - 181.

[113] LIMPENS E, MIRABELLA R, FEDOROVA E, et al. Formation of organelle - Like N_2 - fixing symbiosomes in legume root nodules is controlled by DMI2 [J]. Proceedings of the National Academy of Sciences of the United States of America, 2005, 102(29): 10375 - 10380.

[114] LIN D X, CHEN W F, WANG F Q, et al. *Rhizobium mesosinicum* sp. nov., isolated from root nodules of three different legumes[J]. International Journal of Systematic and Evolutionary Microbiology, 2009, 59(8): 1919 - 1923.

[115] LODWIG, E M, HOSIE A H F, BOURDÈS A, et al. Amino - acid cycling drives nitrogen fixation in the legume - *Rhizobium* symbiosis[J]. Nature, 2003, 422, 722 - 726.

[116] LU Y L, CHEN W F, WANG E T, et al. *Mesorhizobium shangrilense* sp. nov., isolated from root nodules of *Caragana* species[J]. International Journal of Systematic and Evolutionary Microbiology, 2002: 3012 - 3018.

[117] LUKACSI G, TAKÓ M, NYILASI I. Pulsed - field gel electrophoresis: A versatile tool for analysis of fungal genomes. A review [J]. Acta Microbiologica et Immunologica Hungarica, 2006, 53(1): 95 - 104.

[118] LUO C W, WALK S T, GORDON D M, et al. Genome sequencing of environmental *Escherichia coli* expands understanding of the ecology and speciation of the model bacterial species [J]. Proceedings of the National Academy of Sciences of the United States of America, 2011, 108 (17): 7200 - 7205.

[119] MAATALLAH J, BERRAHO E B, MUNOZ S, et al. Phenotypic and molecular characterization of chickpea rhizobia isolated from different areas of Morocco [J]. Journal of Applied Microbiology, 2002, 93(4): 531 - 540.

[120] MALLET J. Hybridization, ecological races and the nature of species: Empirical evidence for the ease of speciation [J]. Philosophical Transactions of The Royal Society B, 2008, 363(1506) : 2971 - 2986.

[121] MARTENS M, DAWYNDT P, COOPMAN R, et al. Advantages of multilocus sequence analysis for taxonomic studies: A case study using 10 housekeeping genes in the genus Ensifer (including former *Sinorhizobium*) [J]. International Journal of Systematic and Evolutionary Microbiology, 2008, 58 (1): 200 - 214.

[122] BERNARD M , ODILE H , MIGUEL C, et al. A highly conserved repeated DNA element located in the chromosome of *Streptococcus pneumoniae* [J]. Nucleic Acids Research, 1992, 20(13): 3479 - 3483.

[123] MARTON L A, HAGEDORN C. Competitiveness of *Rhizobium trifolii* strains associated with red clover (*Trifolium pratense* L.) in Mississippi soils [J]. Applied and Environmental Microbiology, 1982, 44(5): 1096 - 1101.

[124] MCNEIL D L. Variations in Ability of *Rhizobium japonicum* strains to nodulate soybeans and maintain fixation in the presence of nitrate [J]. Applied and Environmental Microbiology, 1982, 44(3): 647 - 652.

[125] MERGAERT P, UCHIUMI T, ALUNNI B, et al. Eukaryotic control on bacterial cell cycle and differentiation in the *Rhizobium* - legume symbiosis

[J]. Proceedings of the National Academy of Sciences of the United States of America, 2006, 103(13): 5230 -5235.

[126] MINDER A C, NARBERHAUS F, BABST M, et al. The dnaKJ operon belongs to the sigma32 - dependent class of heat shock genes in *Bradyrhizobium japonicum*[J]. Molecular General Genetics, 1997, 254(2): 195 -206.

[127] MINNIKIN D E, ODONNELL A G, GOODFELLOW M, et al. An integrated procedure for the extraction of bacterial isoprenoid quinones and polar lipids [J]. Journal of Microbiological Methods, 1984, 2(5): 233 -241.

[128] MOFFETT M L, COLWELL R R. Adansonian analysis of the Rhizobiaceae [J]. Journal of General Microbiology, 1968, 51(2): 245 -266.

[129] MOUGEL C, THIOULOUSE J, PERRIRE G, et al. A mathematical method for determining genome divergence and species delineation using AFLP[J]. International Journal of Systematic and Evolutionary Microbiology, 2002, 52 (2): 573 -586.

[130] MUNEVAR F, WOLLUM A G. Growth of *Rhizobium japonicum* strains at temperatures above 27 degrees C [J]. Applied and Environmental Microbiology, 1981, 42(2): 272 -276.

[131] MUNNS R, TESTER M. Mechanisms of salinity tolerance [J]. Annual Review of Plant Biology, 2008, 59(1): 651 -681.

[132] NANDASENA K G, O'HARA G W, TIWARI R P, et al. Rapid in situ evolution of nodulating strains for *Biserrula pelecinus* L. through lateral transfer of a symbiosis island from the original mesorhizobial inoculant[J]. Applied and Environmental Microbiology, 2006, 72(11): 7365 -7367.

[133] NANDASENA K G, O'HARA G W, TIWARI R P, et al. *In situ* lateral transfer of symbiosis islands results in rapid evolution of diverse competitive strains of mesorhizobia suboptimal in symbiotic nitrogen fixation on the pasture legume *Biserrula pelecinus* L. [J]. Environmental Microbiology, 2007, 9(10): 2496 -2511.

[134] NANDASENA K G, O'HARA G W, TIWARI R P, et al. *Mesorhizobium*

ciceri biovar biserrulae, a novel biovar nodulating the pasture legume *Biserrula pelecinus* L. [J]. International Journal of Systematic and Evolutionary Microbiology, 2007, 57(5): 1041 - 1045.

[135] NANDWAL A S, KUKREJA S, KUMAR N, et al. Plant water status, ethylene evolution, N_2 - fixing efficiency, antioxidant activity and lipid peroxidation in *Cicer arietinum* L. nodules as affected by short - term salinization and desalinization[J]. Journal of Plant Physiology, 2007, 164 (9): 1161 - 1169.

[136] NANDWANI R, DUDEJA S S. Molecular diversity of a native mesorhizobial population of nodulating chickpea(*Cicer arietinum* L.) in Indian soils[J]. Journal of Basic Microbiology, 2009, 49(5): 463 - 470.

[137] NOUR S M, CLEYET - MAREL J C, NORMAND P, et al. Genomic heterogeneity of strains nodulating chickpeas (*Cicer arietinum* L.) and description of *Rhizobium mediterraneum* sp. nov. [J]. International Journal of Systematic Bacteriology, 1995, 45(4): 640 - 648.

[138] NOUR S M, FERNANDEZ M P, NORMAND P, et al. *Rhizobium ciceri* sp. nov., consisting of strains that nodulate chickpeas(*Cicer arietinum* L.)[J]. International Journal of Systematic Bacteriology, 1994, 44(3): 511 - 522.

[139] OAKLEY B B, CARBONERO F, VAN DER GAST C J, et al. Evolutionary divergence and biogeography of sympatric niche - differentiated bacterial populations[J]. International Society for Microbial Ecology, 2010, 4(4): 488 - 497.

[140] OLDROYD G E, DOWNIE J A. Calcium, kinases and nodulation signalling in legumes [J]. Nature Reviews Molecular Cell Biology, 2004, 5: 566 - 576.

[141] OTT T, VAN DONGEN J T, GÜNTHER C, et al. Symbiotic leghemoglobins are crucial for nitrogen fixation in legume root nodules but not for general plant growth and development [J]. Current Biology, 2005, 15 (6): 531 - 535.

[142] PECK M C, FISHER R F, LONG S R. Diverse flavonoids stimulate NodD1

binding to nod gene promoters in *Sinorhizobium meliloti* [J]. Journal of Bacteriology, 2006, 188(15): 5417 -5427.

[143] PERRET X, STAEHELIN C, BROUGHTON W J. Molecular basis of symbiotic promiscuity [J]. Microbiology and Molecular Biology Reviews, 2000, 64(1): 180 -201.

[144] POOLE P, ALLAWAY D. Carbon and nitrogen metabolism in *Rhizobium*[J]. Advances in Microbial Physiology, 2000, 43(3): 117 -163.

[145] POWER E G. RAPD typing in microbiology—a technical review[J]. Journal of Hospital Infection, 1996, 34(4): 247 -265.

[146] PRELL J, POOLE P. Metabolic changes of rhizobia in legume nodules[J]. Trends in Microbiology, 2006, 14(4): 161 -168.

[147] RAI R, DASH P K, MOHAPATRA T, et al. Phenotypic and molecular characterization of indigenous rhizobia nodulating chickpea in India [J]. Indian Journal of Experimental Biology, 2012, 50(5): 340 -350.

[148] RAO D L N, GILLER K E, YEO A R, et al. The effects of salinity and sodicity upon nodulation and nitrogen fixation in chickpea (*Cicer arietinum* L.)[J]. Annuals of Botany, 2002, 89(5): 563 -570.

[149] RENGASAMY P. World salinization with emphasis on Australia[J]. Journal of Experimental Botany, 2006, 57(5): 1017 -1023.

[150] RETCHLESS A C, LAWRENCE J G. Phylogenetic incongruence arising from fragmented speciation in enteric bacteria [J]. Proceedings of National Academy of Sciences Current Issue, 2010, 107(25): 11453 -11458.

[151] RIVAS R, LARANJO M, MATEOS P F, et al. Strains of *Mesorhizobium amorphae* and *Mesorhizobium tianshanense*, carrying symbiotic genes of common chickpea endosymbiotic species, constitute a novel biovar (ciceri) capable of nodulating *Cicer arietinum*[J]. Letters in Applied Microbiology, 2007, 44(4): 412 -418.

[152] ROBERTSON J G, LYTTLETON P. Division of peribacteroid membranes in root nodules of white clover[J]. Journal of Cell Science, 1984, 69(7): 147 -157.

[153] ROCHE P, MAILLET F, PLAZANET C, et al. The common nodABC genes of *Rhizobium meliloti* are host – range determinants [J]. Proceedings of National Academy of Sciences of the United States of America, 1996, 93 (26): 15305 – 15310.

[154] RODRIGUES C S, LARANJO M, OLIVEIRA S. Effect of heat and pH stress in the growth of chickpea mesorhizobia[J]. Current Microbiology, 2006, 53 (1): 1 – 7.

[155] RODRÍGUEZ – QUINONES F, MAGUIRE M, WALLINGTON E J, et al. Two of the three groEL homologues in *Rhizobium leguminosarum* are dispensable for normal growth [J]. Archives of Microbiology, 2005, 183 (4): 253 – 265.

[156] ROMDHANE B S, TAJINI F, TRABELSI M, et al. Competition for nodule formation between introduced strains of *Mesorhizobium ciceri* and the native populations of rhizobia nodulating chickpea (*Cicer arietinum* L.) in Tunisia [J]. World Journal of Microbiology and Biotechnology, 2007, 23 (9): 1195 – 1201.

[157] ROMDHANE S B, AOUANI M E, MHAMDI R. Inefficient nodulation of chickpea (*Cicer arietinum* L.) in the arid and Saharan climates in Tunisia by *Sinorhizobium meliloti* biovar medicaginis[J]. Annals of Microbiology, 2007, 57(1): 15 – 19.

[158] RUPELA O P, SUDARSHANA M R. Displacement of native rhizobia nodulating chickpea (*Cicer arietinum* L.) by an inoculant strain through soil solarization[J]. Biology and Fertility of Soils, 1990, 10(3): 207 – 212.

[159] SAIKIA S P, JAIN V. Biological nitrogen fixation with non – legumes: An achievable target or a dogma[J] Current Science, 2007, 92(3): 317 – 322.

[160] SAUVIAC L, PHILIPPE H, PHOK K, et al. An extracytoplasmic function sigma factor acts as a general stress response regulator in *Sinorhizobium meliloti*[J]. Journal of Bacteriology, 2007, 189(11): 4204 – 4216.

[161] SAXENA A K, REWARI R B. Differential responses of chickpea (*Cicer arietinum* L.) – *Rhizobium* combinations to saline soil conditions[J]. Biology

and Fertility of Soils, 1992, 13(1): 31 – 34.

[162] SCHLOSS P D, WESTCOTT S L, RYABIN T, et al. Introducing mothur: Open – source, platform – independent, community – supported software for describing and comparing microbial communities [J]. Applied and Environmental Microbiology, 2009, 75(23): 7537 – 7541.

[163] SCHULTZE M, QUICLET – SIRE B, KONDOROSI E, et al. *Rhizobium meliloti* produces a family of sulfated lipooligosaccharides exhibiting different degrees of plant host specificity [J]. Proceedings of National Academy of Sciences, 1992, 89(1): 192 – 196.

[164] SELLSTEDT A, WULLINGS B, NYSTROM U, et al. Identification of *Casuarina – Frankia* strains by use of polymerase chain reaction (PCR) with arbitrary primers [J]. FEMS Microbiology Letters, 1992, 93(1): 1 – 5.

[165] SHAPIRO A L, MAIZEL J V. Molecular weight estimation of polypeptides by SDS – polyacrylamide gel electrophoresis: Further data concerning resolving power and general considerations [J]. Analytical Biochemistry, 1969, 29 (3): 505 – 514.

[166] SHAPIRO A L, VIÑULA E, MAIZEL J V. Molecular weight estimation of polypeptide chains by electrophoresis in SDS – polyacrylamide gels [J]. Biochemical and Biophysical Research Communications, 1967, 28 (5): 815 – 820.

[167] SHARPLES G J, LLOYD R G. A novel repeated DNA sequence located in the intergenic regions of bacterial chromosomes [J]. Nucleic acids Research, 1990, 18(22): 6503 – 6508.

[168] SHEOKAND S, DHANGI S, SWARAJ K. Studies on nodule functioning and hydrogen peroxide scavenging enzymes under salt stress in chickpea nodules [J]. Plant Physiology and Biochemistry, 1995, 33(3): 561 – 566.

[169] SIDDIQUE K H, LOSS S P, REGAN K L, et al. Adaptation and seed yield of cool season grain legumes in Mediterranean environments of south – western Australia [J]. Australian Journal of Agricultural Research, 1999, 50(3): 375 – 387.

[170] SIKORSKI J, NEVO E. Adaptation and incipient sympatric speciation of Bacillus simplex under microclimatic contrast at "Evolution Canyons" I and II, Israel[J]. Proceedings of National Academy of Sciences of the United States of America, 2005, 102(44): 15924 - 15929.

[171] SINGH B, SINGH B K, KUMAR J, et al. Effects of salt stress on growth, nodulation, and nitrogen and carbon fixation of ten genetically diverse lines of chickpea (*Cicer arietinum* L.) [J]. Australian Journal of Agricultural Research, 2005, 56(5): 491 - 495.

[172] SNEATH P H A. The application of computers to taxonomy [J]. Microbiology, 1957, 17(1): 201 - 226.

[173] SNEATH P H A, SOKAL R R. The principles and practice of numberical classification[J]. Numerical Taxonomy, 1973, 573.

[174] SOBRAL B W, HONEYCUTT R J, ATHERLY A G. The genomes of the family Rhizobiaceae: Size, stability, and rarely cutting restriction endonucleases[J]. Journal of Bacteriology, 1991, 173(2): 704 - 709.

[175] SOMASEGARAN P, BOHLOOL B B. Single - strain versus multistrain inoculation: effect of soil mineral N availability on rhizobial strain effectiveness and competition for nodulation on chick - pea, soybean, and dry bean [J]. Applid and Environmental Microbiology, 1990, 56 (11): 3298 - 3303.

[176] SOUSSI M, LLUCH C, OCAÑA A, et al. Comparative study of nitrogen fixation and carbon metabolism in two chickpea(*Cicer arietinum* L.) cultivars under salt stress[J]. Journal of Experimental Botany, 1999, 50(340): 1701 - 1708.

[177] SPAINK H P. The molecular basis of infection and nodulation by rhizobia: The ins and outs of sympathogenesis[J]. Annual Review of Phytopathology, 1995, 33(9): 345 - 368.

[178] SULLIVAN J T, EARDLY B D, VAN BERKUM P, et al. Four unnamed species of nonsymbiotic rhizobia isolated from the rhizosphere of *Lotus corniculatus*[J]. Applied and Environmental Microbiology, 1996, 62(8):

2818 - 2825.

[179] TAMURA K, DUDLEY J, NEI M, et al. MEGA4: Molecular evolutionary genetics analysis(MEGA) software version 4.0[J]. Molecular Biology and Evolution, 2007, 24(8): 1596 - 1599.

[180] TAMURA K, PETERSON D, PETERSON N, et al. MEGA5: Molecular evolutionary genetics analysis using maximum likelihood, evolutionary distance, and maximum parsimony methods[J]. Molecular Biology and Evolution, 2011, 28(10): 2731 - 2739.

[181] TAN Z Y, HUREK T, VINUESA P, et al. Specific detection of *Bradirhizoibum* and *Rhizobium* strains colonizaing rice(*Oryza sativa*) roots by 16S - 23S rizosomal DNA intergenic spacer - targeted PCR[J]. Applied and Environmental Microbiology, 2001, 67(2): 3655 - 3664.

[182] TAN Z Y, XU X D, WANG E T, et al. Phylogenetic and genetic relationships of *Mesorhizobium tianshanense* and related rhizobia [J]. International Journal of Systematic Bacteriology, 1997, 47(3): 874 - 879.

[183] TEJERA N A, SOUSSI M, LLUCH C. Physiological and nutritional indicators of tolerance to salinity in chickpea plants growing under symbiotic conditions [J]. Environmental and Experimental Botany, 2006, 58(1 - 3): 17 - 24.

[184] TEREFEWORK Z, KAIJALAINEN S, LINDSTRÖM K. AFLP fingerprinting as a tool to study the genetic diversity of *Rhizobium galegae* isolated from *Galega orientalis* and *Galega officinalis*[J]. Journal of Biotechnology, 2001, 91(2 - 3): 169 - 180.

[185] TEREFEWORK Z, NICK G, SUOMALAINEN S, et al. Phylogeny of Rhizobium galegae with respect to other rhizobia and agrobacteria [J]. International Journal of Systematic Bacteriology, 1998, 48(2): 349 - 356.

[186] THIES J E, BOHLOOL B B, SINGLETON P W. Environmental effects on competition for nodule occupancy between introduced and indigenous rhizobia and among introduced strains[J]. Canadian Journal of Microbiology, 1992, 38(6): 493 - 500.

[187] THOMAS - OATES J, BERESZCZAK J, EDWARDS E, et al. A catalogue of

molecular, physiological and symbiotic properties of soybean – nodulating rhizobial strains from different soybean cropping areas of China [J]. Systematic and Applied Microbiology, 2003, 26(3): 453 – 465.

[188] THRUMAN N P, LEWIS D M, GARETH JONES D. The relationship of plasmid number to growth, acid tolerance and symbiotic efficiency in isolates of *Rhizobium trifolii* [J]. Journal of Applied Microbiology, 1985, 58(1): 1 – 6.

[189] TIAN C F, WANG E T, WU L J, et al. *Rhizobium fabae* sp. nov., a bacterium that nodulates *Vicia faba* [J]. International Journal of Systematic and Evolutionary Microbiology, 2008, 58(12): 2871 – 2875.

[190] TIMMERS A C, AURIAC M C, TRUCHET G. Refined analysis of early symbiotic steps of the *Rhizobium – Medicago* interaction in relationship with microtubular cytoskeleton rearrangements [J]. Development, 1999, 126 (16): 3617 – 3628.

[191] VANDAMME P, POT B, GILLIS M, et al. Polyphasic taxonomy, a consensus approach to bacterial systematics [J]. Microbiological Reviews, 1996, 60(2): 407 – 438.

[192] VANEECHOUTTE M. DNA fingerprinting techniques for microorganisms. A proposal for classification and nomenclature [J]. Molecular Biotechnology, 1996, 6(2): 115 – 142.

[193] VASSE J, DE BILLY F, CAMUT S, et al. Correlation between ultrastructural differentiation of bacteroids and nitrogen fixation in alfalfa nodules [J]. Journal of Bacteriology, 1990, 172(8): 4295 – 4306.

[194] VAUTERIN L A V P. Computer – aided objective comparison of electrophoresis patterns for grouping and identification of microorganisms [J]. European Microbiology, 1992, 1(9): 37 – 41.

[195] VINARDELL J M, FEDOROVA E, CEBOLLA A, et al. Endoreduplication mediated by the anaphase – promoting complex activator CCS52A is required for symbiotic cell differentiation in *Medicago truncatula* nodules [J]. Plant Cell, 2003, 15(9): 2093 – 2105.

[196] VINUESA P, SILVA C, LORITE M J, et al. Molecular systematics of rhizobia based on maximum likelihood and Bayesian phylogenies inferred from *rrs*, *atpD*, *recA* and *nifH* sequences, and their use in the classification of *Sesbania* microsymbionts from Venezuelan wetlands [J]. Systematic and Applied Microbiology, 2005, 28(8): 702 - 716.

[197] VINUESA P, SILVA C, WERNER D, et al. Population genetics and phylogenetic inference in bacterial molecular systematics: The roles of migration and recombination in *Bradyrhizobium* species cohesion and delineation[J]. Molecular Phylogenetics and Evolution, 2005, 34(1): 29 - 54.

[198] VOS M, DIDELOT X. A comparison of homologous recombination rates in bacteria and archaea[J]. International Society for Microbial Ecology, 2009, 3(2): 199 - 208.

[199] VULIC M, DIONISIO F, TADDEI F, et al. Molecular keys to speciation: DNA polymorphism and the control of genetic exchange in enterobacteria[J]. Proceedings of National Academy of Sciences, 1997, 94(18): 9763 - 9767.

[200] WANG E T, VAN BERKUM P, BEYENE D, et al. *Rhizobium huautlense* sp. nov., a symbiont of *Sesbania herbacea* that has a close phylogenetic relationship with *Rhizobium galegae*[J]. International Journal of Systematic Bacteriology, 1998, 48(3): 687 - 699.

[201] WASSON A P, PELLERONE F I, MATHESIUS U. Silencing the flavonoid pathway in *Medicago truncatula* inhibits root nodule formation and prevents auxin transport regulation by rhizobia[J]. Plant Cell, 2006, 18(7): 1617 - 1629.

[202] WAYNE L G, DIAZ G A. Intrinsic catalase dot blot immunoassay for identification of *Mycobacterium tuberculosis*, *Mycobacterium avium*, and *Mycobacterium intracellulare*[J]. Journal of Clinical Microbiology, 1987, 25(9): 1687 - 1690.

[203] WEBER K, OSBORN M. The reliability of molecular weight determinations by dodecyl sulfate - polyacrylamide gel electrophoresis [J]. The Journal of

Biological Chemistry, 1969, 244(16): 4406 – 4412.

[204] WELLS D H, LONG S R. The *Sinorhizobium meliloti* stringent response affects multiple aspects of symbiosis[J]. Molecular Microbiology, 2002, 43(5): 1115 – 1127.

[205] WERNEGREEN J J, RILEY M A. Comparison of the evolutionary dynamics of symbiotic and housekeeping loci: A case for the genetic coherence of rhizobial lineages[J]. Molecular Biology and Evolution, 1999, 16(1): 98 – 113.

[206] WILLIEMS A, COOPMAN R, GILLIS M. Comparison of sequence analysis of 16S – 23S rDNA spacer regions, AFLP analysis and DNA – DNA hybridizations in *Bradyrhizobium*[J]. International Journal of Systematic and Evolutionary Microbiology, 2001, 51(2): 623 – 632.

[207] WILLIEMS A, DOIGNON – BOURCIER F, COOPMAN R, et al. AFLP fingerprint analysis of *Bradyrhizobium* strains isolated from *Faidherbia albida* and *Aeschynomene species*[J]. Systematic and Applied Microbiology, 2000, 23(1): 137 – 147.

[208] WILLIS L B, WALKER G C. The phbC (poly – beta – hydroxybutyrate synthase) gene of *Rhizobium* (*Sinorhizobium*) *meliloti* and characterization of phbC mutants[J]. Canadian Journal of Microbiology, 1998, 44(6): 554 – 564.

[209] WOODS C R, VERSALOVIC J, KOEUTH T, et al. Whole – cell repetitive element sequence – based polymerase chain reaction allows rapid assessment of clonal relationships of bacterial isolates[J]. Journal of Clinical Microbiology, 1993, 31(7): 1927 – 1931.

[210] YANG W C, HORVATH B, HONTELEZ J, et al. In situ localization of *Rhizobium* mRNAs in pea root nodules: NifA and nifH localization[J]. Molecular Plant – Microbe Interactions, 1991, 4, 464 – 468.

[211] ZHANG J J, LIU T Y, CHEN W F, et al. *Mesorhizobium muleiense* sp. nov., nodulating with *Cicer arietinum* L.[J]. International Journal of Systematic and Evolutionary Microbiology, 2012, 62(11): 2737 – 2742.

[212]ZHANG J J, LOU K, JIN X, et al. Distinctive *Mesorhizobium* populations associated with *Cicer arietinum* L. in alkaline soils of Xinjiang, China[J]. Plant and Soil, 2012, 353(1-2): 123-134.

[213]ZHANG X X, TURNER S L, GUO X W, et al. The common nodulation genes of *Astragalus sinicus* rhizobia are conserved despite chromosomal diversity[J]. Applied and Environmental Microbiology, 2000, 66(7): 2988-2995.

[214]ZHANG Y M, LI Y J R, CHEN W F, et al. *Bradyrhizobium huanghuaihaiense* sp. nov., an effective symbiotic bacterium isolated from soybean(*Glycine max* L.) nodules[J]. International Journal of Systematic and Evolutionary Microbiology, 2012, 62(9): 1951-1957.

[215]ZHAO C T, WANG E T, ZHANG Y M, et al. *Mesorhizobium silamurunense* sp. nov., isolated from root nodules of *Astragalus species*[J]. International Journal of Systematic and Evolutionary Microbiology, 2012, 62(9): 2180-2186.

[216]陈文新, 陈文峰. 发挥生物固氮作用 减少化学氮肥用量[J]. 中国农业科技导报, 2004(6): 3-6.

[217]陈文新, 汪恩涛. 中国根瘤菌[M]. 北京: 科学出版社, 2011.

[218]黄隆广. 根瘤菌剂的培养与应用[J]. 大豆科学, 1983(4): 342-346.

[219]巨晓棠, 张福锁. 氮肥利用率的要义及其提高的技术措施[J]. 科技导报, 2003, 4(5): 51-54.

[220]卢杨利. 我国内蒙、山西和云南地区锦鸡儿根瘤菌的多相分类、系统发育和生物地理学研究[D]. 北京:中国农业大学, 2009.

[221]王风芹. 合欢、金合欢和银合欢根瘤菌多相分类与系统发育研究[D]. 北京:中国农业大学, 2005.

[222]徐东斌. 豆科根瘤菌剂的生产及应用[J]. 牡丹江师范学院学报(自然科学版), 2008(4): 21-22.

[223]姚延轩, 接伟光, 杜燕, 等. 根瘤菌的分类、鉴定及应用技术研究现状[J]. 中国农学通报, 2020, 36(15): 100-105.

[224]张俊杰. 新疆鹰嘴豆根瘤菌的生物学特征研究[D]. 北京:中国农业大

学, 2013.
[225]张延明. 大豆根瘤菌生物地理分布的生态学特征及基因组学研究[D]. 北京:中国农业大学, 2012.